分布式 MIMO 与无蜂窝移动通信

尤肖虎　王东明　王江舟　著

科学出版社

北京

内 容 简 介

分布式 MIMO 与无蜂窝系统构架是近年兴起的移动通信新技术。本书从基础理论、关键技术到系统试验验证，较为完整地对分布式 MIMO 与无蜂窝移动通信系统技术进行介绍与理论分析，主要内容涵盖分布式 MIMO 与无蜂窝系统的统一模型和容量解析、非理想信道信息下的频谱效率解析、小区边沿效应特性、最优功率分配及能量效率优化、缓存方案优化、低复杂度无线传输技术以及新型网络辅助全双工技术等，并详细介绍了基于云构架的分布式 MIMO 与无蜂窝系统试验验证方案、软硬件实现与试验测试结果。

本书适合于从事无线移动通信研究的高年级本科生、研究生、学者与工程技术人员阅读，也可作为电子信息领域研究生和科研人员的参考书。

图书在版编目 (CIP) 数据

分布式 MIMO 与无蜂窝移动通信/尤肖虎，王东明，王江舟著. —北京：科学出版社，2019.12
 ISBN 978-7-03-063968-4

Ⅰ. ①分⋯ Ⅱ. ①尤⋯ ②王⋯ ③王⋯ Ⅲ. ①蜂窝式移动通信网 – 研究 Ⅳ. ①TN929.53

中国版本图书馆 CIP 数据核字(2019) 第 300334 号

责任编辑：惠 雪 黄 海/责任校对：杨聪敏
责任印制：赵 博/封面设计：许 瑞

科 学 出 版 社 出版

北京东黄城根北街 16 号
邮政编码：100717
http://www.sciencep.com

三河市春园印刷有限公司印刷
科学出版社发行 各地新华书店经销
*
2019 年 12 月第 一 版 开本：720 × 1000 1/16
2024 年 11 月第二次印刷 印张：13 1/2
字数：272 000

定价：119.00 元
(如有印装质量问题，我社负责调换)

序

Preface

多输入多输出 (multiple input multiple output, MIMO) 无线传输技术开启了移动通信系统空间资源开发利用的新纪元。从理论上来说，它将传统香农信息论研究的对象从标量信道拓展至矢量信道，使系统设计突破了"时间 - 频率"二维资源的限制，走上了"空间 - 时间 - 频率"三维资源开发利用的发展新途径，并可使研究人员利用全新的自由度，进一步拓展移动通信新理论与新方法，特别是基于"空间-时间 - 频率"三维资源的多用户 MIMO 无线通信方法。从工程实践上说，通过在基站及移动终端引入多个天线，移动通信系统容量得以显著提升；特殊条件下，其系统容量可随基站天线数或多用户终端天线总数二者中的最小数而线性增长。正因为如此，多用户 MIMO(multi-user MIMO, MU-MIMO) 或多用户大规模 MIMO无线传输技术已成为 4G 及 5G 移动通信提升频谱效率、拓展系统容量最为重要的手段之一，并将在未来移动通信的演进发展过程中爆发出更为旺盛的生命力。这有力地回应了一度甚嚣尘上的有关移动通信物理层研究已走向尽头的悲观论调。

分布式 MIMO(distributed MIMO, D-MIMO) 是在经典 MIMO 无线传输技术基础上发展起来的，它在移动通信无线传输与组网技术发展中扮演着"承前启后"的基础性作用，且近年来新兴的无线传输与组网大多是其特殊形式或者拓展形式。具体来说：

首先，分布式 MIMO 是经典 MIMO 无线传输技术的更为一般化形式。与经典MIMO 不同，分布式 MIMO 的天线单元处于不同的地理位置，因而其理论分析与工程实践更具挑战性。更为重要的是，分布式 MIMO 拓展了经典 MIMO 的应用范畴，它不但可以应用于单小区蜂窝基站系统，还可以进一步取代多小区蜂窝基站，以分布式 MU-MIMO 形式，构成无蜂窝移动通信系统。后者在同时-同频条件下为所有用户提供服务，无需进行传统意义上的小区间频率规划，系统资源可全维度动态利用，显著改善系统资源配置的灵活性，大幅度提升无线资源利用率。读者可在本书的第 1 章和第 2 章找到这方面更为全面的论述。

其次，分布式 MIMO 还可进一步演变为更为复杂的无线组网方式。传统移动通信系统的上下行无线链路是以相互独立或相互正交的方式而设计的。近年来，为了适应无线资源动态调配的需求，已发展出了灵活双工和全双工等全新的无线资源复用方式。这时上下行无线链路呈现出相互耦合的表现形式，系统模型可演变为上下行链路耦合的分布式 MIMO 及无蜂窝无线组网方式。有关该方面进一步的描述，读者可参见第 8 章。

第三，分布式 MIMO 是业界流行的多种无线组网方式的简化形式。无线中继和超密集网络 (或 small cell) 是近年来关注度较高的无线组网方式。对于无线中继，若采用带外 (out band) 中继方式，则其本身等同于分布式 MIMO；反之，若采用带内 (in band) 中继方式，则分布式 MIMO 的容量是其性能上限。相对于超密集网络，若分布式 MIMO 各个节点独立进行信号收发处理，则两者完全等同。更为详细的讨论，读者可参见第 1 章。有关基于分布式 MIMO 的无蜂窝网络与传统蜂窝超密集网络的容量性能分析与对比将在第 4 章中给出。

东南大学移动通信国家重点实验室是世界上最早从事分布式 MIMO 移动通信无线传输研究与试验验证的研究单位之一，相关工作可追溯至 2004 年前后。该实验室牵头承担了国家自然科学基金重大项目和国家 863 计划重大项目，其目标是在 3.5GHz 以上的较高频段上，探索移动通信大容量密集覆盖的基本原理与方法，并开展相关技术可行性试验与系统测试。经 10 多年的持续研究与实践，已逐步积累了较为丰富的理论知识、系统实现与试验经验，涉及分布式 MIMO 的建模与信道容量解析方法、小区边沿效应度量及理论计算、频谱效率闭式求解与效能优化、基于统计信息的容量逼近与系统实现方法等。这一期间，该实验室与英国 Kent 大学王江舟教授领导的课题组进行了长期密切合作。本书目的之一，就是对这一领域的前期若干重要研究成果进行较为完整的概括与总结。

本书力求将一系列看似极为繁复的分析方法，以尽可能统一且尽可能简洁的方式进行描述。读者仅需掌握随机过程与信息论及线性代数基础理论，便可从总体上把握分布式 MIMO 与无蜂窝无线网络发展的总体脉络。这体现在：

引入统一的建模方法，详见第 1 章、第 2 章及第 4 章中涉及的分布式 MIMO

系统模型, 涵盖多用户、多小区等常见应用场景, 经典 MIMO 仅是其中的一种简化方式, 无蜂窝无线网络则是其一种特殊应用形式。对于新型的网络辅助全双工方式, 其上下行链路存在一定的耦合或干扰, 在无蜂窝配置条件下, 其模型是上述建模方法的推广形式, 详见第 8 章。

引入统一的信道模型, 涵盖经典 MIMO 以及多用户 MIMO, 并考虑收发两端天线之间的耦合特性, 详见第 1 章。当信道存在多径时延扩展时, 通过正交频分复用 (OFDM) 处理后, 该基本信道模型仍然适用, 详见第 7 章。

引入统一的容量模型, 建立 MIMO(向量信道) 与传统单输入单输出 (single input single output, SISO, 标量信道) 之间的关系, 详见第 1 章和第 2 章; 建立与用户位置有关的瞬态与平均信道容量、中断容量、区域平均容量、区域中断容量等常见分析方法的相互关系, 详见第 2 章; 在上述容量模型的基础上, 探讨分布式 MIMO 各种典型配置场景下的最优功率分配和能量效率优化问题, 包括多用户、多小区以及无蜂窝无线网络等实际应用场景, 详见第 5 章。

鉴于信道信息获取是限制大规模分布式 MIMO 应用的瓶颈因素, 需要引入导频复用技术以减少资源的开销。此时, 信道信息获取的非理想特性, 也即导频污染, 将对系统的性能形成制约。在第 3 章中, 对此关键问题进行了较为完整的分析, 并引入了收发天线数充分多时, 典型接收机和发射机的系统极限性能。

无线缓存是移动通信领域近年来的一个研究热点。在第 6 章中, 针对分布式 MIMO 网络的特点, 给出了无线缓存的基本模型, 提出了性能优越且实现简单的缓存方案及优化算法, 从而探讨了分布式 MIMO 无线网络资源有效利用的一种新途径。

计算复杂度随天线规模的增加而大幅增加, 是限制分布式 MIMO 及无蜂窝无线网络走向应用的另一个主要瓶颈。在第 7 章中, 结合 5G 移动通信系统应用, 给出了低复杂度的接收机与发射机联合设计, 其核心是利用统计信息对多用户 MIMO 问题进行解耦, 并最终将问题转化为多个独立并行的单用户处理问题。

云化处理是近年来移动通信系统发展的一个主流趋势, 愈来愈多的网络功能将通过数据中心以虚拟化的方式加以实现。在第 9 章中, 引入了基于以太交换机及通用众核服务器的 5G 移动通信云构架实现方法, 介绍了大规模分布式 MIMO 无蜂窝网络的高速并行编程及实时实现方法, 提出了无线节点同步、上下行链路互易性校正等关键问题的解决方法, 并通过典型场景下的试验测试, 表明基于大规模分布式 MIMO 的无蜂窝无线网络极具发展潜能。

在本书即将完稿之际，要特别感谢国家自然科学基金重大项目、创新群体项目以及国家 863 计划 4G 和 5G 重大项目的持续性支持。正是得益于上述支持，分布式 MIMO 理论与方法的研究才能得以长期深入持续，辅以系统性的测试验证，并得以向工业界推广。特别值得一提的是，围绕分布式 MIMO 这一新兴研究方向，东南大学移动通信国家重点实验室的众多研究人员进行了长期卓绝的努力，贡献了极为丰富的成果。鉴于作者精力有限，未能在本书中对他们的成果逐一涉及，谨在此向他们致以崇高的敬意！

作　者

2019 年 7 月

于南京江宁无线谷

目　录
Contents

第 1 章　分布式MIMO与无蜂窝移动通信基础

本章主要介绍分布式多输入多输出 (multiple input multiple output, MIMO) 的系统构成与工作原理。本章引入了有关分布式 MIMO 的一般性描述方法以及其信道容量的计算方法,概述了多天线信道特性以及对信道容量的可能影响,并介绍了分布式 MIMO 与 C-RAN、无线中继网络以及超密集网络等之间的内在联系。

需要特别指出,分布式 MIMO 既可以用于取代原有的移动通信基站,以获得更好的无线覆盖特性及频谱利用率;又可取代传统的蜂窝无线组网构架,形成全新的无蜂窝 (cell-free) 移动通信系统。

1.1　技术背景

蜂窝移动通信是沿用了近 50 年的移动通信体制。如图 1.1(a) 所示,传统的蜂窝移动通信系统将不同的频谱资源划分给一簇相互毗邻的小区 (或扇区),在提高移动通信系统容量的同时,避免相邻小区 (或扇区) 之间产生干扰。这种频率资源的静态划分方法,极大地简化了蜂窝移动通信系统的设计,同时也丧失了资源分配的灵活性。例如,当毗邻小区的业务量不均衡时,传统的蜂窝系统将无法调度邻区的频率资源,实现频谱资源的动态分配。

分布式多输入多输出 (MIMO) 系统是伴随着第四代移动通信系统发展起来的新型移动通信技术 [1]。它结合了 MIMO 技术与分布式天线技术两者的优点,在改善无线网络覆盖特性的同时,显著提高了频谱资源利用率 [2]。图 1.1(b) 示出了分布式 MIMO 技术的基本工作原理,它将分布在不同物理位置的分布式天线进行联合处理,构成分布式的 MIMO 系统。

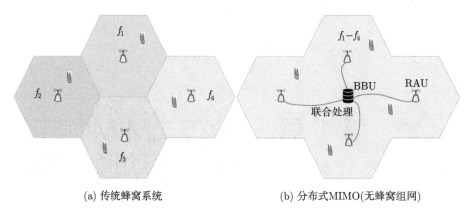

(a) 传统蜂窝系统　　　　　　　　(b) 分布式MIMO(无蜂窝组网)

图 1.1　传统蜂窝系统与分布式 MIMO 系统

分布式 MIMO 改变了传统蜂窝系统的构架。它将移动通信系统的天线单元与处理单元相分离，其远端天线单元 (remote antenna unit, RAU) 通过光纤与基带单元 (base band unit, BBU) 相连接，并通过 BBU 进行节点间的联合信号处理，形成一个多用户分布式 MIMO 系统，在同一时频资源上为多个用户服务，从而使系统频谱利用率的提高以及系统覆盖能力和小区边界性能的大幅改善成为可能。

图 1.2 示出了 N 个通道 MIMO 技术的理想模型。这里，若发射端的 N 个天线放置在不同的地理位置，则构成为分布式 MIMO。其无线信道状态信息 (channel state information, CSI) 由一个 $N \times N$ 矩阵组成。如果该矩阵是已知且可逆求解的，则可以通过联立方程求解的方式，完美地消除 N 个无线信道间所产生的串扰 (cross talk)，即：利用接收信息 $y_i(i = 1, \cdots, N)$ 可准确地恢复发射信息 $x_i(i = 1, \cdots, N)$。上述 MIMO 技术引入了无线通信的空间复用，在无线信道矩阵可逆的条件下，系统传输速率和容量将随着天线数的增加而线性增加，从而提高移动通信系统的频谱利用率。

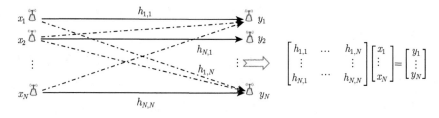

图 1.2　理想 MIMO 模型

分布式 MIMO 派生出了无蜂窝移动通信系统构架新概念。对比图 1.1(a) 和图 1.1(b) 我们可以发现，虽然分布式 MIMO 与传统蜂窝系统均采用一组天线实现对移动用户所在区域进行无线覆盖，但分布式 MIMO 采用了联合处理，可以以联立方程的方式消除天线之间的串扰；而传统蜂窝系统由于基站间不具备联合处理功能，只能以分配不同频率资源的形式消除天线之间的干扰。对于分布式 MIMO，若 BBU 的处理能力足够强，则可对任意大的范围进行无线覆盖。这意味着，我们无需使用传统蜂窝构架；而采用分布式 MIMO 构成资源动态配置的移动通信系统，用户覆盖范围内的每个天线单元均可采用相同的频率配置，且干扰可通过联合处理的方式进行消除，从而彻底改变沿用近 50 年的移动通信系统小区配置构架。由此得到的移动通信系统被称作为无蜂窝移动通信系统 [3,4]。

分布式 MIMO 与业界流行的 C-RAN(centralized/cloud radio access network, 集中式/云计算无线接入网) 无线组网构架 [5] 存在密切的联系，两者均需要 BBU 的支撑，但物理含义又不尽相同。准确地说，C-RAN 最初是基于传统蜂窝构架的，无需引入无线节点间的联合处理。但近年来 C-RAN 的概念不断演变，已由最初的中心化基带处理演变为云化处理，它既可以支持传统蜂窝构架，也可以支持分布式 MIMO 构架。

分布式 MIMO 以及 C-RAN 的发展还诱发了移动通信系统前传网络的诞生。图 1.1(b) 中，远端天线单元 (RAU) 与基带单元 (BBU) 需要通过光纤或专用无线链路互联，以实现所有远端天线单元 (RAU) 的联合处理。这种互联可以推广至图 1.3 所示的移动通信前传网络，其中所有的 RAU 及 BBU 均连接至该前传网络，无需建立 RAU 与 BBU 之间的一一对应关系，RAU 的基带处理可传输至任意 BBU 进行处理，从而实现较为彻底的移动通信系统云化处理。前传网络可由专门设计的光纤以太网组成，由此诞生的 RAU 与 BBU 之间的接口称作为 NGFI(next generation fronthaul interface, 下一代前端传输接口)[6]。移动通信前传网络技术仍在发展之中，其中的实时性和拥塞控制极为关键，RAU 之间的同步特性也是前传网络设计的关键技术，IEEE 1588v2 协议 [7] 是解决 RAU 之间时间同步的重要潜在技术之一 (具体参见第 9 章)。

分布式 MIMO 与无蜂窝构架还是解决移动通信无线网络密集化的重要技术途径之一。传统蜂窝系统通常采用缩小蜂窝小区半径和密集化部署基站来提高系统容量，但基站之间缺乏有效的协作能力，会导致小区间干扰急剧增加。文献 [8] 和

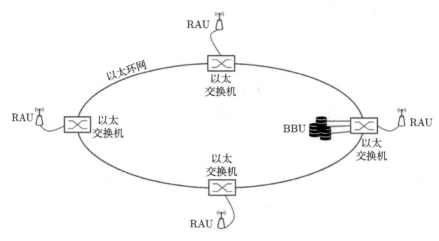

图 1.3 基于通用以太网的前传网络

文献 [9] 给出分析结果表明，传统蜂窝小区密集组网时的系统容量是干扰受限的，且随着小区半径的减小，系统容量存在明显的性能拐点；与此形成对比的是，分布式 MIMO 的系统容量仅是功率受限的，且可随着分布式天线或节点密集化程度的提高而增大*。分布式 MIMO 为新一代移动通信系统密集化组网并进而大幅度提升系统容量提供了技术可能。

分布式 MIMO 与无蜂窝构架还可以较好地解决宽带移动通信所面临频谱效率和功率效率瓶颈问题。我们的后续研究结果将表明，分布式 MIMO 在改善频谱效率的同时，还具备极为显著的功率效率优势**，从而显示出极为显著的绿色节能、环境友好特征。

1.2 分布式 MIMO 与无蜂窝系统基本模型

这里，首先建立任意配置条件下 MIMO 系统的一般化模型，该模型既适合于集中式配置 (co-located) 的 MIMO 系统，也适合于分布式 MIMO 系统构架，并且可以推广至多用户分布式 MIMO 系统。以下将会看到，三者在数学模型上可以统一描述，其差别仅在于涉及的信道参数不尽相同，且适用于无蜂窝无线通信系统以及正交多用户分布式 MIMO 系统。

---

  * 该方面的详细论述，可参见 2.5 节。
 ** 该方面的具体研究结果，可参见 5.1.2 节。

设一般化的 MIMO 系统收发两端的天线数分别为 N_R 和 N_T。为简单起见，此处仅考虑 MIMO 系统分析中常用的平坦衰落。第 k 个发射天线到第 l 个接收天线的信道状态信息 CSI 可定义为 $h_{k,l}$，并用 $\boldsymbol{H}$ 表示由 $h_{k,l}$ 组成的 $N_R \times N_T$ 维信道状态信息矩阵。那么，一般性的分布式 MIMO 无线传输可用以下模型描述：

$$\boldsymbol{y}_t = \boldsymbol{H}\boldsymbol{x}_t + \boldsymbol{z}_t,\ t = 0,1,\cdots,T-1 \tag{1.1}$$

式中，$\boldsymbol{x}_t$ 为 N_T 维 t 时刻的发射信号向量；$\boldsymbol{y}_t$ 为 N_R 维 t 时刻的接收信号向量；$\boldsymbol{z}_t \sim \mathcal{N}\left(0,\sigma^2\boldsymbol{I}\right)$ 为 N_R 维 t 时刻的干扰噪声向量，噪声方差为 σ^2；t 为信号观察的时间序号，$t = 0,1,\cdots,T-1$。通常，信道状态信息 $h_{k,l}$ 可表示为大尺度衰落因子和快衰落因子的乘积：

$$h_{k,l} = h_k^s \cdot h_{k,l}^w \tag{1.2}$$

式中，h_k^s 和 $h_{k,l}^w$ 分别代表大尺度衰落因子和快衰落因子。

1. 单用户模型

对于单用户分布式 MIMO 系统，因基站侧 RAU 放置在不同的物理位置，各个 RAU 至终端的传播路径均不相同，h_k^s 也各不相同；对于集中式 MIMO 系统，基站天线至终端天线的传播路径是一致的，故存在 $h_k^s = h^s$。由此可以看出，两者在数学模型上是统一的，其差别仅在涉及的大尺度衰落不尽相同。

2. 多用户模型

式 (1.1) 给出的模型还可进一步推广至多用户分布式 MIMO 系统。如假设每个移动终端 (mobile terminal, MT) 仅有一根天线，这时的主要差别在于，各个 MT 位于不同位置，与各个 RAU 之间的大尺度衰落也不相同，需要用 $h_{k,l}^s$ 取代式 (1.2) 中的 h_k^s，这里 $h_{k,l}^s$ 为第 k 个 RAU 至第 l 个 MT 之间的大尺度衰落因子。当 MT 的天线数超过 1 时，上述大尺度衰落应被 $h_{k,l}^s\boldsymbol{I}$ 所取代，其中 $\boldsymbol{I}$ 为对应于 MT 天线数的单位矩阵，有关进一步的论述将由后续章节给出。

3. 无蜂窝系统模型

多用户分布式 MIMO 有两种典型的使用形式。第一种形式是使用分布式 MIMO 取代传统的基站系统，在单个小区覆盖范围内构成分布式的多用户 MIMO 系统。第二种形式是使用分布式 MIMO 取代多个基站小区，构成如图 1.1(b) 所示的无蜂窝系统, 这时构成一个更大范围内的分布式多用户 MIMO 系统。显然, 上一小节中给出的多用户分布式 MIMO 模型适用于上述两种形式。

4. 正交多用户系统模型

分布式 MIMO 技术常被应用于正交多用户场景。这时假设小区内的多个用户是相互正交的, 系统级的干扰来自邻区的非正交多用户信号。对于典型的 3GPP LTE 系统来说, 这相当于小区内的用户分配不同的时频资源块, 从而构成相互正交的多用户分布式 MIMO-OFDM 系统。在这种应用场景下, 可使用上述单用户模型对各个用户的传输性能逐一描述。但需要注意的是, 因 RAU 所发射的多用户总功率受限于某一最大值, 系统性能优化问题将演变为约束条件下 RAU 多用户发射功率指配问题。该方面的讨论将在第 5 章中进行。

5. 一般性模型的进一步讨论

经典的 MIMO 传输理论 [10-12] 假设 $h_{k,l}$ 是相互统计独立 (i.i.d.) 的。此时, 信道状态信息矩阵 $\boldsymbol{H}$ 依概率 1 为满秩, 信道信息容量与 $N = \min\{N_\mathrm{T}, N_\mathrm{R}\}$ 成正比线性增长。实际应用中, 上述假设很难成立, $h_{k,l}$ 的统计特性受到信道散射特性以及收发天线间距等因素的影响, $h_{k,l}$ 之间呈现一定的相关特性, 信道容量将有可能明显下降。

若系统采用频分双工 (frequency division duplex, FDD) 配置方式, 则上下行无线链路的信道响应矩阵 $\boldsymbol{H}$ 各不相同。若系统采用时分双工 (time division duplex, TDD) 配置方式, 则由于上下行无线传输均在同一频率上进行, 且收发间隔时间较小, 可近似地认为上下行无线链路的信道响应矩阵 $\boldsymbol{H}$ 存在互易特性, 这时我们可以借用上行链路的信道估计对下行链路进行预编码, 反之亦然。

考虑到实际应用中, 基站侧的信号处理能力一般较强, 多天线或多用户的联合处理一般需要在基站侧进行。对于上行链路, 我们需要在得知信道响应矩阵的条件下, 设计联合接收机, 消除天线间或用户间的无线串扰。对于下行链路, 我们需要设计联合预编码发射机, 对信道响应矩阵进行预处理, 消除天线间或用户间的无线串扰。作为一个特例, 我们统一可以采用以下迫零 (zero-forcing) 算法达到上述目的:

$$\hat{\boldsymbol{x}}_t = \left(\boldsymbol{H}^\mathrm{H}\boldsymbol{H}\right)^{-1}\boldsymbol{H}^\mathrm{H}\boldsymbol{y}_t = \boldsymbol{x}_t + \left(\boldsymbol{H}^\mathrm{H}\boldsymbol{H}\right)^{-1}\boldsymbol{H}^\mathrm{H}\boldsymbol{z}_t \tag{1.3}$$

可以证明, 当噪声方差趋于零时, 上式趋于最小均方差 (MMSE) 线性检测器。显然，当 $\boldsymbol{H}$ 为可逆方阵且背景噪声 z_t 可以忽略时，上式等效为图 1.2 中所描述的理想情形。

1.3　多天线信道特性及对系统性能的影响

衡量信道空间散射特性的重要指标是角度扩展 (azimuth spread)。与无线电波多径散射引起的多径时延扩展类似，由于地理位置复杂的建筑物等散射体的反射影响，从发射天线到接收天线的电波传播会引起一定程度的角度扩展，也即空间选择性衰落。在传统的移动通信系统中，终端侧与基站侧的角度扩展有所不同：终端侧的天线高度相对较低，其电波散射更为丰富，角度扩展更大，能量分布也更为均匀；基站侧的天线高度相对较高，电波散射特性相对较弱，角度扩展较小，能量分布常呈现非均匀性的分布。与角度扩展相关联的技术指标是相干距离，它与角度扩展成反比。这意味着，角度扩展越大，信号产生统计相关的两个物理位置的距离就越短。相干距离的估算对于天线间隔的设计极为重要。

文献 [13] 系统地研究了多天线信道中角度扩展对信道响应 $h_{k,l}$ 相关性的影响。结果表明，角度扩展越大，信道响应 $h_{k,l}$ 的相关性越弱，所带来的信道信息容量越大。作为一个极限特例，当角度扩展趋于零时，信道响应 $h_{k,l}$ 呈现高度的相关性，信道状态信息矩阵 $\boldsymbol{H}$ 的秩趋于 1，这时无线传输性能等同于单发单收 (SISO) 系统。

文献中，专门研究天线的分布化特性对信道响应矩阵 $\boldsymbol{H}$ 的影响并不多见，但我们可以从现有文献的结果来推断天线分布化对系统性能的影响。文献 [13] 研究了 MIMO 天线间隔对系统性能的影响，其结论是随着天线间隔趋大，信道响应矩阵 $\boldsymbol{H}$ 的散射特性趋于丰富，信道响应矩阵 $\boldsymbol{H}$ 趋于满秩，信道信息容量趋于与 $N = \min\{N_{\mathrm{T}}, N_{\mathrm{R}}\}$ 成正比线性增长。考虑到 MIMO 天线的间隔充分大时，集中式 MIMO 将演变成为分布式天线，由此我们可以推断分布式 MIMO 可望获得更大的信道容量。在后续的章节中，我们将进一步讨论该方面的问题。

信道响应矩阵 $\boldsymbol{H}$ 的秩决定了多天线系统的空间自由度 (degree of freedom, DoF)。为说明这一点，我们将 $\boldsymbol{H}$ 做如下 SVD 分解：

$$\boldsymbol{H} = \boldsymbol{V}^{\mathrm{H}} \boldsymbol{\Lambda} \boldsymbol{U} \tag{1.4}$$

式中, $\boldsymbol{V}$ 和 $\boldsymbol{U}$ 为正交酉矩阵; $\boldsymbol{\Lambda}$ 为奇异值对角矩阵。若 $\boldsymbol{H}$ 的秩为 n, 则

$$\boldsymbol{\Lambda} = \mathrm{diag}\,(\lambda_1, \lambda_2, \cdots, \lambda_n) \tag{1.5}$$

将式 (1.4) 代入式 (1.1) 中, 并令 $\tilde{\boldsymbol{y}}_t = \boldsymbol{V}\boldsymbol{y}_t, \tilde{\boldsymbol{x}}_t = \boldsymbol{U}\boldsymbol{x}_t, \tilde{\boldsymbol{z}}_t = \boldsymbol{V}\boldsymbol{z}_t$, 则可以得到如下标量解耦方程:

$$\tilde{y}_t\,(i) = \lambda_i \tilde{x}_i\,(i) + \tilde{\varepsilon}_t\,(i), \quad i = 1, 2, \cdots, n \tag{1.6}$$

这意味着式 (1.1) 所示的 MIMO 系统可以等效为 n 个独立的 SISO 系统, 也即其空间传输 DoF 为 n, 总的信道容量 $\mathcal{C}$ 为 [10-12]:

$$\mathcal{C} = \sum_{i=1}^{n} \log_2 \left(1 + \frac{p_i\,|\lambda_i|^2}{\sigma^2} \right) \tag{1.7}$$

式中, p_i 为其第 i 个通道 $\tilde{x}_i\,(i)$ 的功率值。

基于上述原理的 MIMO 系统设计方法称作为特征模式传输 [14]。采用注水算法或简化的迭代算法, 计算出各个通道的发射功率 p_i 最优值, 可使系统容量达到或接近最大化 [15], 从而实现信道容量的充分逼近。基于注水算法的最优功率分配以及最大可获取的信道容量将在第 5 章进行深入讨论。

当所有的通道采用相同的发射功率时, 也即 $p_i = P/N(i = 1, \cdots, N)$, 运用矩阵行列式的以下性质:

$$\det\left(\boldsymbol{I} + \frac{P}{N\sigma^2}\boldsymbol{H}^{\mathrm{H}}\boldsymbol{H} \right) = \prod_{i=1}^{N} \left(1 + \frac{P}{N\sigma^2}\,|\lambda_i|^2 \right) \tag{1.8}$$

可以得知式 (1.7) 等同于下式:

$$\mathcal{C} = \log_2 \det\left(\boldsymbol{I} + \frac{P}{N\sigma^2}\boldsymbol{H}^{\mathrm{H}}\boldsymbol{H} \right) \tag{1.9}$$

文献 [16] 和文献 [17] 研究了天线孔径和散射体对多天线系统空间自由度的影响。他们引入了发射端散射体和接收端散射体概念, 并由此提出了三段式多天线无线传输散射模型, 该模型由多天线发射机到发射散射体、发射散射体到接收散射体以及接收散射体到接收机 3 个部分组成, 如图 1.4 所示, 系统总体无线传输自由度由 3 个部分自由度的最小值确定。文献 [16] 还进一步研究了在给定天线体尺寸的条件下最优的天线配置个数, 也即不损失系统性能时的最小天线配置数。

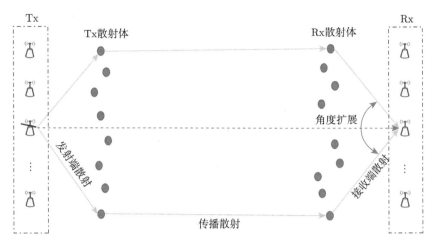

图 1.4 双散射 MIMO 信道

需要指出，以上引入的无线传播模型并未考虑多天线间的互耦特性对系统性能的影响。在实际应用中，多个天线间可能存在一定的互耦特性，对于集中式放置的 MIMO 系统时或对于分布式 RAU 配置多个天线时更是如此。为此需要分别引入发射端多天线的互耦矩阵以及接收端多天线的互耦矩阵 [18,19]，并对信道响应矩阵 $\boldsymbol{H}$ 进行修正，从而得到等效的总体信道响应矩阵 $\bar{\boldsymbol{H}}$ 如下：

$$\bar{\boldsymbol{H}} = \boldsymbol{R}_{\mathrm{R}}^{1/2} \boldsymbol{H} \boldsymbol{R}_{\mathrm{T}}^{1/2} \tag{1.10}$$

式中，$\boldsymbol{R}_{\mathrm{R}}$ 和 $\boldsymbol{R}_{\mathrm{T}}$ 分别是接收端和发射端的天线耦合矩阵。这时系统的整体性能由 $\bar{\boldsymbol{H}}$ 确定。

式 (1.1) 引入的无线传输模型未考虑时间域多径散射的影响，这时的信道衰落为频率选择性衰落模型。国际标准化组织 3GPP 引入了更为一般性的空间信道模型 (spatial channel model, SCM)[20]，用于评估多天线系统的无线传输性能。在该模型中，引入了发射角、接收到达角、角度扩展、多径时延扩展、终端移动速度 5 个关键指标，用更为一般性的方式描述多天线系统的无线信道特性。

SCM 模型虽然更为复杂，但考虑到宽带移动通信系统中一般采用正交频分复用 (OFDM) 进行系统设计，这时每个子载波的带宽较窄，信道特性可用平坦衰落来近似描述，本节引入的系统模型将仍然适用。在第 7 章中，我们将给出该方面更为详尽的描述。

1.4 分布式 MIMO 的若干演变形式

如 1.1 节所述, 相比传统的集中式无线组网, 分布式 MIMO 所需要付出的代价是必须在 RAU 和 BBU 之间额外增设高速传输链路 (如光纤互联或微波前传等)。实际应用中, 由于工程布设的限制, 如果节点间不具备这种理想的连接能力, 则分布式 MIMO 可以演变成为另外几种无线组网方式, 包括无线中继网络、密集协作网络等。本节将论述这几种演变方式的工作原理及其与分布式 MIMO 的对比。

无线中继网络作为改善小区覆盖的一项关键技术, 被引入 3GPP LTE-A 技术标准 Release10[21]。无线中继网络可以被看作为分布式 MIMO 的一种典型演变方式。与分布式 MIMO 不同, 无线中继网络在基站与终端之间增设了中继节点, 如图 1.5 所示。按其资源利用方式, 无线中继网络分为带外 (out band) 中继和带内 (in band) 中继两种方式 [22], 前者采用与蜂窝系统上下行链路完全不同的频率资源, 后者则与蜂窝系统上下行链路共享频率资源。显然, 如果忽略非理想因素, 带外中继无线网络与分布式 MIMO 在系统构架和传输性能上是等同的。

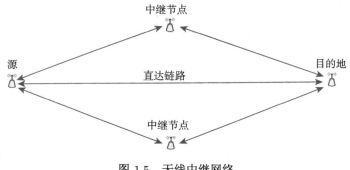

图 1.5 无线中继网络

对于带内中继, 一般又采用时分 (time duplex) 方式进行工作 [22], 也即将时间划分为不同的片段, 分别用于传输基站与中继节点之间以及中继节点与终端之间的信息, 从而避免中继节点接收机与发射机之间产生自干扰, 并减少中继节点收发装置所需射频通道数。文献 [22] 还引入了全双工 (full duplex) 无线中继节点概念, 并假设中继节点的收发装置在同时同频工作, 且相互之间不产生干扰。考虑到对于中继节点来说, 其发射信号是可以实时获取的, 因而在理论上其对接收机所产生的干扰是可以完美抵消的。但在工程实践上, 这通常需要抵消高达 150dB 以上的自干扰, 才能使全双工系统正常工作, 该方面的研究仍在进行之中 [23]。在本书的第

8 章中，将深入讨论基于无蜂窝构架的网络辅助全双工方法。

文献 [24] 研究了各种无线中继网络的系统容量，结果表明，分布式 MIMO 的系统容量为无线中继网络的系统容量的上界。文献 [25] 则对各种无线中继网络的性能进行了对比，结果表明，引入中继节点的无线网络覆盖方式较原有的直接覆盖方式，系统容量将会有一个固定的增益，覆盖性能明显改善。

采用小蜂窝 (small cell) 的超密集组网是提高移动通信系统容量的主要手段之一 [26]，其在工程实践上遇到的主要挑战是如何解决密集布设基站的回传问题，也即众多基站系统与核心网络的连接问题。无线自回传网络 [23] 是解决小蜂窝接入核心网络的技术途径之一。实际上，一个具备无线自回传功能的 small cell 基站等同于层 3(layer 3) 无线中继节点，它包含了基站的所有收发处理功能，但需要占用移动通信带内资源进行无线自回传。

超密集组网的一个较为彻底的解决方案是采用分布式 MIMO。它通过引入 RAU 之间的联合信号处理，在显著改善网络覆盖特性的同时，最大可能程度上提高系统的无线资源利用率，系统容量可随分布式节点的增加而线性增长，具体结果请参见 2.5 节有关内容。若各个无线节点间不具备联合处理能力，则分布式 MIMO 可退化成为一般意义上的 small cell，这时每个无线节点均具备完整的无线基站收发处理功能。考虑到 small cell 基站间可以通过回传网络交互信息 (如小区内用户的 SIR 测量结果、QoS 需求等)，从而使得 small cell 基站间具备一定程度的相互协作，我们将这种网络称作为密集协作网络。文献 [27] 基于博弈论框架，给出了多小区 small cell 协作最优功率分配方法，可使整个无线网络吞吐率达到最大化，并兼顾用户的 QoS 需求。

1.5 本章小结

本章在回顾传统蜂窝移动通信系统构架的基础上，介绍了分布式 MIMO 与无蜂窝移动通信系统的基本构成、工作原理及与 C-RAN 构架之间的联系；在此基础上引入了一般性的分布式 MIMO 系统建模方法，讨论了多天线信道特征及对信道容量的影响；最后，指出了分布式 MIMO 是其他几种常见无线组网方式 (包括无线中继和密集协作网络等) 的更为一般形式，因而其性能分析对于工程实践更具一般性的指导意义。

参考文献

[1] You X H, Chen G A, Chen M, et al. Toward beyond 3G: The FuTURE project in China. IEEE Communications Magazine, 2005, 43(1): 70-75.

[2] You X H, Wang D M, Sheng B, et al. Cooperative distributed antenna systems for mobile communications. IEEE Wireless Communications, 2010, 17(3): 35-43.

[3] Ngo H Q, Ashikhmin A, Yang H, et al. Cell-free massive MIMO versus small cells. IEEE Transactions on Wireless Communications, 2017, 16(3): 1834-1850.

[4] Buzzi S, D'Andrea C. Cell-free massive MIMO: User-centric approach. IEEE Wireless Communications Letters, 2017, 6(6): 706-709.

[5] Peng M G, Sun Y H, Li X L, et al. Recent advances in cloud radio access networks: system architectures, key techniques, and open issues. IEEE Communications Surveys and Tutorials, 2016, 18(3): 2282-2308.

[6] I C L, Li H, Korhonen J, et al. RAN revolution with NGFI (xhaul) for 5G. Journal of Lightwave Technology, 2018, 36(2): 541-550.

[7] Ingram D M E, Schaub P, Campbell D A. Use of precision time protocol to synchronize sampled-value process buses. IEEE Transactions on Instrumentation and Measurement, 2012, 61(5): 1173-1180.

[8] Alouini M S, Goldsmith A J. Area spectral efficiency of cellular mobile radio systems. IEEE Transactions on Vehicular Technology, 1999, 48(4): 1047-1066.

[9] Ding M, López-Pérez D. Performance impact of base station antenna heights in dense cellular networks. IEEE Transactions on Wireless Communications, 2017, 16(12): 8147-8161.

[10] Telatar E I. Capacity of multi-antenna Gaussian channels. European Transactions on Telecommunications, 1999, 10(6): 585-596.

[11] Foschini G J. Layered space-time architecture for wireless communication in a fading environment when using multi-element antennas. Bell Labs Technical Journal, 1996, 1(2): 41-59.

[12] Gesbert D, Bölcskei H, Gore D A, et al. Outdoor MIMO wireless channels: Models and performance prediction. IEEE Transactions on Communications, 2002, 50(12): 1926-1934.

[13] Shiu D S, Foschini G J, Gans M J, et al. Fading correlation and its effect on the capacity of multielement antenna systems. IEEE Transactions on Communications, 2000, 48(3):

502-513.

[14] Gao X Q, You X H, Jiang B, et al. Unifying Eigen-mode MIMO transmission. Science in China Series F: Information Sciences, 2009, 52(12): 2269-2278.

[15] Gao X Q, Jiang B B, Li X, et al. Statistical Eigenmode transmission over jointly-correlated MIMO channels. IEEE Transactions on Information Theory, 2009, 55(8): 3735-3750.

[16] Poon S Y, Brodersen R W, Tse N C. Degrees of freedom in multiple-antenna channels: A signal space approach. IEEE Transactions on Information Theory, 2005, 51(2): 523-536.

[17] Li X, Nie Z P, Huang X J. Dynamic MIMO scattering wireless channel model and its performance. Acta Electronica Sinica, 2005, 33(9): 1660-1663.

[18] Li X, Nie Z P. Effect of mutual coupling on the performance of MIMO wireless channels. Chinese Journal of Radio Science, 2005, 20(4): 546-551.

[19] Wallace J W, Jensen M A. Mutual coupling in MIMO wireless systems: A rigorous network theory analysis. IEEE Transactions on Wireless Communications, 2004, 3(4): 1317-1325.

[20] Cheng X, Wang C X, Wang H M, et al. Cooperative MIMO channel modeling and multi-link spatial correlation properties. IEEE Journal on Selected Areas in Communications, 2012, 30(2): 388-396.

[21] 3GPP. 3GPP LTE release 10 https://www.3gpp.org/specifications/releases/70-release-10.

[22] Pabst R, Walke B H, Schultz D C, et al. Relay-based deployment concepts for wireless and mobile broadband radio. IEEE Communications Magazine, 2004, 42(9): 80-89.

[23] Pitaval R A, Tirkkonen O, Wichman R, et al. Full-duplex self-backhauling for small-cell 5G networks. IEEE Wireless Communications, 2015, 22(5): 83-89.

[24] Høst-Madsen A, Zhang J S. Capacity bounds and power allocation for wireless relay channels. IEEE Transactions on Information Theory, 2005, 51(6): 2020-2040.

[25] Kramer G, Gastpar M, Gupta P. Cooperative strategies and capacity theorems for relay networks. IEEE Transactions on Information Theory, 2005, 51(9): 3037-3062.

[26] Ge X H, Tu S, Mao G Q, et al. 5G ultra-dense cellular networks. IEEE Wireless Communications, 2016, 23(1): 72-79.

[27] Wang J H, Wei G, Huang Y M, et al. Distributed optimization of hierarchical small cell networks: A GNEP framework. IEEE Journal on Selected Areas in Communications, 2017, 35(2): 249-264.

第 2 章　分布式MIMO信道容量描述与解析

本章将建立分布式 MIMO 信道容量的描述方法以及其近似闭式分析方法。

首先，基于分布式 MIMO 发射信号与接收信号的互信息计算，我们将再次得到一般性的分布式 MIMO 信道容量表达式。

其次，引入分布式 MIMO 容量分析所涉及的几种典型的容量描述方式，包括瞬态信道容量、遍历信道容量、中断容量、多用户容量、与用户位置有关的信道容量、小区平均容量以及区域信息容量等；其中，与用户位置有关的信道容量的近似闭合表达式，是分布式 MIMO 容量分析方法的基础。通过该近似闭合表达式，可以深入分析信道模型参数 (如用户距离、阴影衰落及快衰落等) 对信道容量的影响，并从中得到两个重要的结论：**在高信噪比区域，与用户位置有关的分布式 MIMO 瞬态信道容量将趋于正态分布；在低信噪比区域，该瞬态信道容量将趋于对数正态分布。** 我们将看到，这两个重要结论将极大地简化分布式 MIMO 的信道容量分析。

第三，基于用户位置的瞬态信道容量闭合表达式，考察了分布式 MIMO 在系统覆盖范围内的小区平均容量及小区平均中断容量。考虑到集中式 MIMO 是分布式 MIMO 的特例，我们从理论上对这两种 MIMO 配置方式进行了性能对比，结果表明分布式 MIMO 具有较小的容量方差，能够提供较为均匀的容量覆盖。

最后，我们把分布式 MIMO 作为一种无蜂窝 (cell-free) 无线组网方式，在区域信息容量方面与传统蜂窝系统进行了对比。结果表明：**在较为实际的传播条件下，若需保障用户的最低服务速率，则过度密集布置的传统蜂窝系统，其区域容量将趋于减小；而分布式 MIMO 系统的区域容量与网络密集度之间始终呈单调增长关**

系, 从而可有效解决密集化传统蜂窝系统所面临的干扰受限瓶颈。

2.1　分布式 MIMO 信息熵与信道容量

在 1.2 节中, 我们引入了分布式 MIMO(distributed MIMO, D-MIMO) 的一般性模型。基于 SVD 解耦以及单输入单输出 (single input single output, SISO) 信道的容量分析方法, 我们还描述了分布式 MIMO 信道容量的基本分析方法。此处给出一种更为常规的分布式 MIMO 信道容量基本分析方法——基于互信息量的容量分析方法。我们将看到, 这两种方法的最终结果是一致的。

为此, 先引入随机向量 $\boldsymbol{x}$ 的微分熵计算公式如下:

$$\mathcal{H}(\boldsymbol{x}) = -\int p(\boldsymbol{x}) \log_2 p(\boldsymbol{x}) \, \mathrm{d}\boldsymbol{x} \tag{2.1}$$

上式给出了随机向量 $\boldsymbol{x}$ 不确定性的量化描述, 其中, $p(\boldsymbol{x})$ 为向量 $\boldsymbol{x}$ 的概率密度函数, 其积分在 $\mathbb{C}^N$ 上进行。若 $\boldsymbol{x}$ 为循环对称复高斯随机向量, 则容易得到其微分熵的计算公式如下 [1]:

$$\mathcal{H}(\boldsymbol{x}) = \ln\left\{ (\pi\mathrm{e})^N \det\left[\mathrm{cov}(\boldsymbol{x})\right] \right\} \tag{2.2}$$

式中, $\det(\cdot)$ 为矩阵行列式; $\mathrm{cov}(\boldsymbol{x})$ 为随机向量 $\boldsymbol{x}$ 的协方差矩阵。由此可以看出, 正态随机向量的不确定性仅由其协方差矩阵所决定。

为便于阅读, 我们再次引入 1.2 节中给出的分布式 MIMO 的一般化无线传输模型如下:

$$\boldsymbol{y}_t = \boldsymbol{H}\boldsymbol{x}_t + \boldsymbol{z}_t \tag{2.3}$$

根据 Shannon 信息论, 上述传输模型的信道容量, 由发射信号 $\boldsymbol{x}_t$ 的微分熵与给定接收信号 $\boldsymbol{y}_t$ 时的条件微分熵之差所决定

$$\mathcal{C} = \max_{\boldsymbol{x}_t}\left[\mathcal{H}(\boldsymbol{x}_t) - \mathcal{H}(\boldsymbol{x}_t|\boldsymbol{y}_t)\right] = \max_{\boldsymbol{x}_t}\left[\mathcal{H}(\boldsymbol{y}_t) - \mathcal{H}(\boldsymbol{y}_t|\boldsymbol{x}_t)\right] \tag{2.4}$$

式中, $\mathcal{H}(\cdot|\cdot)$ 为条件微分熵。若接收信号 $\boldsymbol{y}_t$ 与发射信号 $\boldsymbol{x}_t$ 统计独立, 则式 (2.4) 给出的信道容量为零; 若 $\mathcal{H}(\boldsymbol{x}_t|\boldsymbol{y}_t)$ 为零, 则说明通过接收信号 $\boldsymbol{y}_t$ 可以毫无损失地 (无不确定性) 恢复发射信号 $\boldsymbol{x}_t$。

进一步, 若式 (2.3) 中的信道 $\boldsymbol{H}$ 为确知信息, 利用最大熵定理, 当发射信号 $\boldsymbol{x}_t$ 为正态分布时, 式 (2.4) 达到最大值。这时应注意到, $\boldsymbol{z}_t \sim \mathcal{CN}\left(0, \sigma^2 \boldsymbol{I}\right)$ 时, $\boldsymbol{y}_t$ 同样为正态分布, 且其协方差矩阵为

$$\operatorname{cov}\left(\boldsymbol{y}_t\right) = \operatorname{cov}\left(\boldsymbol{H}\boldsymbol{x}_t\right) + \operatorname{cov}\left(\boldsymbol{z}_t\right) = \boldsymbol{H}\boldsymbol{\Sigma}_x\boldsymbol{H}^{\mathrm{H}} + \sigma^2\boldsymbol{I} \tag{2.5}$$

式中运用了 $\boldsymbol{H}\boldsymbol{x}_t$ 及 $\boldsymbol{z}_t$ 之间的统计独立性; $\boldsymbol{\Sigma}_x$ 为发射信号 $\boldsymbol{x}_t$ 的协方差矩阵, 在一般条件下, 满足

$$\boldsymbol{\Sigma}_x = \operatorname{diag}\left(p_1, p_2, \cdots, p_N\right) \tag{2.6}$$

式中, p_i 为发射信号向量 $\boldsymbol{x}_t$ 第 i 个通道的功率值, 满足 $\sum\limits_{i=1}^{N} p_i = P$。将式 (2.2) 运用到式 (2.4) 中, 且注意到 $\mathcal{H}\left(\boldsymbol{y}_t|\boldsymbol{x}_t\right) = \mathcal{H}\left(\boldsymbol{z}_t\right)$, 可以得到分布式 MIMO 的以下信道容量:

$$\mathcal{C} = \max_{\boldsymbol{x}_t}\left[\mathcal{H}\left(\boldsymbol{y}_t\right) - \mathcal{H}\left(\boldsymbol{y}_t|\boldsymbol{x}_t\right)\right] = \log_2\left[\det\left(\boldsymbol{I} + \frac{1}{\sigma^2}\boldsymbol{H}\boldsymbol{\Sigma}_x\boldsymbol{H}^{\mathrm{H}}\right)\right] \tag{2.7}$$

当发射端无法得知信道信息 $\boldsymbol{H}$ 时, 分布式 MIMO 系统将无法实现发射功率 p_i 的最优分配。这时一般选择等功率发射, 即 $p_i = P/N(i = 1, 2, \cdots, N)$, 式 (2.7) 则演变为

$$\mathcal{C} = \log_2\left[\det\left(\boldsymbol{I} + \frac{P}{N\sigma^2}\boldsymbol{H}^{\mathrm{H}}\boldsymbol{H}\right)\right] = \log_2\left[\det\left(\boldsymbol{I} + \frac{P}{N\sigma^2}\boldsymbol{H}\boldsymbol{H}^{\mathrm{H}}\right)\right] \tag{2.8}$$

对比上式与式 (1.9), 两者是相同的。至此, 我们通过求解接收信号与发射信号的互信息, 再次得到了分布式 MIMO 的信道容量表达式。

2.2　分布式 MIMO 信道容量的几种典型描述方法

分布式 MIMO 的信道容量存在不同的描述方法, 它们基本上均以式 (2.7) 或式 (2.8) 为基础, 从不同的角度描述分布式 MIMO 的信道容量特性, 且相互之间可以组合应用。这里列举几种典型的描述方法如下。

1. 瞬态信道容量 (instantaneous capacity)

在上述推导中, 假设信道信息 $\boldsymbol{H}$ 为某一确定量。实际应用中, $\boldsymbol{H}$ 一般为满足某种衰落统计特性 (如瑞利衰落 (Rayleigh fading)、赖斯衰落 (Rician fading) 等) 的随机变量。这时, 式 (2.7) 或式 (2.8) 被称作分布式 MIMO 瞬态信道容量, 它反映了信道状态信息为某一瞬态值时可获取的最大传输速率。

2. 遍历信道容量 (ergodic capacity)

在信道信息 $\boldsymbol{H}$ 为满足某种衰落统计特性的随机变量时, 上述瞬态信道容量本身也为一个随机变量。对该随机变量求统计平均, 可得到分布式 MIMO 的遍历信道容量如下:

$$\mu_{\boldsymbol{H}} = \mathbb{E}_{\boldsymbol{H}}\left(\mathcal{C}\right) \tag{2.9}$$

瞬态信道容量的方差用 $\mathrm{cov}_{\boldsymbol{H}}\left(\mathcal{C}\right)$ 表示。

3. 中断容量 (outage capacity)

信道信息 $\boldsymbol{H}$ 的随机变化, 导致瞬态信道容量的不确定。而实际应用中, 希望能够保障用户的服务质量, 也即用户的速率能够达到某种最低要求, 否则将导致服务质量的中断。为刻画信道变化对这一需求所带来的影响, 我们引入瞬态信道容量的中断概率 (或累积分布函数, CDF) 如下:

$$F\left(R\right) = \mathrm{Pr}\left(\mathcal{C} \leqslant R\right) = \int_0^R f_c\left(x\right) \mathrm{d}x \tag{2.10}$$

式中, $f_c\left(x\right)$ 为瞬态信道容量 $\mathcal{C}$ 的概率密度函数。

上式描述了瞬态信道容量小于等于给定值 R 的概率。反之, 若设定瞬态信道容量的中断概率为 δ, 则

$$\mathcal{C}^{\delta} \triangleq F^{-1}\left(\delta\right) \tag{2.11}$$

式中, F^{-1} 为 CDF 的逆函数; $\mathcal{C}^{\delta}$ 为瞬态信道容量的中断概率等于 δ 时的最大传输速率, 也即中断容量。

4. 多用户信道和容量 (multi-user sum capacity)

一般条件下的多用户信息理论仍然是开放性课题。若多用户可以进行全局性的协作与联合处理, 则问题可以得到极大的简化。在移动通信系统中, 多用户系统的和容量是一个重要的研究指标。多用户信道和容量是指存在多个用户时, 所能达到的信息速率总和的最大值。注意到在 1.2 节以及上述讨论中, 所有的天线可以联合处理, 且我们并未区分单用户和多用户, 其区别仅在于单用户及多用户所经历的信道信息 $\boldsymbol{H}$ 有所不同, 以及传输信息是否来自同一个用户。因此式 (2.7) 或式 (2.8) 同样适用于高斯信道下多用户信道和容量的描述。

在多用户移动通信系统中,"和速率"(sum rate) 一词常被用于描述系统所能达到的信息速率总和。显然,对于分布式 MIMO,和速率最大值等同于多用户信道和容量。

5. 与用户位置有关的信道容量

在 1.2 节中我们曾指出,信道信息 $\boldsymbol{H}$ 的元素 $h_{k,l}$ 可以分解成为阴影衰落因子和快衰落因子的积,如式 (1.2) 所示,其中,阴影衰落因子主要由用户所处的位置所确定。换句话说,分布式 MIMO 系统中移动用户的信道容量是与其所处的位置密切相关的。为此,我们引入参数 $\mathcal{C}(\boldsymbol{d})$ 和 $\mu_{\mathcal{C}(\boldsymbol{d})}$,用于描述与用户位置有关的瞬态信道容量和遍历信道容量。

为进一步描述与用户位置有关的信道容量,我们引入图 2.1 所示的上行无线链路无蜂窝系统参考模型。这里假设共有 N 个 RAU,每个 RAU 配置有 L 个天线,因而基站侧的天线总数为 NL。若进一步假设移动用户配置 M 个天线,其相应的系统配置用 (M, L, N) 来表示。这时,其信道信息 $\boldsymbol{H}$ 可更为精确地描述为

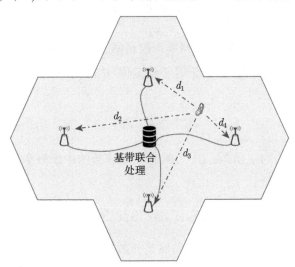

图 2.1　无蜂窝系统上行链路参考模型

$$\boldsymbol{H} = \mathrm{diag}\left[h_1^{\mathrm{s}}\boldsymbol{I}_L, \cdots, h_N^{\mathrm{s}}\boldsymbol{I}_L\right] \begin{bmatrix} \boldsymbol{H}_{\mathrm{w},1} \\ \vdots \\ \boldsymbol{H}_{\mathrm{w},N} \end{bmatrix} \triangleq \boldsymbol{D}_d^{\mathrm{s}}\boldsymbol{H}_{\mathrm{w}} \tag{2.12}$$

式中，$\boldsymbol{H}_{\mathrm{w},i} \in \mathbb{C}^{L \times M}$ 为移动用户至第 i 个 RAU 的快衰落因子参数子矩阵，它由式 (1.2) 中给出的快衰落因子 $h_{k,l}^{\mathrm{w}}$ 组成，满足正态分布；$\boldsymbol{H}_{\mathrm{w}} \in \mathbb{C}^{LN \times M}$ 代表由 $\boldsymbol{H}_{\mathrm{w},i}(i = 1, 2, \cdots, N)$ 形成的复合矩阵；$\boldsymbol{D}_d^{\mathrm{s}} \in \mathbb{R}^{LN \times M}$ 代表由 $h_i^{\mathrm{s}}\boldsymbol{I}_L$ 形成的对角矩阵；h_i^{s} 为式 (1.2) 引入的大尺度衰落因子，它由下式进一步给出：

$$h_i^{\mathrm{s}} = \sqrt{\frac{cs_i}{d_i^\alpha}} = \sqrt{\gamma s_i \left(\frac{D}{d_i}\right)^\alpha} \tag{2.13}$$

式中，c 为参考位置点 D 所对应的路径损耗平均值；$\gamma \triangleq c/D^\alpha$；$s_i$ 为对数正态阴影衰落因子，满足 $\ln s_i \sim \mathcal{N}\left(0, \sigma_{\mathrm{s}}^2\right)$；$d_i$ 为移动用户至第 i 个 RAU 的距离；α 为传播路径损耗指数。

将上述结果代入式 (2.7) 或式 (2.8)，可以得到与用户位置有关的瞬态信道容量 $\mathcal{C}(\boldsymbol{d})$。如前所述，以上描述还可以直接地推广到多个移动用户情形，这时 h_i^{s} 应由 $h_{i,k}^{\mathrm{s}}$(表示第 k 个用户到第 i 个 RAU 的大尺度衰落因子) 所取代。

需要特别指出，当所有的 RAU 均被放置在相同位置时，则分布式 MIMO 演变为集中式 MIMO(co-located MIMO，C-MIMO)，存在 $d_i = d(i = 1, 2, \cdots, N)$ 且存在：

$$h_1^{\mathrm{s}} = h_2^{\mathrm{s}} = \cdots = h_N^{\mathrm{s}} = h^{\mathrm{s}} \tag{2.14}$$

以及

$$\boldsymbol{H} = h^{\mathrm{s}}\boldsymbol{H}_{\mathrm{w}} \tag{2.15}$$

6. 小区平均信道容量

通过对处于不同位置的移动用户的信道容量进行统计平均，我们可得到以下小区平均信道容量：

$$\mathcal{C}_{\mathrm{cell}} = \mathbb{E}_{\boldsymbol{d}}\left[\mu_{\mathcal{C}(\boldsymbol{d})}\right] \tag{2.16}$$

7. 区域信息容量

区域频谱效率 (area spectral efficiency，ASE) 或区域信息容量 (area information capacity，AIC) 最初由文献 [2] 引入，用于衡量小区单位面积内所能够提供的信息容量总和，其量纲为 bit/(s·Hz·km²)，$\mathcal{C}_{\mathrm{ASE}}$ 由以下公式给出：

$$\mathcal{C}_{\mathrm{ASE}} = \frac{\sum\limits_{k=1}^{K} \mathcal{C}_k}{S_{\mathrm{cell}}} \tag{2.17}$$

式中，$\mathcal{C}_k$ 为第 k 个移动用户的信道容量，$k = 1, 2, \cdots, K$；S_{cell} 为小区总覆盖面积。

2.3　与用户位置有关的分布式 MIMO 信道容量闭式及分析

式 (2.7) 和式 (2.8) 给出的信道容量只能通过数值分析或蒙特卡罗仿真来求解。我们也很难从中看出，信道模型参数对信道容量的影响，并以此为基础对比分析分布式 MIMO、集中式 MIMO 以及传统蜂窝在性能上的差异。

本节将在式 (2.7) 或式 (2.8) 的基础上，得到分布式 MIMO 信道容量的近似闭合求解方法，并从中解释各信道模型参数对信道容量的影响。有关分布式 MIMO 的容量解析较为复杂，且已有不少文献可供参考，包括文献 [3-7]。本节将主要遵循文献 [7] 的研究思路，对该方面的主要成果进行概述。

首先给出与用户位置有关的瞬态信道容量。为方便起见，设用户终端的各个天线采用等功率发射。将式 (2.12) 代入式 (2.7)，可得到

$$\mathcal{C}\left(\boldsymbol{d}\right) = \log_2\left[\det\left(\boldsymbol{I}_M + \frac{1}{\sigma^2}\boldsymbol{H}_{\text{w}}^{\text{H}}\bar{\boldsymbol{\Sigma}}_x\boldsymbol{H}_{\text{w}}\right)\right] = \log_2\left[\det\left(\boldsymbol{I}_{NL} + \frac{1}{\sigma^2}\bar{\boldsymbol{\Sigma}}_x\boldsymbol{H}_{\text{w}}\boldsymbol{H}_{\text{w}}^{\text{H}}\right)\right] \tag{2.18}$$

式中运用了恒等式 $\det\left(\boldsymbol{I} + \boldsymbol{AB}\right) = \det\left(\boldsymbol{I} + \boldsymbol{BA}\right)$，并定义

$$\boldsymbol{d} = [d_1 \cdots d_N]^{\text{T}}$$

$$\bar{\boldsymbol{\Sigma}}_x \triangleq \frac{\gamma P}{M}\text{diag}\left[s_1\left(\frac{D}{d_1}\right)^\alpha \boldsymbol{I}_L, \cdots, s_N\left(\frac{D}{d_N}\right)^\alpha \boldsymbol{I}_L\right] \tag{2.19}$$

以下将式 (2.18) 的闭合分析，分为高信噪比和低信噪比两种情况加以考虑。鉴于实际中用户终端的天线个数通常小于接入点的天线个数，下面将仅给出 $M \leqslant L$ 的结果[*]。**我们将看到，在高信噪比区域，与用户位置有关的分布式 MIMO 瞬态信道容量将趋于正态分布；在低信噪比区域，该瞬态信道容量将趋于对数正态分布。这两个重要结论将极大地简化分布式 MIMO 的信道容量分析。**

1. 高信噪比区域 $(M \leqslant L)$

当 $M \leqslant L$ 时，式 (2.18) 可以表示为

$$\mathcal{C}\left(\boldsymbol{d}\right) = \log_2 \det\left[\boldsymbol{I}_M + \frac{\gamma P}{M\sigma^2}\sum_{i=1}^{N}\left(\frac{D}{d_i}\right)^\alpha s_i\boldsymbol{H}_{\text{w},i}^{\text{H}}\boldsymbol{H}_{\text{w},i}\right] \tag{2.20}$$

---

[*] 其他情况，例如 $M \geqslant NL$，在实际部署中较为少见，会有一些不同的结论，详细理论见文献 [7]。

连续运用 Minkowski 不等式 [7]:

$$\det\left[\boldsymbol{A}_1 + \boldsymbol{A}_2\right]^{\frac{1}{M}} \geqslant \det\left[\boldsymbol{A}_1\right]^{\frac{1}{M}} + \det\left[\boldsymbol{A}_2\right]^{\frac{1}{M}}$$

式中，$\boldsymbol{A}_1$ 和 $\boldsymbol{A}_2$ 为任意正定或半正定矩阵，可知式 (2.20) 的下界为

$$\mathcal{C}\left(\boldsymbol{d}\right) \geqslant M \log_2 \left[1 + \frac{\gamma P}{M\sigma^2} \sum_{i=1}^{N} \left(\frac{D}{d_i}\right)^{\alpha} s_i \det\left(\boldsymbol{H}_{\mathrm{w},i}^{\mathrm{H}} \boldsymbol{H}_{\mathrm{w},i}\right)^{\frac{1}{M}}\right]$$

在高信噪比情形下，可得到

$$\mathcal{C}\left(\boldsymbol{d}\right) \cong M \log_2 \left[\sum_{i=1}^{N} \left(\frac{D}{d_i}\right)^{\alpha} s_i \det\left(\boldsymbol{H}_{\mathrm{w},i}^{\mathrm{H}} \boldsymbol{H}_{\mathrm{w},i}\right)^{\frac{1}{M}}\right] + M \log_2 \frac{\gamma P}{M\sigma^2}$$

式中，阴影衰落因子 s_i 为对数正态分布；文献 [8] 则证明: 当每个接入点的天线数充分大时，$\log_2 \det\left(\boldsymbol{H}_{\mathrm{w},i}^{\mathrm{H}} \boldsymbol{H}_{\mathrm{w},i}\right)$ 将趋于正态分布，因而 $\det\left(\boldsymbol{H}_{\mathrm{w},i}^{\mathrm{H}} \boldsymbol{H}_{\mathrm{w},i}\right)^{\frac{1}{M}}$ 将近似服从对数正态分布。因此，在整体上，上述下界将趋于正态分布。文献 [7] 给出的中心极限定理也表明 $\mathcal{C}\left(\boldsymbol{d}\right)$ 渐近服从正态分布。后面的数值计算结果将进一步验证这一点。

注意到 $\boldsymbol{H}_{\mathrm{w},i}$ 为高斯矩阵，$\boldsymbol{H}_{\mathrm{w},i}^{\mathrm{H}} \boldsymbol{H}_{\mathrm{w},i}$ 为多维 χ^2 分布 (或中心 Wishart 分布)，式 (2.20) 中 $\det\left(\boldsymbol{H}_{\mathrm{w},i}^{\mathrm{H}} \boldsymbol{H}_{\mathrm{w},i}\right)$ 的对数有如下性质:

$$\mathbb{E}_{\boldsymbol{H}_{\mathrm{w}}}\left\{\log_2\left[\det\left(\boldsymbol{H}_{\mathrm{w},i}^{\mathrm{H}} \boldsymbol{H}_{\mathrm{w},i}\right)\right]\right\} = \frac{1}{\ln 2} \sum_{i=0}^{M-1} \psi\left(L-i\right)$$

$$\mathrm{cov}\left\{\log_2\left[\det\left(\boldsymbol{H}_{\mathrm{w},i}^{\mathrm{H}} \boldsymbol{H}_{\mathrm{w},i}\right)\right]\right\} = \frac{1}{(\ln 2)^2} \sum_{i=0}^{M-1} \psi'\left(L-i\right)$$

式中，$\psi\left(\cdot\right)$ 为 Euler digamma 函数; $\psi'\left(\cdot\right)$ 为其一阶导数，定义参见文献 [9]。

基于上述推导，文献 [3] 和文献 [7] 给出了 $\mathcal{C}\left(\boldsymbol{d}\right)$ 的均值 $\mu_{\mathcal{C}(\boldsymbol{d})}$ 和方差 $\sigma_{\mathcal{C}(\boldsymbol{d})}^2$ 的闭合解及其近似计算，从而可以完整地描述高信噪比条件下，与位置有关的瞬态信道容量概率分布特性。为便于阅读，此处仅给出 $\mu_{\mathcal{C}(\boldsymbol{d})}$ 的表达式如下:

$$\mu_{\mathcal{C}(\boldsymbol{d})} \cong M\left\{\log_2 \frac{\gamma P}{M\sigma^2} + C_1\sigma_{\mathrm{s}}^2 + \log_2\left[\sum_{i=1}^{N} \left(\frac{D}{d_i}\right)^{\alpha}\right] + C_2\right\} \tag{2.21}$$

式中，C_1 为运算常数; C_2 为与快衰落统计量有关的常数; σ_{s}^2 为阴影衰落的方差。

观察上述推导过程及式 (2.21)，我们可以得到高信噪比条件下有关瞬态信道容量的重要结论如下:

(1) 影响瞬态信道容量 $\mathcal{C}(\boldsymbol{d})$ 均值的主要因素为 MT 至 RAU 的距离 $d_i(i = 1, \cdots, N)$、阴影衰落和快衰落，三者对容量的影响为加性的，且相互独立，因而可以分别加以考察。

(2) 用户终端至 RAU 的距离 $d_i(i = 1, \cdots, N)$ 对 $\mathcal{C}(\boldsymbol{d})$ 的均值 $\mu_{\mathcal{C}(\boldsymbol{d})}$ 有显著影响，且对方差 $\sigma^2_{\mathcal{C}(\boldsymbol{d})}$ 也会有影响。

(3) 用户位置的随机特性对信道容量的影响，可通过对式 (2.21) 中 $\log_2 \left[\sum\limits_{i=1}^{N} \left(\dfrac{D}{d_i} \right)^{\alpha} \right]$ 项的随机变化来加以研究。 例如，假设用户位置是随机均匀分布的，我们可以通过对该随机项进行统计平均，得到小区平均容量 $\mathcal{C}_{\text{cell}}$ 或小区平均中断容量。有关分析由下一节给出。

(4) 仅考虑路径损耗时，分布式 MIMO 与集中式 MIMO 容量均值的差别为

$$\Delta(\boldsymbol{d}) = M \log_2 \left[\sum_{i=1}^{N} \left(\frac{D}{d_i} \right)^{\alpha} \right] - M \log_2 \left[N \left(\frac{D}{d} \right)^{\alpha} \right] \tag{2.22}$$

式中，d 表示集中式 MIMO 中用户与基站间的距离。当 $d_i = d$, $i = 1, \cdots, N$ 时，$\Delta(\boldsymbol{d}) = 0$，分布式 MIMO 退化为集中式 MIMO。假设分布式 MIMO 与集中式 MIMO 具有相同的系统覆盖范围，从式 (2.22) 可以推断：当用户距离系统覆盖中心较近时，集中式 MIMO 的信道容量大于相应的分布式 MIMO；当用户距离系统覆盖中心较远时，由于总存在一个 RAU 离用户较近，分布式 MIMO 的信道容量大于集中式 MIMO，换句话说，分布式 MIMO 的容量覆盖相对于集中式 MIMO 更为均匀。

(5) 由于分布式 MIMO 中阴影衰落因子 s_i 各不相同，分布式 MIMO 引入的宏分集对遍历容量也有贡献，如式 (2.21) 中的 $C_1 \sigma^2_{\text{s}}$ 项。在后面一节中，我们将用数值计算结果进一步说明这一点。

利用式 (2.21)，我们还可以推导出分布式 MIMO 各 RAU 的最优放置方式，具体结果参见文献 [10] 的研究结果。

2. 低信噪比区域

现在考虑低信噪比情形。应用文献 [11] 给出的命题 4(proposition 4)，再注意到式 (2.12) 给出的有关 $\boldsymbol{H}_{\text{w}}$ 的定义，可以得到式 (2.18) 的下界：

$$\mathcal{C}(\boldsymbol{d}) \geqslant \log_2 \left[1 + \frac{1}{\sigma^2} \text{Tr} \left(\boldsymbol{H}_{\text{w}}^{\text{H}} \bar{\boldsymbol{\Sigma}}_x \boldsymbol{H}_{\text{w}} \right) \right] = \log_2 \left[1 + \frac{\gamma P}{M \sigma^2} \sum_{i=1}^{N} s_i \left(\frac{D}{d_i} \right)^{\alpha} \text{Tr} \left(\boldsymbol{H}_{\text{w},i}^{\text{H}} \boldsymbol{H}_{\text{w},i} \right) \right]$$

$$\tag{2.23}$$

当信噪比较低时，上式中等号右边第二项相对较小；运用 $\ln(1+x) \approx x$，可以得到低信噪比条件下，关于 $\mathcal{C}(\boldsymbol{d})$ 的近似：

$$\mathcal{C}(\boldsymbol{d}) \approx \frac{1}{\ln 2} \frac{\gamma P}{M\sigma^2} \sum_{i=1}^{N} s_i \left(\frac{D}{d_i}\right)^{\alpha} \text{Tr}\left(\boldsymbol{H}_{\text{w},i}^{\text{H}} \boldsymbol{H}_{\text{w},i}\right) = \frac{1}{\ln 2} \frac{\gamma P}{M\sigma^2} \sum_{i=1}^{N} s_i \left(\frac{D}{d_i}\right)^{\alpha} \|\boldsymbol{H}_{\text{w},i}\|^2 \tag{2.24}$$

注意到 s_i 和 d_i 为慢变化参数，在某一较短的观测区间内可近似认为不变；再注意到 $\boldsymbol{H}_{\text{w},i}$ 为正态分布时，$\|\boldsymbol{H}_{\text{w},i}\|^2$ 为 χ^2 分布，其本身可由对数正态分布变量进行逼近；故式 (2.24) 可由对数正态分布变量之和近似表达；进一步注意到对数正态分布变量的和，其本身也为对数正态分布[12]，故我们得到另外一个重要结论：在低信噪比区域，瞬态信道容量可近似由对数正态分布表达。下一节给出的数值计算结果将进一步验证这一点。

以式 (2.24) 为基础，文献 [3] 给出 $\mathcal{C}(\boldsymbol{d})$ 的均值 $\mu_{\mathcal{C}(\boldsymbol{d})}$ 和方差 $\sigma^2_{\mathcal{C}(\boldsymbol{d})}$，从而可以方便地描述低信噪比情形下，与位置有关的瞬态信道容量概率分布特性。因需要引入较为复杂的数学分析工具，此处省略了其繁杂的推导。具体推导还可参见文献 [7] 的分析结果。

对比式 (2.24) 与式 (2.21)，我们发现在低信噪比区域，与用户位置有关的瞬态信道容量 $\mathcal{C}(\boldsymbol{d})$ 是用户位置、阴影衰落与快衰落三个影响因素之积，而非三个影响因素之和。考虑到三个影响因素之间的统计独立性，我们仍然可以分别分析三个因素的随机变化对瞬态信道容量 $\mathcal{C}(\boldsymbol{d})$ 统计特性的影响。

若分别设阴影衰落 s_i 的均值为 μ_s，$\|\boldsymbol{H}_{\text{w},i}\|^2$ 的均值为 μ_{χ^2}，可以得知在低信噪比区域，$\mathcal{C}(\boldsymbol{d})$ 的均值 $\mu_{\mathcal{C}(\boldsymbol{d})}$ 与 μ_s 和 μ_{χ^2} 成正比，则式 (2.24) 的均值可以写作为

$$\mu_{\mathcal{C}(\boldsymbol{d})} = \frac{\mu_s \mu_{\chi^2}}{\ln 2} \frac{\gamma P}{M\sigma^2} \sum_{i=1}^{N} \left(\frac{D}{d_i}\right)^{\alpha} \tag{2.25}$$

当 $d_i = d(i = 1, \cdots, N)$ 时，分布式 MIMO 退化为集中式 MIMO，两者容量均值的差别为

$$\Delta(\boldsymbol{d}) \triangleq \frac{\mu_s \mu_{\chi^2}}{\ln 2} \frac{\gamma P}{M\sigma^2} \left[\sum_{i=1}^{N} \left(\frac{D}{d_i}\right)^{\alpha} - N\left(\frac{D}{d}\right)^{\alpha}\right] \tag{2.26}$$

类似于高信噪比情形，从上式可以推断出在低信噪比条件下，分布式 MIMO 的容量覆盖相对于集中式 MIMO 更为均匀。但需注意，这时因信道容量受限于用户距离的指数，而非其对数，信道容量相对于其用户距离的变化更为敏感，因而具有更大的方差。

3. 数值结果

以下将结合典型的分布式 MIMO 配置场景，给出与用户位置有关的信道容量数值计算结果及相应的计算机仿真结果，并检验上述近似闭式解是否足够准确。

为此，我们先引入分布式 MIMO 典型的性能分析评估场景。我们仍设分布式 MIMO 系统由 N 个 RAU 组成，其中第一个 RAU 位于小区覆盖的中心，其余 $(N-1)$ 个 RAU 以等间隔放置在距离小区中心为 $(3-\sqrt{3})D/2$ 的圆周上。$N=7$ 时，分布式 MIMO 的系统配置如图 2.2 所示。为考察不同用户位置对信道容量所带来的影响，我们假设某用户沿图 2.2 中所示的 x 轴，从位置 A 移动至位置 B，并最终移动到位置 C。这时，该用户距小区中心的距离从 $0.05D$ 变化至 $0.5D$，最终变化至 D。

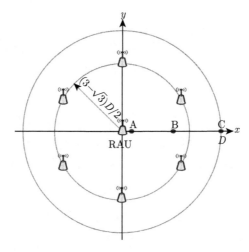

图 2.2　性能分析评估场景

以下的讨论，均假设系统所经历的无线传播路径衰落因子 $\alpha = 3.7$，其对数阴影衰落因子的平均功率 $\sigma_s = 8\text{dB}$，快衰落因子 $h_{k,l}^{w}$ 的方差 $\sigma_w^2 = 1$。

先考察与用户位置有关的瞬态信道容量概率分布特性。设定分布式 MIMO 系统的天线配置为 $(M=2, L=2, N=7)$。

在高信噪比情形，取参考距离 D 处的归一化信噪比 $\tilde{\gamma} \triangleq \gamma P/\sigma^2 = 20\text{dB}$，我们得到了与用户位置 A 和 B 有关的瞬态信道容量的概率密度函数 (PDF) 解析结果，也即式 (2.21) 的数值计算结果，以及蒙特卡罗仿真结果，如图 2.3 所示。其中，概率密度函数的解析运用文献 [12] 的逼近算法 (SY 方法)。可以看到，在瞬态信道容量值较大的区域, 两者极为接近, 从而说明了在高信噪比区域, 由式 (2.21) 得到的解析结果极为准确。

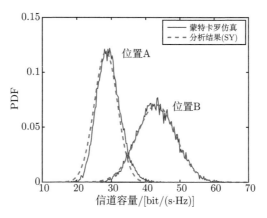

图 2.3 高信噪比下 $\mathcal{C}(\boldsymbol{d})$ 的 PDF

在低信噪比情形, 取 $\tilde{\gamma} = -25\text{dB}$, 我们得到了与用户位置 C 有关的瞬态信道容量的 PDF 解析结果, 以及相应的蒙特卡罗仿真结果, 如图 2.4 所示。这里, 我们再次运用 SY 方法逼近对数正态分布。可以看到, 由式 (2.24) 得到的瞬态信道容量 PDF 解析结果仍然可以较为准确地逼近相应的蒙特卡罗仿真结果。

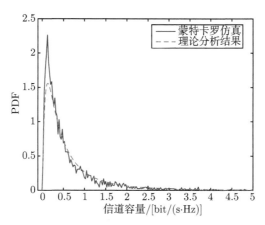

图 2.4 低信噪比下 $\mathcal{C}(\boldsymbol{d})$ 的 PDF

再考察用户从位置 A 移动至位置 C 时, 瞬态信道容量均值及中断信道容量的变化。取中断概率 $\delta = 0.5$, $\tilde{\gamma} = 20\text{dB}$, 并设分布式 MIMO 的系统配置为 $(M = 5, L = 1, N = 5)$, 我们可以得到图 2.5 所示的瞬态信道容量均值 $\mu_{\mathcal{C}(\boldsymbol{d})}$ 以及

中断容量 $C^\delta(\boldsymbol{d})$ 与用户位置之间的变化关系。上述解析分析结果均基于 SY 方法，仿真分析结果由蒙特卡罗方法给出。从图 2.5 可以看到，在高信噪比条件下，解析分析结果与仿真结果较为一致。

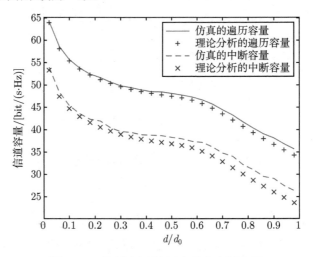

图 2.5　不同位置下遍历容量和中断容量

为进一步考察在低信噪比区域，$\tilde{\gamma}$ 变化对中断信道容量的影响，我们给出了图 2.6 所示的计算结果对比。图中，分布式 MIMO 的系统配置为 $(M = 2, L = 2, N = 7)$，$\delta = 0.05$，用户位置固定在 C 点。可以看出，基于 SY 方法的式 (2.24) 在

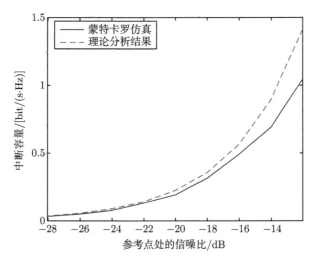

图 2.6　低信噪比下的中断容量

低信噪比区域，的确能够较好地逼近中断信道容量。

2.4　小区平均容量与中断容量

上节得到了由移动用户位置所确定的瞬态信道容量近似闭合表达式。本节将在此基础上，进一步求解该容量相对于移动用户位置随机变化的统计特性，从而得到小区覆盖范围内的平均信道容量或中断信道容量。

假设移动用户位置分布的概率密度函数为 $f(\boldsymbol{d})$，则可将式 (2.16) 所定义的小区平均容量 (或称为平均频谱效率，MSE) 进一步描述为

$$\mathcal{C}_{\mathrm{cell}} = \int \mu_{\mathcal{C}(\boldsymbol{d})} f(\boldsymbol{d}) \,\mathrm{d}\boldsymbol{d} \tag{2.27}$$

特别地，当移动用户位置为随机均匀分布时，存在

$$\mathcal{C}_{\mathrm{cell}} = \frac{1}{S_{\mathrm{cell}}} \int \mu_{\mathcal{C}(\boldsymbol{d})} \mathrm{d}\boldsymbol{d} \tag{2.28}$$

由上节分析得知，由移动用户位置所确定的瞬态信道容量 $\mathcal{C}(\boldsymbol{d})$，在高信噪比区域和低信噪比区域，分别可近似地由正态分布和对数正态分布所表达。此外，从 2.2 节得知，当 $\mathcal{C}(\boldsymbol{d})$ 的分布特性确定后，其 $\mathcal{C}^{\delta}(\boldsymbol{d})$ 中断概率容量可由其 CDF 的逆函数求解 [3]，也即

$$\mathcal{C}^{\delta}(\boldsymbol{d}) = F^{-1}(\delta)$$

进一步求解 $\mathcal{C}^{\delta}(\boldsymbol{d})$ 相对于 $\boldsymbol{d}$ 随机变化的统计平均特性，可以得到分布式 MIMO 系统覆盖范围内的平均中断容量 (或称为平均中断频谱效率，MOSE) 如下：

$$\mathcal{C}_{\mathrm{cell}}^{\delta} = \int \mathcal{C}^{\delta}(\boldsymbol{d}) f(\boldsymbol{d}) \,\mathrm{d}\boldsymbol{d} \tag{2.29}$$

当用户均匀随机分布时，上式可简化为

$$\mathcal{C}_{\mathrm{cell}}^{\delta} = \frac{1}{S_{\mathrm{cell}}} \int \mathcal{C}^{\delta}(\boldsymbol{d}) \,\mathrm{d}\boldsymbol{d} \tag{2.30}$$

文献 [7] 基于 2.3 节导出的 $\mathcal{C}(\boldsymbol{d})$ 及其概率分布特性，给出 $M > LN$ 且用户位置为均匀随机分布时，有关式 (2.28) 和式 (2.30) 的闭合表达式，并将集中式 MIMO 作为分布式 MIMO 的一个特例，对其两者的性能差别进行了对比。

为公平地比较分布式 MIMO 与集中式 MIMO 的容量性能, 集中式 MIMO 的天线被放置在图 2.2 所示的小区中心位置, 且使用的天线总数、发射总功率及覆盖范围均与分布式 MIMO 相同。

由于上述推导过程及结果较为复杂, 此处略去有关论述, 仅介绍其推导所蕴含的若干重要结论 (implications):

(1) 在 $M > LN$ 时, 分布式 MIMO 相对于集中式 MIMO, 其小区平均容量 C_{cell} 或 MSE 并不具备显著的性能优势; 其性能差别取决于具体的信道参数的选取, 例如, 当阴影衰落指数 $\alpha > 5$ 时, 集中式 MIMO 的信道容量随用户距离的变化更为剧烈, 分布式 MIMO 将具有小区平均容量性能优势。

(2) 在 $M < N$, N 充分大, 且 RAU 均匀放置时, 分布式 MIMO 的瞬态信道容量 $C(d)$ 的方差将趋于零 (参见文献 [7] 中的定理 6), 而集中式 MIMO 的瞬态信道容量 $C(d)$ 的方差趋于固定值。这意味着随着分布式节点的数量增加, 信道将趋于加性高斯噪声信道; 集中式 MIMO 无法享受阴影衰落的分集增益, 性能改善存在瓶颈。

(3) 在 $M < N$, 且 RAU 均匀放置时, 分布式 MIMO 的小区平均中断信道容量 C_{cell}^{δ} 将显著优于集中式 MIMO 系统。从上节有关分布式 MIMO 具有更为均匀的瞬态信道容量的论断, 可以很容易推断出此结论。

以下我们将通过数值解析计算结果和蒙特卡罗仿真结果, 进一步说明上述结论的成立。

为了得到小区平均信道容量以及小区平均中断信道容量的计算结果, 我们采取以下步骤计算所需的解析数值结果和蒙特卡罗仿真结果:

(1) 以均匀分布方式随机抽取用户所在的位置;

(2) 计算用户与各个 RAU 之间的距离, 并随机产生与用户位置有关的大尺度阴影衰落和小尺度衰落, 它们分别符合对数正态分布和正态分布;

(3) 通过近似闭合解析公式和蒙特卡罗仿真, 分别计算瞬态信道容量 $C(d)$ 的均值 $\mu_{C(d)}$ 及中断容量 $C^{\delta}(d)$ 所对应的值;

(4) 重复上述过程, 直至产生 2000 个随机位置点的计算结果;

(5) 对上述结果进行平均, 分别得到小区平均信道容量和小区平均中断容量。

设分布式 MIMO 的系统配置分别为 $(M = 1, L = 1, N = 5)$ 以及 $(M = 2, L = 2, N = 7)$, 所对应的集中式 MIMO 的系统配置为 $(M = 1, L = 5, N = 1)$ 以

及 $(M = 2, L = 14, N = 1)$。在所有的情形下，取 $\tilde{\gamma} = 20\text{dB}$。图 2.7 和图 2.8 分别给出了这两种配置条件下，分布式 MIMO 的小区平均 CDF 及小区平均信道容量 $\mathcal{C}_{\text{cell}}$ 的解析计算及仿真结果。为了进行性能对比，我们在图 2.7 和图 2.8 中还分别给出了相对应的集中式 MIMO 解析计算及仿真结果。可以看到，解析计算结果与蒙特卡罗仿真结果相对一致，且分布式 MIMO 的信道容量明显优于集中式 MIMO。

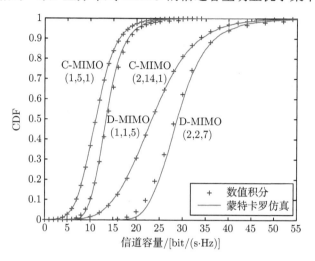

图 2.7　不同配置下信道容量的 CDF

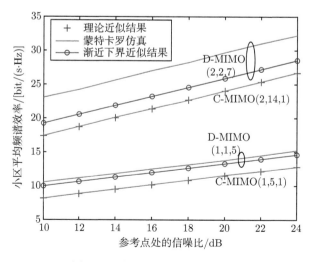

图 2.8　不同配置下系统的 MSE

图 2.9 对比了不同系统配置情形下的分布式 MIMO 与集中式 MIMO 的小区

平均中断容量，此处取中断概率 $\delta = 0.05$，$\tilde{\gamma}$ 在高信噪比区域变化。可以看到，在所有的配置条件下，分布式 MIMO 的小区平均中断容量均优于集中式 MIMO。

图 2.10 考察分布式 MIMO 与集中式 MIMO 的小区平均中断容量之差随不同系统配置条件下的性能变化。图 2.10(a) 采用了固定的 L，RAU 的数量 N 不断增加；图 2.10(b) 采用固定的 RAU 数量 N，每个 RAU 的天线数不断增加。可以看到，RAU 的数量 N 的增加将极大增强分布式 MIMO 的中断容量性能。这是由于随着 N 的增大，分布式 MIMO 的信道容量分布更为均匀。另一方面，L 的增加对分布式 MIMO 的影响，不如增加 N 带来的效果显著，特别是在 N 较小时更是如此。由此可知，在基站侧的总天线数 (NL) 保持固定时，应尽可能地增加 RAU 的数量，以改善系统的宏分集性能。

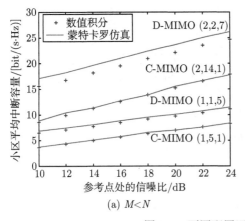

(a) $M < N$

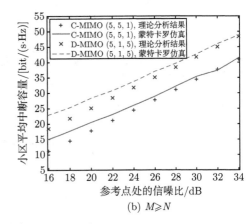

(b) $M \geqslant N$

图 2.9　不同配置下的小区平均中断容量

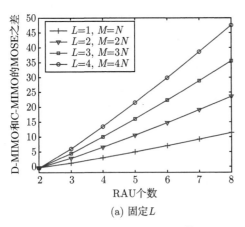

(a) 固定 L

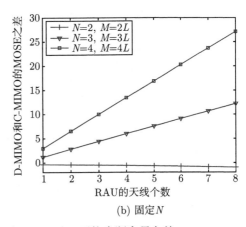

(b) 固定 N

图 2.10　不同配置下的 D-MIMO 与 C-MIMO 平均中断容量之差

2.5 基于分布式 MIMO 的无蜂窝系统与传统蜂窝的区域容量对比

上节在研究小区平均容量和小区平均中断容量时, 把分布式 MIMO 用于单个小区蜂窝基站, 将其容量性能与集中式 MIMO 进行对比。第 1 章曾提出, 分布式 MIMO 还可作为一种无线覆盖技术, 用于替代传统的多小区蜂窝系统, 形成无蜂窝移动通信系统。因此, 有必要将基于分布式 MIMO 的无蜂窝无线网络性能与传统蜂窝系统进行对比。

第 1 章中还指出, 如果分布式 MIMO 的无线节点不具备理想的光纤互联条件时, 该节点 (或 RAU) 将退化为传统的基站; 这时, 分布式 MIMO 将演变成为传统的蜂窝系统。以下将以此演变为主要线索, 分析对比分布式 MIMO 无线网络及传统蜂窝系统的容量性能。

1. 传统蜂窝系统的区域容量

以下在无蜂窝分布式 MIMO 无线网络与蜂窝系统具有相同的网络拓扑结构的条件下, 考察两者下行链路的区域平均容量。

由于蜂窝系统的无线节点间无法进行联合信号处理, 其第 i 个用户的信道容量为

$$\mathcal{C}_i = \log_2\left(1 + \frac{p_i I_i}{\sigma^2 + \sum_{-i} I_j}\right) \tag{2.31}$$

式中, 等式右边括号中的第二项为用户 i 的信号 - 干扰与噪声比 (SINR), 其中, I_j 表示基站 j 发送用户 i 的信号, $\sum_{-i} I_j$ 表示对用户 i 的干扰总和。考虑具体的电波传播特性, I_j 可以表示为

$$I_j = \gamma s_j p_j \left(\frac{D}{d_j}\right)^\alpha \tag{2.32}$$

此处, 我们沿用类似于式 (2.13) 的衰落信道表达方式。s_j 为基站 j 至用户 i 的阴影衰落; d_j 为基站 j 至用户 i 距离; p_j 为基站 j 所发射的功率。再运用式 (2.17)

引入的区域容量定义, 可知蜂窝系统的区域信道容量为

$$\mathcal{C}_{\mathrm{ASE}} \triangleq \frac{1}{S_{\mathrm{cell}}} \sum_{i=1}^{K} \log_2 \left(1 + \mathrm{SINR}_i\right) \tag{2.33}$$

此处 SINR_i 为用户 i 的 SINR, 并隐含假设各用户所占用的带宽相同。由此可以看出, 蜂窝系统是多用户干扰受限系统, 其区域容量取决于各用户的 SINR。

在传统蜂窝系统中, 小区内的用户一般采用正交 (如 FDMA, TDMA 及 OFDMA 等) 或近似正交 (如 CDMA) 的资源分配方式。这时, 式 (2.31) 中的干扰主要来自相邻小区的用户。因此, 在以下的分析中, 我们忽略蜂窝小区内多用户干扰, 这等效于每个小区仅有一个用户, 且干扰仅来自于小区间的多用户干扰。此外, 由于干扰受限系统中的小区间干扰 (inter-cell interference, ICI) 将起决定性作用, 以下我们将用 SIR_i 取代 SINR_i, 对密集化蜂窝系统的性能进行分析。

蜂窝系统的密集化意味着对于给定的覆盖区域, 小区半径不断减小, 所部署的基站数不断增加, 这种系统常被称为小蜂窝网络 (small cell network, SCN) 或超密集网络 (ultra-dense network, UDN)。在基站数 N 随用户数 K 增大而增大时, 用户与其主基站 (host BS) 的距离将减小, 式 (2.31) 中的有用 (desired) 信号 $p_i I_i$ 增大, 同时干扰项 $\sum_{-i} I_j$ 也趋于增大。文献 [13] 在信道衰落指数 α 为固定值且基站的位置分布符合泊松点过程 (Poisson point process) 分布 (或称二维泊松分布) 时, 证明了 SIR_i 的统计平均值与 K 值或小区半径的变化无关 (称为 SIR 不变性, SIR invariance), 也即基站与用户的密度同时趋于增大时, 每个用户的 SIR_i 的统计值将趋于一个固定值, 且 SCN 的区域容量将趋于无穷大。

但不幸的是, 上述信道衰落指数 α 为固定值是一个强假设, 当距离发生变化时, 基站与 MT 之间的无线传播将极有可能由非视距 (non line of sight, NLoS) 转变为视距 (line of sight, LoS), α 值将明显变化, 上述结论不再成立。文献 [14] 研究了信道衰落指数 α 为分段固定值的情形, 结果表明: 上述 SCN 系统中用户 i 所对应的 SIR_i 将随 α 的取值变化而变化, 当 α 取值小于 2 时, SIR_i 将趋于零, 且 SCN 的区域容量存在明显的拐点, 也即过于密集布设的 SCN 其区域容量非但不能增加, 反而将趋于下降。

文献 [13] 给出了一个有关 SCN 性能的更为重要的结论。他们分析了基站与移动终端天线放置高度不一致时, 对 SIR_i 分布以及 SCN 区域容量的影响。结果表明: 基站天线放置高度高于移动终端时, SIR_i 以及 SCN 区域容量均趋于零。文献

[15] 将上述结果推广至 MIMO 情形, 也即基站和终端均配置多个天线情形。这时, 虽然 MIMO 能够提供更大的容量, 但随网络密集化程度的提高, SIR_i 及 SCN 区域容量趋于零的结论是类似的。

需要指出, 上述有关 SCN 区域容量的分析方法与 2.3 节和 2.4 节中给出的分布式 MIMO 的容量方法存在一定的差异。首先, 在 SCN 区域容量分析中, 引入了覆盖概率的概念 $P^{\text{SIR}}(T)$, 也即小区中 SIR 大于某个门限值 T 的概率, 这类似于分布式 MIMO 分析中所引入的中断容量概念, 且对 SISO 系统, 两者等同。其次, 在 SCN 的区域容量分析中, 引入了网络密集度指标 λ, 它表示每平方千米范围内的基站个数。以上述定义为基础, 可以得到 SCN 的潜在吞吐率 (potential throughput) R_{PT} 为

$$R_{\text{PT}} = \log_2(1+T)\lambda P^{\text{SIR}}(T) \tag{2.34}$$

若门限值 T 充分小, 且多用户干扰远大于背景噪声时, 式 (2.34) 趋于式 (2.33) 所定义的区域容量。使用式 (2.34) 给出的定义, 文献 [16] 给出如下分析结果:

$$R_{\text{PT}} \propto \lambda e^{-K\lambda} \tag{2.35}$$

上式称作为 SCN 的标度律 (scaling law), 且当 $\lambda \to \infty$ 时, $R_{\text{PT}} \to 0$。

还应注意到, 上述分析均是基于基站位置符合泊松点分布过程的假设。该分布未免过于理想, 但基于该分布, 可以方便地得到有关用户平均距离的显式解。

2. 分布式 MIMO 的区域容量

为了对比起见, 以下给出相同系统拓扑结构条件下基于分布式 MIMO 的无蜂窝系统下行区域容量如下:

$$\mathcal{C}_{\text{ASE}} \triangleq \frac{1}{S_{\text{cell}}} \log_2\left[\det\left(\boldsymbol{I} + \frac{P}{N\sigma^2}\boldsymbol{H}^{\text{H}}\boldsymbol{H}\right)\right] \tag{2.36}$$

此处借用了 1.2 节中式 (1.1) 有关分布式 MIMO 的一般化形式描述方法, 其分子项为分布式 MIMO 的多用户容量之和。需要注意, 由于用户的位置各不相同, 式 (1.2) 中的阴影衰落因子 $h_{k,l}^{\text{s}}$ 也各不相同。

文献 [6] 对比了分布式天线系统与蜂窝系统的性能, 给出了相应的系统容量数值分析方法和蒙特卡罗计算机仿真结果; 但需注意, 文献 [6] 的结果未考虑分布式 MIMO 多用户联合处理所带来的额外性能增益。

对比式 (2.36) 和式 (2.33) 可知, 由于分布式 MIMO 系统引入了多用户联合处理, 其区域容量不再是干扰受限系统。此外, 还应特别注意到, 式 (2.36) 所示的区域容量除了受限于发射功率 P 之外, 还取决于基站侧及 MT 侧的天线配置以及信道衰落特性。为了公平地对比分布式 MIMO 系统与上述 SCN 的区域信道容量, 以下考察分布式 MIMO 系统配置为 $(M=1, L=1, N \geqslant K)$ 时的容量性能。这时, 共有 N 个 RAU 和 K 个用户, 且 $N \geqslant K$, 且每个 RAU 和 MT 均配置一个收发天线, 所对应的网络密集度为 $\lambda = N/S_{\text{cell}}$。

再次回忆 1.2 节中式 (1.2) 有关信道状态信息 $h_{k,l}$ 的定义, 其本身由阴影衰落、快衰落和用户至 RAU 之间的距离所决定。进一步假设各个用户位置为均匀分布随机变量, 且相互独立, 则 $h_{k,l}^{\text{s}}$ 符合统计独立特性。当 N 充分大时, 运用大数定理, 可将式 (2.36) 近似表达为

$$\mathcal{C}_{\text{ASE}} \approx \lambda \frac{K}{N} \log_2 \left(1 + \frac{P}{\sigma^2}\right) \tag{2.37}$$

式中运用了 $h_{k,l}$ 的 i.i.d. 统计特性。式 (2.37) 意味着, 在 N 充分大时, 分布式 MIMO 系统的区域容量随用户数 K 成正比。这与式 (2.35) 所示的 SCN 总吞吐率随 λ 增加而趋于零, 形成了鲜明的对比。由此, 我们得到一个重要的结论: **当覆盖区域为固定值时, 且 RAU 数量充分大, 分布式 MIMO 系统的区域容量将趋于随用户的增加而线性增加, 从而突破了传统蜂窝系统干扰受限的瓶颈问题。**

3. 数值结果对比

以下通过蒙特卡罗数值计算, 进一步验证无蜂窝分布式 MIMO 系统与 SCN 蜂窝系统的性能。本节分别考虑式 (2.17) 定义的区域容量以及式 (2.34) 定义的潜在吞吐率。对于式 (2.34) 定义的潜在吞吐率, 设定每个用户的最低传输速率为 0.5bit/(s·Hz)。对于 SCN, 每个基站和 MT 均配置一根收发天线。为公平地对比起见, 无蜂窝分布式 MIMO 的每个 RAU 及 MT 也同样均配置一根收发天线。

由前述可知, 路径损耗的模型以及信道衰落指数 α 的选择对基于传统蜂窝系统的 SCN 性能影响极大。为此考虑以下两种路径损耗模型, 即模型 I 和模型 II, 用公式分别表示为

$$\text{PL}_{\text{I}} = \bar{\gamma} \left(\frac{d_i}{d_0}\right)^{-\alpha} \tag{2.38}$$

$$\mathrm{PL_{II}} = 2\bar{\gamma} \left[1 + \left(1 + \frac{d_i}{d_0} \right)^{\alpha} \right]^{-1} \tag{2.39}$$

式中，$\bar{\gamma}$ 表示距离 d_0 处的等效信噪比。式 (2.38) 表示的路径损耗模型 I 是理论分析时较为常用的模型。但是，该模型随着用户与 RAU 距离趋于 0，接收功率趋于无穷大。式 (2.39) 表示的路径损耗模型 II 采用文献 [17] 给出模型，该模型对式 (2.38) 进行修正，设定了用户与 RAU 的最近距离为 d_0。例如，考虑 RAU 高度和终端高度，用户与 RAU 之间存在最小距离 d_0。可以看到，式 (2.39) 设定了接收机的最大信噪比 $\bar{\gamma}$，这更符合实际系统。在下面所有仿真中，设定最大信噪比为 $\bar{\gamma} = 67.5\mathrm{dB}$。

本节将采用泊松点过程随机放置基站和用户，对系统性能进行蒙特卡罗仿真计算评估，其过程简述如下：

(1) 一定面积的区域内，随机产生 N 个基站的位置点和用户位置点。对于 SCN，用户与最近的基站关联。分布式 MIMO 的 RAU 位置及用户位置与 SCN 完全相同。

(2) 根据式 (2.12) 以及不同的路径损耗模型，产生小尺度衰落和大尺度衰落 (不考虑阴影衰落)。对于 SCN，根据式 (2.32) 计算多用户干扰，以及相应的每个用户的速率；对于分布式 MIMO，根据式 (2.18) 计算总吞吐量。对于分布式 MIMO，当考虑用户最小速率的时候，以 MMSE 多用户检测的信噪比计算用户的速率。

(3) 根据式 (2.33)、式 (2.36) 和式 (2.34) 等计算各系统的区域容量和潜在吞吐率。

(4) 重复上述过程，得到基站数为 N 时的平均区域容量和平均潜在吞吐率。

图 2.11 对比了两种路径损耗模型下系统的区域容量与网络密度 λ 之间的关系。路径损耗指数分别取 $\alpha = 2, \alpha = 3, \alpha = 4$。可以看到，对于式 (2.33) 定义的区域容量，随着基站 RAU 密度的增加，区域容量也单调增加。当采用路径损耗模型 I 时，分布式 MIMO 的区域容量是 SCN 的 10 倍左右。当采用路径损耗模型 II 时，分布式 MIMO 的区域容量是 SCN 的 100 倍左右。这是因为，采用路径损耗模型 I 时，随着网络的密集化，用户与基站 RAU 距离趋于 0，接收功率趋于无穷大。相比路径损耗模型 II，采用路径损耗模型 I 的 SCN 系统受干扰影响的程度相对小一些。从图中可以观察到，路径损耗因子对分布式 MIMO 的影响较小，路径损耗因子从 2 变化到 4，其区域容量大致相同。而对于 SCN，随着路径损耗因子的增加，干扰减小，可以获得更好的性能。

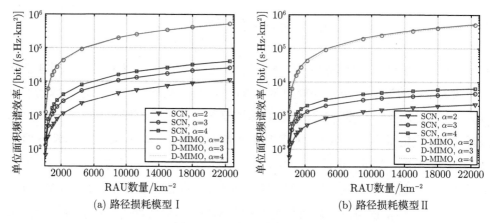

(a) 路径损耗模型 I　　　　　　　(b) 路径损耗模型 II

图 2.11　系统区域容量对比

图 2.12 对比了两种路径损耗模型下系统的潜在吞吐率与网络密度 λ 之间的关系。路径损耗指数分别取 $\alpha = 2, \alpha = 3, \alpha = 4$。可以看到, 对于式 (2.34) 所定义的用户最低服务速率区域容量, SCN 系统容量在两种路径损耗模型条件下所呈现的趋势显著不同。对于路径损耗模型 I, 随着基站密度的增加, 区域容量也单调增加。当采用路径损耗模型 I 时, 对比图 2.11(a) 和 2.12(a), 可以看到, 两者容量基本相当。但是, 当采用路径损耗模型 II 时, SCN 的潜在吞吐率随着基站密度的增加并不是单调增加, 而是先增加再减小。这是因为, 基站密度较小时, 通过增加基站, 可以在满足用户的服务质量的同时提高网络系统的吞吐量。但在采用路径损耗模型 II 时, 随着 SCN 系统的密集化, 用户的接收功率趋于最大的固定值, 而干扰却

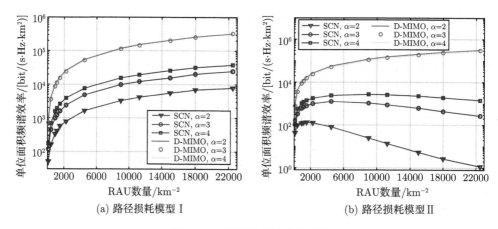

(a) 路径损耗模型 I　　　　　　　(b) 路径损耗模型 II

图 2.12　系统潜在吞吐率对比

逐渐增大，因而单用户的速率逐渐下降。在不考虑用户服务质量时，随着节点数和用户数增加，总容量呈增加趋势 (图 2.11(b))。若考虑用户最低服务速率，则随着节点数和用户数增加，一些用户的速率已经不能达到给定的要求，当基站数和用户数趋于无穷时，式 (2.34) 定义的容量趋于 0。与之相反，无蜂窝分布式 MIMO 可以消除干扰，因而容量仍能保持增加的趋势。

需要说明的是，为了便于对比两种系统的性能，图 2.11 和图 2.12 中的纵坐标采用对数加以表示。若采用线性坐标，则无蜂窝分布式 MIMO 的系统容量与网络密集度之间的关系如图 2.13 所示。可以看到，随着节点数的增加，其容量随节点数单调增加。

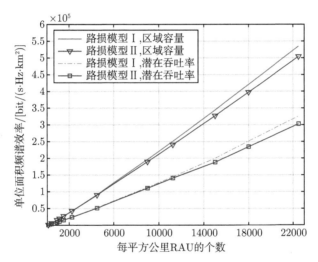

图 2.13　分布式 MIMO 频谱效率与 RAU 密度的关系

从上述蒙特卡罗计算仿真结果，可以得到如下结论：在考虑用户最低服务速率时，SCN 的区域容量与网络密集度的关系并非为简单的单调增长或单调减小，且与信道衰落指数 α 的变化密切相关；分布式 MIMO 系统无论在何种情形下，其区域容量始终与网络密集度呈单调增长关系。

2.6　本章小结

本章引入了分布式 MIMO 的分析基础，给出了几种最为典型的分布式 MIMO 容量描述方式。与传统的集中式 MIMO 不同，分布式 MIMO 涉及若干相互不同的无线衰落传播，因而其理论分析更具挑战性。作者在早期的研究中发现，分布式 MIMO 的容量分析可以归结为高信噪比和低信噪比两种情形，并且可以由正态分布和对数正态分布分别刻画，从而为分布式 MIMO 的容量理论找到一条简单易行的分析途径，并以此为基础揭示信道衰落特征对分布式 MIMO 性能的影响。

如前所述，分布式 MIMO 可以作为一种无线传输技术取代现有的单个基站，亦可以作为一种无蜂窝无线组网方式取代现有的蜂窝通信系统。本章的另外一个贡献是对无蜂窝无线组网方式的网络容量进行统计性分析，其结果是令人鼓舞的，至少在理论上如此。在较为现实的条件下[*]，无蜂窝无线网络的容量可随基站密度的增加而线性增长，从而突破了传统蜂窝系统在网络密集化时所导致的干扰受限问题和系统容量提升瓶颈，从而在理论上为无线网络大容量超密集部署指明了方向。

参考文献

[1] Cover T M, Thomas J A. Elements of Information Theory. 2nd ed. New York: John Willey & Sons, 1991.

[2] Alouini M S, Goldsmith A J. Area spectral efficiency of cellular mobile radio systems. IEEE Transactions on Vehicular Technology, 1999, 48(4): 1047-1066.

[3] Wang D M, You X H, Wang J Z, et al. Spectral efficiency of distributed MIMO cellular systems in a composite fading channel. Proc. IEEE International Conference on Communications (ICC'08), Beijing, 2008. 1259-1264.

[4] Matthaiou M, Chatzidiamantis N D, Karagiannidis G K. A new lower bound on the ergodic capacity of distributed MIMO systems. IEEE Signal Processing Letters, 2011, 18(4): 227-230.

[5] Dai L. A comparative study on uplink sum capacity with co-located and distributed antennas. IEEE Journal on Selected Areas in Communications, 2011, 29(6): 1200-1213.

[6] Zhu H. Performance comparison between distributed antenna and microcellular systems. IEEE Journal on Selected Areas in Communications, 2011, 29(6): 1151-1163.

[7] Wang D M, Wang J Z, You X H, et al. Spectral efficiency of distributed MIMO systems. IEEE Journal on Selected Areas in Communications, 2013, 31(10): 2112-2127.

---

[*] 如基站间的距离大于 10 个波长以上，以保持衰落因子 $h_{k,l}$ 的统计独立性。

[8]　Hochwald B M, Marzetta T L, Tarokh V. Multi-antenna channel hardening and its implications for rate feedback and scheduling. IEEE Transactions on Information Theory, 2004, 50(9): 1893-1909.

[9]　Gradshteyn I S, Ryzhik I M. Table of Integrals, Series, and Products. 7th ed. San Diego, CA: Academic, 2007.

[10]　Wang X Z, Zhu P C, Chen M. Antenna location design for generalized distributed antenna systems. IEEE Signal Processing Letters, 2009, 13(5): 315-317.

[11]　Oyman O, Nabar R U, Bölcskei H, et al. Characterizing the statistical properties of mutual information in MIMO channels. IEEE Transactions on Signal Processing 2003, 51(11): 2784-2795.

[12]　Schwartz S, Yeh Y. On the distribution function and moments of power sums with lognormal components. Bell System Technique J., 1982, 61(7): 1441-1462.

[13]　Andrews J G, Baccelli F, Ganti R K. A tractable approach to coverage and rate in cellular networks. IEEE Transactions on Communications, 2011, 59(11): 3122-3134.

[14]　Ding M, López-Pérez D. Performance impact of base station antenna heights in dense cellular networks. IEEE Transactions on Wireless Communications, 2017, 16(12): 8147-8161.

[15]　Liu J Y, Sheng M, Li J D. Improving network capacity scaling law in ultra-dense small cell networks. IEEE Transactions on Wireless Communications, 2018, 17(9): 6218-6230.

[16]　Ding M, Wang P, López-Pérez D, et al. Performance impact of LoS and NLoS transmissions in dense cellular networks. IEEE Transactions on Wireless Communications, 2016, 15(3): 2365-2380.

[17]　Sanguinetti L, Moustakas A L, Bjornson E, et al. Large system analysis of the energy consumption distribution in multi-user MIMO systems with mobility. IEEE Transactions on Wireless Communications, 2015, 14(3): 1730-1745.

第 3 章 导频污染条件下的大规模分布式MIMO与无蜂窝系统性能

本章将分析导频污染条件下的大规模分布式 MIMO 与无蜂窝 (cell-free) 系统的频谱效率与性能等。为了进一步提升无线通信系统容量，适应超密集用户场景下的巨容量需求，需要拓展分布式 MIMO 的规模 [1]。当接入点及所配备的天线数大量增加时，将形成大规模分布式 MIMO 及相应的大规模无蜂窝系统，其性能也将呈现一些常规分布式 MIMO 所不具备的特性。考虑到大规模分布式 MIMO 受限于信道状态信息获取的问题，需要重点研究非理想信道状态信息条件下的频谱效率 [2,3]。

本章首先介绍大规模分布式 MIMO 系统在存在导频污染时的系统建模方法。针对多个用户复用相同导频的情形 [4]，给出了非理想信道状态信息的等效建模方法，在此基础上，研究了上行链路的频谱效率，推导出最大比合并 (maximal ratio combining, MRC)、迫零 (zero-forcing, ZF)、最小均方误差 (minimun mean square error, MMSE) 等线性接收机的频谱效率的闭式，并给出了天线大量增加时系统性能的渐近分析。针对不同的预编码方法，包括最大比发送预编码 (maximal ratio transmit precoding)、迫零预编码 (zero-forcing precoding) 和正则化迫零预编码 (regularized zero-forcing precoding)，研究了非理想信道的下行链路的频谱效率，给出了近似闭合表达式。通过蒙特卡罗 (Monte Carlo) 数值计算与理论结果分析，对比了集中式大规模天线系统和 small cell 等系统的容量性能。结果表明，基于大规模分布式 MIMO 的无蜂窝系统在非理想信道下可以获得比大规模集中式 MIMO 和 small cell 更好的性能。

3.1 导频污染条件下的大规模分布式 MIMO 与无蜂窝系统模型

由第 2 章的结果可知，随着基站侧总天线数 (NL) 大量增加，系统的空间复用增益将大大提升，可同时同频服务的用户数也将大幅增加。但需注意，系统容量的增加是建立在信道状态信息已知或可获取的基础上的。实际实现时，若采用正交导频进行信道状态信息 (CSI) 估计，系统所需的导频开销将随着天线数的增加而线性增加，最终制约系统整体传输效率的提高。因此，需要研究导频资源受限情况下的大规模分布式 MIMO 频谱效率与系统容量。

此处仍以第 2 章中图 2.1 所示的无蜂窝分布式 MIMO 参考模型为例。假设系统覆盖区域内共有 N 个 RAU 和 K 个单天线用户终端 (UE)，且每个 RAU 配备 L 根天线。作为一个特例，当 $N=1$ 时，系统演变为单基站、单小区大规模 MIMO 情形 [5]。为降低下行链路导频开销，这里考虑上下行链路具有信道互易性的时分双工 (TDD) 系统。其基本原理描述如下：基站根据用户发送的上行导频，在估计得到上行链路 CSI 矩阵的基础上，进行多用户联合检测；与此同时，基站还利用 TDD 上下行信道的互易性，将上行链路 CSI 用于下行链路的多用户联合预编码，从而构成完整的上下行无线链路的接收与发送系统。

对于上行链路无线传输，虽然其导频开销仅与用户数成正比，且与 RAU 天线数无关，但考虑到大规模分布式 MIMO 需要支持的用户数较多，在采用完全正交导频时，系统的导频开销仍然过大。为此需采用如下的导频复用方法，以提高导频资源的利用率。

假设系统中共有 P 个正交导频，并采用时频正交或与正交码相结合的方式，将导频资源分配给 K 个用户使用。当 $P < K$ 时，将存在多个用户使用相同的导频序列情形，从而产生导频污染 (或干扰)，并导致信道估计精度的恶化。

以下讨论存在导频污染时的信道估计及相应的系统建模。为简单起见，设 $K = QP$，Q 为整数，它表示同一导频在系统中被复用的次数。

首先，将第 2 章的分布式信道模型推广到多用户情况。假设使用第 p 个导频的第 q 个用户到所有 RAU 的上行链路信道为

$$\boldsymbol{g}_{p,q} = \left(\boldsymbol{\Lambda}_{p,q}^{\frac{1}{2}} \otimes \boldsymbol{I}_L \right) \boldsymbol{h}_{p,q}$$

式中, $\boldsymbol{\Lambda}_{p,q} = \mathrm{diag}\left(\begin{array}{ccc} \lambda_{p,q,1}, & \cdots, & \lambda_{p,q,N} \end{array} \right)$; $\boldsymbol{h}_{p,q} = \left[\begin{array}{ccc} \boldsymbol{h}_{p,q,1}^{\mathrm{T}} & \cdots & \boldsymbol{h}_{p,q,N}^{\mathrm{T}} \end{array} \right]^{\mathrm{T}}$; $\lambda_{p,q,n}$ $(n = 1, \cdots, N)$ 表示信道的大尺度衰落; $\boldsymbol{h}_{p,q,n}(n = 1, \cdots, N)$ 表示使用第 p 个导频的第 q 个用户到第 n 个 RAU 之间的小尺度衰落, 它的每个元素服从 i.i.d. 零均值循环对称复高斯分布 (zero mean circularly symmetric complex Gaussian, ZMCSCG)。

对于上行信道估计, 假设第 p 个导频的所有用户在相同的时频资源上发送导频信号, 则所有 RAU 天线的接收信号可以表示为

$$\boldsymbol{y}_p = \sum_{q=1}^{Q} \boldsymbol{g}_{p,q} + \boldsymbol{\varepsilon}_p$$

根据 MMSE 估计,

$$\hat{\boldsymbol{g}}_{p,q} = \left[\left(\boldsymbol{\Lambda}_{p,q} \boldsymbol{\Sigma}_p^{-1} \right) \otimes \boldsymbol{I}_L \right] \boldsymbol{y}_p$$

式中, $\boldsymbol{\Sigma}_p = \sum\limits_{q=1}^{Q} \boldsymbol{\Lambda}_{p,q} + \gamma_{\mathrm{P}} \boldsymbol{I}_N$, $1/\gamma_{\mathrm{P}}$ 表示导频信道的信噪比。

定义

$$\hat{\boldsymbol{h}}_p = \left(\boldsymbol{\Sigma}_p^{-1/2} \otimes \boldsymbol{I}_L \right) \boldsymbol{y}_p$$

可以看到, $\hat{\boldsymbol{h}}_p \sim \mathcal{CN}\left(0, \boldsymbol{I}_{NL} \right)$。因此, 我们可以把估计得到的上行信道建模为 [4]

$$\hat{\boldsymbol{g}}_{p,q} = \left[\left(\boldsymbol{\Lambda}_{p,q} \boldsymbol{\Sigma}_p^{-1/2} \right) \otimes \boldsymbol{I}_L \right] \hat{\boldsymbol{h}}_p \tag{3.1}$$

从上式可以看到, 所有使用导频 p 的 Q 个用户的等效信道 $\hat{\boldsymbol{g}}_{p,q}(q = 1, \cdots, Q)$ 中的 $\hat{\boldsymbol{h}}_p$(Rayleigh 衰落) 完全相同。这是等效信道与原始信道模型的一个显著区别。由后面的理论结果将会看到, 由此引发的导频污染会导致系统性能严重恶化。

上述信道估计的误差可以表示为

$$\tilde{\boldsymbol{g}}_{p,q} = \boldsymbol{g}_{p,q} - \hat{\boldsymbol{g}}_{p,q}$$

根据 MMSE 估计可知, 估计误差的协方差矩阵可以表示为

$$\mathrm{cov}\left(\tilde{\boldsymbol{g}}_{p,q} \right) = \left(\boldsymbol{\Lambda}_{p,q} - \boldsymbol{\Lambda}_{p,q} \boldsymbol{\Sigma}_p^{-1} \boldsymbol{\Lambda}_{p,q} \right) \otimes \boldsymbol{I}_L \tag{3.2}$$

假设使用第 p 个导频的所有用户到所有 RAU 的信道矩阵表示为 $\hat{\boldsymbol{G}}_p = \left[\begin{array}{ccc} \hat{\boldsymbol{g}}_{p,1} & \cdots & \hat{\boldsymbol{g}}_{p,Q} \end{array} \right]$, 相应的信道估计误差表示为 $\tilde{\boldsymbol{G}}_p = \left[\begin{array}{ccc} \tilde{\boldsymbol{g}}_{p,1} & \cdots & \tilde{\boldsymbol{g}}_{p,Q} \end{array} \right]$。这时, 所有用户到所有 RAU 的信道估计矩阵及其误差矩阵可以表示为

$$\hat{\boldsymbol{G}} = \left[\begin{array}{ccc} \hat{\boldsymbol{G}}_1 & \cdots & \hat{\boldsymbol{G}}_P \end{array} \right], \tilde{\boldsymbol{G}} = \left[\begin{array}{ccc} \tilde{\boldsymbol{G}}_1 & \cdots & \tilde{\boldsymbol{G}}_P \end{array} \right]$$

相应的, 理想信道矩阵可以表示为 $G = \hat{G} + \tilde{G}$。因此, 当接收机采用所估计得到的信道矩阵进行处理时, 其信号模型可以表示为

$$y = \hat{G}x + \tilde{G}x + \varepsilon \tag{3.3}$$

式中, 所有用户的发送信号为 x; 噪声服从 $\varepsilon \sim \mathcal{CN}(0, \gamma_D I_{NL})$, $1/\gamma_D$ 表示数据信道的信噪比。容易验证, 发送信号 x 与 $\tilde{G}x + \varepsilon$ 是相互独立的。进一步考虑到

$$\mathrm{cov}\left(\tilde{G}x + \varepsilon\right) = \sum_{p=1}^{P} \mathbb{E}\left(\tilde{G}_p \tilde{G}_p^{\mathrm{H}}\right) + \gamma_D I_{NL}$$

式中,

$$\mathbb{E}\left(\tilde{G}_p \tilde{G}_p^{\mathrm{H}}\right) = \left[\sum_{q=1}^{Q} \left(\Lambda_{p,q} - \Lambda_{p,q} \Sigma_p^{-1} \Lambda_{p,q}\right)\right] \otimes I_L$$

因此, 干扰加噪声的协方差矩阵可以表示为 $\mathrm{cov}\left(\tilde{G}x + \varepsilon\right) = \tilde{\Sigma} \otimes I_L$, 其中

$$\tilde{\Sigma} = \sum_{p=1}^{P} \sum_{q=1}^{Q} \left(\Lambda_{p,q} - \Lambda_{p,q} \Sigma_p^{-1} \Lambda_{p,q}\right) + \gamma_D I_N$$

它是一个对角阵, 其第 n 个对角线元素可以表示为

$$\tilde{\sigma}_n = \sum_{p=1}^{P} \sum_{q=1}^{Q} \left(\lambda_{p,q,n} - \frac{\lambda_{p,q,n}^2}{\sum\limits_{i=1}^{Q} \lambda_{p,i,n} + \gamma_P}\right) + \gamma_D$$

3.2 导频污染条件下的上行链路频谱效率

下面, 针对上行链路的等效信道模型式 (3.3), 考虑不同的接收机, 研究非理想信道条件下的无蜂窝分布式 MIMO 系统容量。一个合理的假设是: 基站侧总天线数 $NL \gg K$。

首先引入一个重要的随机矩阵结论。

引理 3.1[6,7] 假设 $A \in \mathcal{C}^{M \times M}$ 具有均匀有界的谱范数 (相对于 M), 向量 x 和 y 服从 $\mathcal{CN}\left(0, \frac{1}{M}I_M\right)$, 并且 x 和 y 相互独立且与 A 独立。那么

$$x^{\mathrm{H}}Ay \xrightarrow[M \to \infty]{a.s.} 0$$

$$x^{\mathrm{H}}Ax - \frac{1}{M}\mathrm{Tr}\left(A\right) \xrightarrow[M \to \infty]{a.s.} 0$$

3.2.1　MRC 接收机的频谱效率

对于信号模型式 (3.3)，当接收机采用最大比合并 (MRC) 时，使用第 p 个导频的第 q 个用户的 SINR 可以表示为

$$\eta_{\mathrm{MRC},p,q}^{\mathrm{UL}} = \frac{\left| \hat{\boldsymbol{g}}_{p,q}^{\mathrm{H}} \hat{\boldsymbol{g}}_{p,q} \right|^2}{\sum\limits_{(i,j)\neq(p,q)} \left| \hat{\boldsymbol{g}}_{p,q}^{\mathrm{H}} \hat{\boldsymbol{g}}_{i,j} \right|^2 + \hat{\boldsymbol{g}}_{p,q}^{\mathrm{H}} \left(\tilde{\boldsymbol{\Sigma}} \otimes \boldsymbol{I}_L \right) \hat{\boldsymbol{g}}_{p,q}} \tag{3.4}$$

根据引理 3.1，并回顾等效信道模型式 (3.1)，可以得到如下结果。首先，使用不同导频的信道向量之间具有渐近正交性：

$$\frac{1}{NL} \hat{\boldsymbol{g}}_{p,q}^{\mathrm{H}} \hat{\boldsymbol{g}}_{i,j} \xrightarrow[NL\to\infty]{a.s.} 0, \ p \neq i \tag{3.5}$$

其次，对于使用相同导频的不同用户，其等效信道中的小尺度衰落具有相同的分布特性，因此

$$\frac{1}{NL} \hat{\boldsymbol{g}}_{p,q}^{\mathrm{H}} \hat{\boldsymbol{g}}_{p,j} - \frac{1}{N} \mathrm{Tr} \left(\boldsymbol{\Lambda}_{p,q} \boldsymbol{\Sigma}_p^{-1} \boldsymbol{\Lambda}_{p,j} \right) \xrightarrow[NL\to\infty]{a.s.} 0 \tag{3.6}$$

这一项即为导频污染产生的干扰。类似地，对于信道估计误差加噪声项有

$$\frac{1}{NL} \hat{\boldsymbol{g}}_{p,q}^{\mathrm{H}} \left(\tilde{\boldsymbol{\Sigma}} \otimes \boldsymbol{I}_L \right) \hat{\boldsymbol{g}}_{p,j} - \frac{1}{N} \mathrm{Tr} \left(\boldsymbol{\Lambda}_{p,q} \boldsymbol{\Sigma}_p^{-1} \boldsymbol{\Lambda}_{p,j} \tilde{\boldsymbol{\Sigma}} \right) \xrightarrow[NL\to\infty]{a.s.} 0 \tag{3.7}$$

对于采用不同导频的用户，MRC 合并后产生的干扰项可以表示为 $\left| \hat{\boldsymbol{g}}_{p,q}^{\mathrm{H}} \hat{\boldsymbol{g}}_{i,j} \right|^2$，它可以写为

$$\left| \hat{\boldsymbol{g}}_{p,q}^{\mathrm{H}} \hat{\boldsymbol{g}}_{i,j} \right|^2 = \hat{\boldsymbol{g}}_{p,q}^{\mathrm{H}} \hat{\boldsymbol{g}}_{i,j} \hat{\boldsymbol{g}}_{i,j}^{\mathrm{H}} \hat{\boldsymbol{g}}_{p,q}$$

当 $p \neq i$ 时，$\hat{\boldsymbol{g}}_{i,j}$ 和 $\hat{\boldsymbol{g}}_{p,q}$ 相互独立，那么，根据引理 3.1，

$$\frac{1}{NL} \hat{\boldsymbol{g}}_{p,q}^{\mathrm{H}} \hat{\boldsymbol{g}}_{i,j} \hat{\boldsymbol{g}}_{i,j}^{\mathrm{H}} \hat{\boldsymbol{g}}_{p,q} - \frac{1}{NL} \mathrm{Tr} \left(\boldsymbol{\Lambda}_{p,q} \boldsymbol{\Sigma}_p^{-1} \boldsymbol{\Lambda}_{p,q} \hat{\boldsymbol{g}}_{i,j} \hat{\boldsymbol{g}}_{i,j}^{\mathrm{H}} \right) \xrightarrow[NL\to\infty]{a.s.} 0$$

进一步再次使用引理 3.1，

$$\frac{1}{NL} \mathrm{Tr} \left(\boldsymbol{\Lambda}_{p,q} \boldsymbol{\Sigma}_p^{-1} \boldsymbol{\Lambda}_{p,q} \hat{\boldsymbol{g}}_{i,j} \hat{\boldsymbol{g}}_{i,j}^{\mathrm{H}} \right) - \frac{1}{N} \mathrm{Tr} \left(\boldsymbol{\Lambda}_{p,q} \boldsymbol{\Sigma}_p^{-1} \boldsymbol{\Lambda}_{p,q} \boldsymbol{\Lambda}_{i,j} \boldsymbol{\Sigma}_i^{-1} \boldsymbol{\Lambda}_{i,j} \right) \xrightarrow[NL\to\infty]{a.s.} 0, \ p \neq i$$

因此，我们可得

$$\frac{1}{NL} \left| \hat{\boldsymbol{g}}_{p,q}^{\mathrm{H}} \hat{\boldsymbol{g}}_{i,j} \right|^2 - \frac{1}{N} \mathrm{Tr} \left(\boldsymbol{\Lambda}_{p,q} \boldsymbol{\Sigma}_p^{-1} \boldsymbol{\Lambda}_{p,q} \boldsymbol{\Lambda}_{i,j} \boldsymbol{\Sigma}_i^{-1} \boldsymbol{\Lambda}_{i,j} \right) \xrightarrow[NL\to\infty]{a.s.} 0, \ p \neq i \tag{3.8}$$

可以看到，MRC 的干扰抑制能力较差，当 NL 较小时，用户之间的干扰残余仍然较大。

为表述简洁起见，定义

$$\xi_{p,q,j} = \text{Tr}\left(\boldsymbol{\Lambda}_{p,q}\boldsymbol{\Sigma}_p^{-1}\boldsymbol{\Lambda}_{p,j}\right) = \sum_{n=1}^{N}\frac{\lambda_{p,q,n}\lambda_{p,j,n}}{\sum\limits_{i=1}^{Q}\lambda_{p,i,n}+\gamma_{\text{P}}}$$

$$\hat{\xi}_{p,q,j} = \text{Tr}\left(\boldsymbol{\Lambda}_{p,q}\boldsymbol{\Sigma}_p^{-1}\boldsymbol{\Lambda}_{p,j}\tilde{\boldsymbol{\Sigma}}\right) = \sum_{n=1}^{N}\frac{\tilde{\sigma}_n\lambda_{p,q,n}\lambda_{p,j,n}}{\sum\limits_{i=1}^{Q}\lambda_{p,i,n}+\gamma_{\text{P}}}$$

$$\xi'_{p,q,i,j} = \text{Tr}\left(\boldsymbol{\Lambda}_{p,q}\boldsymbol{\Sigma}_p^{-1}\boldsymbol{\Lambda}_{p,q}\boldsymbol{\Lambda}_{i,j}\boldsymbol{\Sigma}_i^{-1}\boldsymbol{\Lambda}_{i,j}\right) = \sum_{n=1}^{N}\frac{\lambda_{p,q,n}^2\lambda_{i,j,n}^2}{\left(\sum\limits_{l=1}^{Q}\lambda_{p,l,n}+\gamma_{\text{P}}\right)\left(\sum\limits_{l=1}^{Q}\lambda_{i,l,n}+\gamma_{\text{P}}\right)}$$

因此，可得

$$\eta_{\text{MRC},p,q}^{\text{UL}} - \frac{L\xi_{p,q,q}^2}{L\sum\limits_{j=1,j\neq q}^{Q}\xi_{p,q,j}^2 + \xi'_{p,q,i,j} + \hat{\xi}_{p,q,q}} \xrightarrow[NL\to\infty]{a.s.} 0 \tag{3.9}$$

可以看到，由于导频污染的存在，即使当每个 RAU 的天线 $L\to\infty$，

$$\eta_{\text{MRC},p,q}^{\text{UL}} \to \frac{\xi_{p,q,q}^2}{\sum\limits_{j=1,j\neq q}^{Q}\xi_{p,q,j}^2}$$

也就是说，当采用 MRC 接收机时，即使 RAU 配备大规模天线，接收机的 SINR 仍趋于一个与大尺度衰落相关的常量。这意味着，对于 MRC 接收机来说，即使总天线趋于无穷大，其性能仍然存在瓶颈。从上式同样还可看到，通过合理地分配使用相同导频的用户，可以提高接收机的信噪比。

3.2.2 ZF 接收机的频谱效率

经过迫零 (ZF) 检测，接收信号可以写为

$$\left(\hat{\boldsymbol{G}}^{\text{H}}\hat{\boldsymbol{G}}\right)^{-1}\hat{\boldsymbol{G}}^{\text{H}}\boldsymbol{y} = \boldsymbol{x} + \left(\hat{\boldsymbol{G}}^{\text{H}}\hat{\boldsymbol{G}}\right)^{-1}\hat{\boldsymbol{G}}^{\text{H}}\left(\tilde{\boldsymbol{G}}\boldsymbol{x}+\boldsymbol{\varepsilon}\right) \tag{3.10}$$

使用第 p 个导频的第 q 个用户的 SINR 可以表示为

$$\eta_{\text{ZF},p,q}^{\text{UL}} = \frac{1}{\boldsymbol{e}_{(p-1)Q+q}^{\text{H}}\left(\hat{\boldsymbol{G}}^{\text{H}}\hat{\boldsymbol{G}}\right)^{-1}\hat{\boldsymbol{G}}^{\text{H}}\left(\tilde{\boldsymbol{\Sigma}}\otimes\boldsymbol{I}_L\right)\hat{\boldsymbol{G}}\left(\hat{\boldsymbol{G}}^{\text{H}}\hat{\boldsymbol{G}}\right)^{-1}\boldsymbol{e}_{(p-1)Q+q}}}$$

根据式 (3.5)~ 式 (3.7)，

$$\frac{1}{NL}\hat{\boldsymbol{G}}_p^{\mathrm{H}}\hat{\boldsymbol{G}}_i \xrightarrow[NL\to\infty]{a.s.} \boldsymbol{0},\ p\neq i \tag{3.11}$$

$$\frac{1}{NL}\hat{\boldsymbol{G}}_p^{\mathrm{H}}\hat{\boldsymbol{G}}_p - \frac{1}{N}\boldsymbol{\Xi}_p \xrightarrow[NL\to\infty]{a.s.} \boldsymbol{0} \tag{3.12}$$

$$\frac{1}{NL}\hat{\boldsymbol{G}}_p^{\mathrm{H}}\left(\tilde{\boldsymbol{\Sigma}}\otimes\boldsymbol{I}_L\right)\hat{\boldsymbol{G}}_i \xrightarrow[NL\to\infty]{a.s.} \boldsymbol{0},\ p\neq i \tag{3.13}$$

$$\frac{1}{NL}\hat{\boldsymbol{G}}_p^{\mathrm{H}}\left(\tilde{\boldsymbol{\Sigma}}\otimes\boldsymbol{I}_L\right)\hat{\boldsymbol{G}}_p - \frac{1}{N}\hat{\boldsymbol{\Xi}}_p \xrightarrow[NL\to\infty]{a.s.} \boldsymbol{0} \tag{3.14}$$

式中，$[\boldsymbol{\Xi}_p]_{q,j} = \xi_{p,q,j}$；$\left[\hat{\boldsymbol{\Xi}}_p\right]_{q,j} = \hat{\xi}_{p,q,j}$。

利用式 (3.11)~式 (3.13)，ZF 接收机的 SINR 可以近似表示为

$$\eta_{\mathrm{ZF},p,q}^{\mathrm{UL}} \approx \frac{L}{\boldsymbol{e}_q^{\mathrm{H}}\boldsymbol{\Xi}_p^{-1}\hat{\boldsymbol{\Xi}}_p\boldsymbol{\Xi}_p^{-1}\boldsymbol{e}_q} \tag{3.15}$$

可以看到，与 MRC 不同，采用 ZF 接收机时，固定 N，当天线数大量增加时，SINR 随着每个 RAU 配备的天线数线性增加，也就是说用户的频谱效率以 $\log(L)$ 的形式增长。我们还应该注意到，矩阵 $\boldsymbol{\Xi}_p$ 的特性是制约性能的重要因素。当 $\boldsymbol{\Xi}_p$ 缺秩时，ZF 接收机的性能也会严重恶化。仔细观察矩阵 $\boldsymbol{\Xi}_p$，可以看到，它同样与导频分配有关。

3.2.3　MMSE 接收机的频谱效率

针对信号模型式 (3.3)，接收机的最小均方误差 (MMSE) 联合检测可以写为

$$\hat{\boldsymbol{x}} = \hat{\boldsymbol{G}}^{\mathrm{H}}\left(\hat{\boldsymbol{G}}\hat{\boldsymbol{G}}^{\mathrm{H}} + \tilde{\boldsymbol{\Sigma}}\otimes\boldsymbol{I}_L\right)^{-1}\boldsymbol{y}$$

根据 MMSE 接收机的性质，使用第 p 个导频的第 q 个用户的 SINR 可以表示为

$$\eta_{\mathrm{MMSE},p,q}^{\mathrm{UL}} = \frac{1}{\boldsymbol{e}_{(p-1)Q+q}^{\mathrm{H}}\left[\boldsymbol{I}_K + \hat{\boldsymbol{G}}^{\mathrm{H}}\left(\tilde{\boldsymbol{\Sigma}}\otimes\boldsymbol{I}_L\right)^{-1}\hat{\boldsymbol{G}}\right]^{-1}\boldsymbol{e}_{(p-1)Q+q}} - 1$$

利用类似式 (3.13) 和式 (3.14) 的性质，我们有

$$\frac{1}{NL}\hat{\boldsymbol{G}}_p^{\mathrm{H}}\left(\tilde{\boldsymbol{\Sigma}}\otimes\boldsymbol{I}_L\right)^{-1}\hat{\boldsymbol{G}}_p - \frac{1}{N}\tilde{\boldsymbol{\Xi}}_p \xrightarrow[NL\to\infty]{a.s.} \boldsymbol{0}$$

式中，

$$\left[\tilde{\boldsymbol{\Xi}}_p\right]_{q,j} = \tilde{\xi}_{p,q,j} = \mathrm{Tr}\left(\boldsymbol{\Lambda}_{p,q}\boldsymbol{\Sigma}_p^{-1}\boldsymbol{\Lambda}_{p,j}\tilde{\boldsymbol{\Sigma}}^{-1}\right) = \sum_{n=1}^{N}\frac{\lambda_{p,q,n}\lambda_{p,j,n}}{\tilde{\sigma}_n\left(\sum_{i=1}^{Q}\lambda_{p,i,n}+\gamma_{\mathrm{P}}\right)}$$

因此，MMSE 接收机的 SINR 可以近似表示为

$$\eta_{\mathrm{MMSE},p,q}^{\mathrm{UL}} \approx \frac{1}{\boldsymbol{e}_q^{\mathrm{H}} \left(\boldsymbol{I}_Q + L\tilde{\boldsymbol{\Xi}}_p \right)^{-1} \boldsymbol{e}_q} - 1 \tag{3.16}$$

类似地可以看到，采用 MMSE 接收机时，固定 N，假设 $\tilde{\boldsymbol{\Xi}}_p$ 可逆，当每个 RAU 配备的天线数趋于无穷时，$\boldsymbol{I}_Q + L\tilde{\boldsymbol{\Xi}}_p \approx L\tilde{\boldsymbol{\Xi}}_p$，SINR 随着每个 RAU 配备的天线数线性增加。同样地，$\tilde{\boldsymbol{\Xi}}_p$ 也与导频分配有关。

3.2.4　遍历和速率

针对线性模型式 (3.3)，其和速率的下界可以表示为 [8]

$$C_{\mathrm{sum}} = \log_2 \det \left(\hat{\boldsymbol{G}} \hat{\boldsymbol{G}}^{\mathrm{H}} + \tilde{\boldsymbol{\Sigma}} \otimes \boldsymbol{I}_L \right) - \log_2 \det \left(\tilde{\boldsymbol{\Sigma}} \otimes \boldsymbol{I}_L \right)$$

当干扰加噪声服从高斯分布时，采用最小均方误差串行干扰抵消 (MMSE successive interference cancellation，MMSE-SIC) 接收机可以达到下界。上式进一步可以表示为

$$C_{\mathrm{sum}} = \log_2 \det \left(\hat{\boldsymbol{G}} \hat{\boldsymbol{G}}^{\mathrm{H}} \left(\tilde{\boldsymbol{\Sigma}} \otimes \boldsymbol{I}_L \right)^{-1} + \boldsymbol{I}_{NL} \right)$$
$$= \log_2 \det \left(\boldsymbol{I}_K + \hat{\boldsymbol{G}}^{\mathrm{H}} \left(\tilde{\boldsymbol{\Sigma}} \otimes \boldsymbol{I}_L \right)^{-1} \hat{\boldsymbol{G}} \right)$$

当总天线数趋于无穷大时，利用类似式 (3.14) 的性质，我们有 [3]

$$C_{\mathrm{sum,inf}} = \sum_{p=1}^{P} \log_2 \det \left(\boldsymbol{I}_Q + L\tilde{\boldsymbol{\Xi}}_p \right) \tag{3.17}$$

利用 Hadamard 不等式 [9]，

$$C_{\mathrm{sum,inf}} \leqslant \sum_{p=1}^{P} \log_2 \prod_{q=1}^{Q} \left(1 + L\tilde{\xi}_{p,q,q} \right) = \sum_{q=1}^{Q} \sum_{p=1}^{P} \log_2 \left(1 + L\tilde{\xi}_{p,q,q} \right) \tag{3.18}$$

可以看到，该上界可以简洁地表示上行的和速率。系统的和速率随着用户数 (P,Q) 的增大而增大，并随着 L 以对数的形式增加。

3.2.5　数值计算与讨论

1. 导频污染的影响

本节以一个简单的大规模分布式 MIMO 为例，观察系统的性能。

假设系统中有 2 个 RAU 和 2 个单天线用户。每个 RAU 配备 L 根天线，系统仅有 1 个导频，即 $P = 1$, $Q = 2$。进一步假设用户和 RAU 的位置固定，大尺度衰落分别为 $\lambda_{1,1} = 1$, $\lambda_{1,2} = \lambda$, $\lambda_{2,1} = \lambda$, $\lambda_{2,2} = 1$。导频信道和数据信道的噪声方差分别为 $\gamma_P = \gamma_D = 1$。

图 3.1 给出用户的频谱效率随着大尺度衰落 λ 的变化结果 ($L = 8$)。可以看到，MMSE 接收机的性能始终优于 ZF 接收机和 MRC 接收机。随着 λ 趋于 1，用户之间的导频污染越来越严重。当 λ 接近 1 时，两个用户的等效信道几乎完全相关，ZF 接收机的性能急剧恶化，而 MRC 接收机的性能则优于 ZF 接收机。而当 $\lambda < -12\text{dB}$ 时，由于用户之间的干扰非常小，导频污染也非常小，MRC、ZF 和 MMSE 的性能几乎相同。因此可以认为，这两个用户采用相同的导频并不会对系统的性能产生较大的损失。此处还可看到，通过合理地分配使用相同导频的用户[*]，可显著降低导频污染。第 7 章将进一步研究导频分配技术，以提高导频的利用效率和系统的吞吐量。

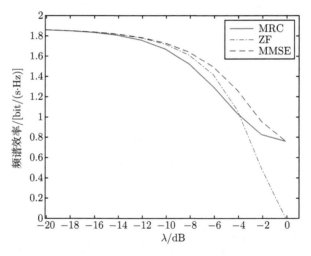

图 3.1　频谱效率随大尺度衰落 λ 变化

图 3.2 给出了用户的频谱效率随着 RAU 天线数变化的结果，这里取 $\lambda = -10\text{dB}$。可以看到，随着天线数的增加，MRC 的频谱效率趋于一个常数，而 ZF 和 MMSE 的频谱效率基本相同，且随着天线数增加呈对数式增加。

---

[*] 例如，将 λ 列为用户之间干扰的一个衡量指标。

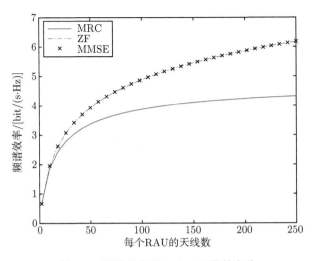

图 3.2 频谱效率随 RAU 天线数变化

2. 理论结果与仿真结果对比

本小节将对前述理论结果与蒙特卡罗仿真结果进行对比。

考虑用户和接入点在一定区域内随机分布的情况，并假设系统采用随机导频复用。大尺度衰落采用如下分段模型[10]

$$\lambda(d) = 2\bar{\lambda}\left[1 + (1 + d/d_0)^{\alpha}\right]^{-1}$$

式中，$\bar{\lambda}$ 表示参考点处的路径损耗，取值为 $-34.5 - 20\log_{10}(d_0)$ dB，参考点 d_0 取 10m。与系统噪声相关的参数包括：噪声系数 9dB，热噪声功率为 -174dBm/Hz，系统带宽取值为 10MHz。仿真中，基于上述系统参数对噪声进行了归一化处理。如无特殊说明，路径损耗因子设为 3.7，用户的发送功率均设为 17dBm，导频发送功率与数据发送功率相同。仿真中的导频开销因子设置为 $(72 - P)/84$，其中 84 表示可用的信道数，72 表示数据和导频共占用的信道数；用户位置和 RAU 位置在以 1000m 为半径的圆内随机产生 500 次，每次对应的小尺度随机产生 500 次。

图 3.3 给出和速率与 MMSE 接收机的性能对比。系统参数取值为 $K = 32, P = 8, L = 8, Q = 4$。可以看到，式 (3.17) 所示的渐近和速率、式 (3.18) 所示的和速率上界、MMSE 接收机的可达速率渐近结果*以及蒙特卡罗仿真结果均非常接近，从而证实式 (3.18) 在理论上的确为渐近和速率提供了一种简洁的闭合表达式。从图

---

* 可由式 (3.16) 得到。

3.3 还可进一步看到, 大规模天线上行链路的多用户 MMSE 接收机可以充分逼近 MMSE-SIC。据此, 在后续仿真和讨论中, 仅给出线性接收机的性能分析。

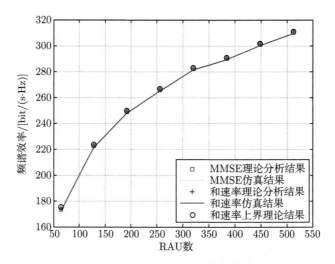

图 3.3　和速率与 MMSE 接收机性能对比

　　图 3.4 给出频谱效率随 RAU 个数变化的理论与仿真结果对比。系统参数取值为 $K = 32, P = 8, L = 8, Q = 4$。可以看到, MMSE 和 ZF 的理论频谱效率非常一致, MRC 的理论结果与蒙特卡罗仿真结果同样非常接近。MMSE 接收机和 ZF 接收机的性能比较接近, 两者均显著优于 MRC 接收机, 这是因为 MMSE 接收机和 ZF 接收机有很好的干扰抑制能力。从图 3.4 中的理论结果还可观察到, 随着 RAU 数的增加, 系统容量呈现以 $\log(N)$ 方式增加的趋势。这意味着, 当 RAU 个数增加到一定程度后, 系统容量的增加将趋于缓慢。

　　图 3.5 给出频谱效率随 RAU 天线数变化的理论与仿真结果对比。系统参数取值为 $K = 32, P = 8, N = 512, Q = 4$。可以看到, 理论频谱效率与仿真非常一致。对于 MMSE 接收机和 ZF 接收机, 随着 RAU 天线数的增加, 系统容量呈现以 $\log(L)$ 方式增加的趋势, 即在天线数较多时, 系统容量的增加趋于缓慢。但对于 MRC 接收机, 当 RAU 配置的天线数增加到一定程度后, 系统容量趋于恒定。由此可以得到, 每个 RAU 所配置的天线数不宜过多的结论。另一方面, 根据文献 [11] 的理论结果, RAU 配置的天线数也不宜过少, 否则无法起到"信道硬化"的效果。适量的天线数 (例如 5~10 根) 可以获得较好的"信道硬化"效果。

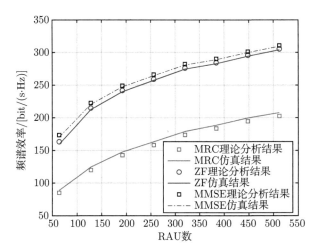

图 3.4 频谱效率随 RAU 数变化

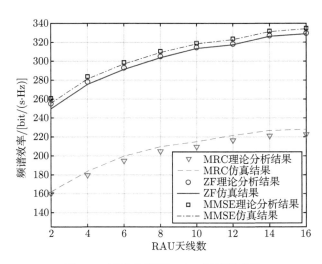

图 3.5 频谱效率随 RAU 天线数变化

图 3.6 给出频谱效率随导频数变化性能对比。系统参数取值为 $K = 32, L = 8, N = 512$。可以看到，随着导频的增加，系统容量显现出先增加再减小的趋势。这是因为，当导频数目较小时，导频污染严重，频谱效率较低；随着导频数的增加，导频污染减小，系统容量增加。但是，当导频数较多时，导频开销增大，也会降低频谱效率。从图 3.6 可以看到，对于不同的接收机，最优导频数也不相同。

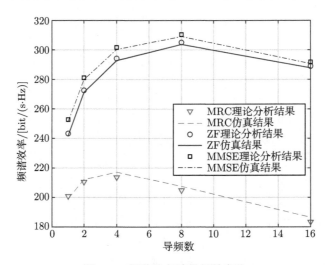

图 3.6　频谱效率随导频数变化

图 3.7 给出频谱效率随用户数变化结果。系统参数取值为 $L = 8, N = 512, P = 4$。需要强调的是，这里的用户数远小于总天线数 NL。可以看到，当导频数固定，随着用户数的增加，系统频谱效率线性增加。这是因为空分用户数的增加，可以充分利用大规模分布式天线带来的空间复用增益。

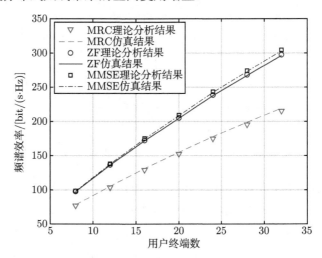

图 3.7　频谱效率随用户数变化

图 3.8 给出频谱效率随用户发送功率变化结果。系统参数取值为 $K = 32, L = 8, N = 512, P = 8$。从图 3.8 中可以看到，随着用户发送功率的增加，系统频谱效

率增加，但其变化最终趋于缓慢。特别是，对于 MRC 接收机，当用户发送功率超过 10dBm 时，系统的频谱效率则趋于饱和。这主要是因为随着发送功率的继续增大，系统是干扰受限的，进一步增加功率将无法获得更好的系统性能。

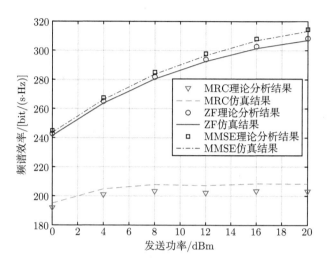

图 3.8 频谱效率随发送功率变化

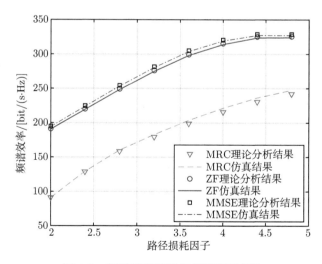

图 3.9 频谱效率随路径损耗因子变化

图 3.9 给出频谱效率随路径损耗指数变化结果。系统参数取值为 $K = 32, L = 8, N = 512, P = 8$。从图 3.9 中可以看到，当路径损耗指数小于 4，频谱效率增长显著。但当路径损耗指数大于 4 以后，MMSE 接收机的总频谱效率的增加趋于缓慢。

对于 MRC 接收机，大路径损耗因子带来的性能增益仍然显著。这主要是因为，路径损耗因子的增大，一方面会降低多用户间的干扰，另一方面会降低导频污染。对于 MMSE 接收机，它本身具有抑制多用户间的干扰的能力，其性能改善主要源于导频污染的降低。对于 MRC 接收机，两者均发挥重要作用。

在大规模分布式 MIMO 中，考虑到系统可扩展性和实现复杂性，通常采用 MRC 接收机 [12]。从上述仿真结果也可以看出，相比于 MMSE 接收机，MRC 性能有较为明显的差距。为了进一步衡量接收机性能与用户数、RAU 数之间的关系，此处将 MRC 和 MMSE 所获得的总频谱效率的比值作为考察对象。为此，重新考察图 3.4 和图 3.7。图 3.10 和图 3.11 分别展示 MMSE 相对于 MRC 的频谱效率增益随 RAU 数和用户数的变化结果。可以看到，随着 RAU 数的增加，MMSE 的优越性下降，而随着用户数的增加，MMSE 的优越性得以提升。总的来说，MMSE 可以充分利用大规模分布式 MIMO 的空间复用能力。以图 3.10 为例，在 $K = 32, L = 8$ 且 $N = 64$ 时，MMSE 接收机的频谱效率是 MRC 的 2 倍以上。因此，在设计大规模分布式 MIMO 系统时，需要综合考虑系统的负载，并在复杂度和性能之间折中。

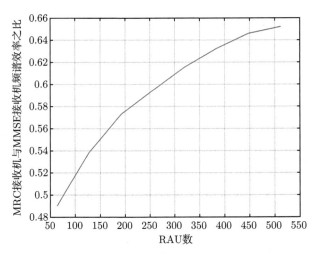

图 3.10　接收机性能比与 RAU 数的关系

3. 非理想信道下几种典型无线组网方式的上行链路性能对比

以下对比相同总天线数配置以及相同覆盖范围条件下的大规模集中式 MIMO、small cell 以及无蜂窝大规模分布式 MIMO 的性能。除了 ZF 接收机，本节推导的

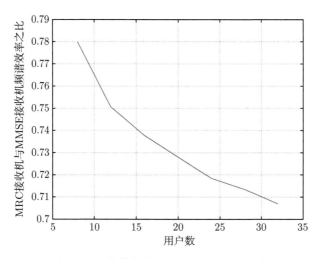

图 3.11   接收机性能比与用户数的关系

MRC 接收机和 MMSE 接收机的理论结果也适用于大规模集中式 MIMO。需要注意的是,在独立同分布的 Rayleigh 衰落信道下,由于导频污染,等效信道矩阵是列相关矩阵,因此 ZF 检测将不能工作。对于 small cell,由于不能协作,用户以最近的接入点进行通信,采用 MRC 接收机 [13]。为公平起见,对于 small cell,以下仍以等效信道矩阵计算频谱效率。

图 3.12 的仿真参数与图 3.4 一致。从图 3.12 可以看到,即使采用 MRC 接收

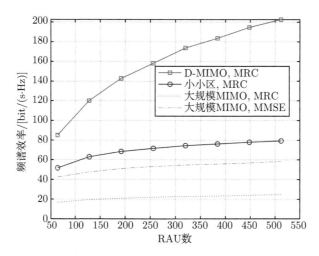

图 3.12   不同 RAU 数下的系统性能对比

机，大规模分布式 MIMO 的性能仍然显著优于 small cell 和大规模集中式 MIMO。
而 small cell 优于大规模集中式 MIMO，这是由于在独立同分布 Rayleigh 衰落信
道下，采用随机导频复用，大规模集中式 MIMO 的性能严重受限于导频污染。大
规模集中式 MIMO 的 MRC 接收机性能远劣于 MMSE 接收机。

　　图 3.13 的仿真参数与图 3.7 一致。从图 3.13 可以看到，当导频数固定时，随
着用户数的增加，大规模集中式 MIMO 的空间复用能力受限于导频污染，而无法
充分得以体现。而 small cell 和大规模分布式 MIMO 则由于大尺度衰落的不同，在
一定程度上降低了复用相同导频信号的用户之间的信道相关性。另外，由于 small
cell 和大规模分布式 MIMO 的接入点更密集，路径损耗小，性能优势明显。但需
注意的是，在实际应用中大规模集中式 MIMO 信道存在空间相关性和时频稀疏特
性，由此可降低导频复用产生的导频污染，进而提高系统的性能 [14]。

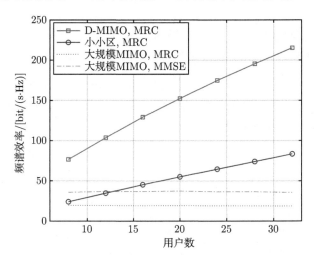

图 3.13　不同用户数下的系统性能对比

3.3　导频污染条件下的下行链路频谱效率

　　如前所述，在研究下行多用户传输的性能时，假设系统采用 TDD 模式，即基
站利用上下行信道的互易性 [1,15]，并基于上行链路信道估计的结果 $\hat{\boldsymbol{G}}^{\mathrm{T}}$ 进行下行
多用户预编码。另外，考虑到相比于大规模集中式 MIMO，分布式 MIMO 的信道
硬化性能较差，需要采用下行预编码导频，并假设接收机已知下行预编码矩阵与信

道的复合矩阵。

在总功率约束下，假设基站侧的多用户预编码表示为 $\kappa\boldsymbol{W}$，其中 $\kappa = 1/\sqrt{\mathbb{E}\mathrm{Tr}\left(\boldsymbol{W}\boldsymbol{W}^{\mathrm{H}}\right)}$ 表示统计功率归一化因子 [16]。因此，使用第 p 个导频的第 q 个用户的接收信号可以表示为

$$y_{p,q} = \kappa\left(\hat{\boldsymbol{g}}_{p,q}^{\mathrm{T}} + \tilde{\boldsymbol{g}}_{p,q}^{\mathrm{T}}\right)\boldsymbol{W}\boldsymbol{x} + \varepsilon_{p,q} = \kappa\hat{\boldsymbol{g}}_{p,q}^{\mathrm{T}}\boldsymbol{w}_{p,q}x_{p,q} + \kappa\hat{\boldsymbol{g}}_{p,q}^{\mathrm{T}}\sum_{p,q}\boldsymbol{W}_{[p,q]}\boldsymbol{x}_{[p,q]} + \tilde{\varepsilon}_{p,q} \quad (3.19)$$

式中，$\boldsymbol{w}_{p,q}$ 表示使用第 p 个导频的第 q 个用户的预编码向量；$x_{p,q}$ 表示其发送符号；$\boldsymbol{W}_{[p,q]}$ 表示总预编码矩阵中去除 $\boldsymbol{w}_{p,q}$ 后的矩阵；$\boldsymbol{x}_{[p,q]}$ 表示去除 $x_{p,q}$ 符号后的发送信号向量；$\tilde{\varepsilon}_{p,q}$ 定义为

$$\tilde{\varepsilon}_{p,q} = \kappa\tilde{\boldsymbol{g}}_{p,q}^{\mathrm{T}}\boldsymbol{W}\boldsymbol{x} + \varepsilon_{p,q}$$

它是由非理想信道估计引入的多用户干扰和噪声组成。根据 MMSE 信道估计，可以得到

$$\mathrm{cov}\left(\tilde{\varepsilon}_{p,q}\right) = \kappa^2\mathbb{E}\left(\tilde{\boldsymbol{g}}_{p,q}^{\mathrm{T}}\boldsymbol{W}\boldsymbol{W}^{\mathrm{H}}\tilde{\boldsymbol{g}}_{p,q}^{*}\right) + \gamma_{\mathrm{D}}$$

式中，

$$\mathbb{E}\left(\tilde{\boldsymbol{g}}_{p,q}^{\mathrm{T}}\boldsymbol{W}\boldsymbol{W}^{\mathrm{H}}\tilde{\boldsymbol{g}}_{p,q}^{*}\right) = \mathbb{E}\mathrm{Tr}\left(\tilde{\boldsymbol{g}}_{p,q}^{\mathrm{T}}\boldsymbol{W}\boldsymbol{W}^{\mathrm{H}}\tilde{\boldsymbol{g}}_{p,q}^{*}\right) = \mathbb{E}\mathrm{Tr}\left(\boldsymbol{W}\boldsymbol{W}^{\mathrm{H}}\tilde{\boldsymbol{g}}_{p,q}^{*}\tilde{\boldsymbol{g}}_{p,q}^{\mathrm{T}}\right)$$

这里 $\mathbb{E}\mathrm{Tr}\left(\cdot\right)$ 表示对迹求期望。根据 MMSE 信道估计，信道估计误差与估计结果之间独立，上式可以表示为

$$\mathbb{E}\mathrm{Tr}\left(\boldsymbol{W}\boldsymbol{W}^{\mathrm{H}}\tilde{\boldsymbol{g}}_{p,q}^{*}\tilde{\boldsymbol{g}}_{p,q}^{\mathrm{T}}\right) = \mathrm{Tr}\left[\boldsymbol{W}\boldsymbol{W}^{\mathrm{H}}\mathbb{E}\left(\tilde{\boldsymbol{g}}_{p,q}^{*}\tilde{\boldsymbol{g}}_{p,q}^{\mathrm{T}}\right)\right]$$

进一步根据模型式 (3.3) 可知

$$\mathrm{cov}\left(\tilde{\varepsilon}_{p,q}\right) = \kappa^2\mathrm{Tr}\left\{\boldsymbol{W}\boldsymbol{W}^{\mathrm{H}}\left[\left(\boldsymbol{\Lambda}_{p,q} - \boldsymbol{\Lambda}_{p,q}\boldsymbol{\Sigma}_p^{-1}\boldsymbol{\Lambda}_{p,q}\right)\otimes\boldsymbol{I}_L\right]\right\} + \gamma_{\mathrm{D}}$$

定义

$$\hat{\sigma}_{p,q} = \mathrm{Tr}\left\{\boldsymbol{W}\boldsymbol{W}^{\mathrm{H}}\left[\left(\boldsymbol{\Lambda}_{p,q} - \boldsymbol{\Lambda}_{p,q}\boldsymbol{\Sigma}_p^{-1}\boldsymbol{\Lambda}_{p,q}\right)\otimes\boldsymbol{I}_L\right]\right\} \quad (3.20)$$

因此，使用第 p 个导频的第 q 个用户的下行 SINR 可以表示为

$$\eta_{p,q}^{\mathrm{DL}} = \frac{\left|\hat{\boldsymbol{g}}_{p,q}^{\mathrm{T}}\boldsymbol{w}_{p,q}\right|^2}{\sum\limits_{(i,j)\neq(p,q)}\left|\hat{\boldsymbol{g}}_{p,q}^{\mathrm{T}}\boldsymbol{w}_{i,j}\right|^2 + \hat{\sigma}_{p,q} + \gamma_{\mathrm{D}}/\kappa^2} \quad (3.21)$$

下面，我们分别给出最大比发送、迫零和正则化迫零预编码方法的性能分析。

3.3.1　最大比发送预编码

当下行链路采用 MRT 时，多用户预编码矩阵可以表示为 $\boldsymbol{W} = \hat{\boldsymbol{G}}^*$，相应功率归一化因子为 $\kappa_{\mathrm{MRT}} = 1 \big/ \sqrt{\mathbb{E}\mathrm{Tr}\left(\hat{\boldsymbol{G}}^* \hat{\boldsymbol{G}}^{\mathrm{T}}\right)}$。

将式 (3.5) 和式 (3.6) 运用于式 (3.21)，可以得到 $\hat{\boldsymbol{g}}_{p,q}^{\mathrm{T}} \boldsymbol{w}_{p,q}$ 和 $\hat{\boldsymbol{g}}_{p,q}^{\mathrm{T}} \boldsymbol{w}_{i,j}$ 的渐近近似。为此计算 $\hat{\sigma}_{p,q}$ 和 $\mathbb{E}\mathrm{Tr}\left(\hat{\boldsymbol{G}}^* \hat{\boldsymbol{G}}^{\mathrm{T}}\right)$。首先，根据迹的定义，

$$\mathbb{E}\mathrm{Tr}\left(\hat{\boldsymbol{G}}^* \hat{\boldsymbol{G}}^{\mathrm{T}}\right) = \mathbb{E}\mathrm{Tr}\left(\hat{\boldsymbol{G}}^{\mathrm{T}} \hat{\boldsymbol{G}}^*\right) = \mathrm{Tr}\left[\mathbb{E}\left(\sum_{p=1}^{P} \hat{\boldsymbol{G}}_p^{\mathrm{T}} \hat{\boldsymbol{G}}_p^*\right)\right]$$

$$\hat{\sigma}_{p,q} = \sum_{i=1}^{P} \mathrm{Tr}\left\{\hat{\boldsymbol{G}}_i^{\mathrm{T}} \left[\left(\boldsymbol{\Lambda}_{p,q} - \boldsymbol{\Lambda}_{p,q}\boldsymbol{\Sigma}_p^{-1}\boldsymbol{\Lambda}_{p,q}\right) \otimes \boldsymbol{I}_L\right] \hat{\boldsymbol{G}}_i^*\right\}$$

根据等效信道的统计特性，

$$\mathbb{E}\mathrm{Tr}\left(\hat{\boldsymbol{G}}^* \hat{\boldsymbol{G}}^{\mathrm{T}}\right) = L \sum_{p=1}^{P} \mathrm{Tr}\left(\boldsymbol{\Xi}_p\right)$$

类似于式 (3.12)，当天线数趋于无穷大时，可得

$$\frac{1}{NL} \hat{\boldsymbol{G}}_i^{\mathrm{T}} \left[\left(\boldsymbol{\Lambda}_{p,q} - \boldsymbol{\Lambda}_{p,q}\boldsymbol{\Sigma}_p^{-1}\boldsymbol{\Lambda}_{p,q}\right) \otimes \boldsymbol{I}_L\right] \hat{\boldsymbol{G}}_i^* - \frac{1}{N}\bar{\boldsymbol{\Xi}}_{i,p,q} \xrightarrow[NL\to\infty]{a.s.} \boldsymbol{0}$$

式中，

$$\left[\bar{\boldsymbol{\Xi}}_{i,p,q}\right]_{j,k} = \mathrm{Tr}\left[\boldsymbol{\Lambda}_{i,j}\boldsymbol{\Sigma}_i^{-1}\boldsymbol{\Lambda}_{i,k}\left(\boldsymbol{\Lambda}_{p,q} - \boldsymbol{\Lambda}_{p,q}\boldsymbol{\Sigma}_p^{-1}\boldsymbol{\Lambda}_{p,q}\right)\right]$$

故存在

$$\frac{1}{NL}\hat{\sigma}_{p,q} - \frac{1}{N}\sum_{i=1}^{P}\mathrm{Tr}\left(\bar{\boldsymbol{\Xi}}_{i,p,q}\right) \xrightarrow[NL\to\infty]{a.s.} \boldsymbol{0}$$

因此，对于 MRT，使用第 p 个导频的第 q 个用户的下行 SINR 可以近似为

$$\eta_{\mathrm{MRT},p,q}^{\mathrm{DL}} = \frac{L\xi_{p,q,q}^2}{L\sum\limits_{j=1,j\neq q}^{Q}\xi_{p,q,j}^2 + \sum\limits_{i=1}^{P}\left[\mathrm{Tr}\left(\bar{\boldsymbol{\Xi}}_{i,p,q}\right) + \gamma_{\mathrm{D}}\mathrm{Tr}\left(\boldsymbol{\Xi}_i\right)\right]} \tag{3.22}$$

可以看到，类似上行链路，当下行链路采用 MRT 预编码时，因受限于导频污染，即使 $L \to \infty$ 系统时，其频谱效率仍趋于常数。

3.3.2 迫零 (ZF) 预编码

当下行链路采用 ZF 预编码时

$$\boldsymbol{W} = \hat{\boldsymbol{G}}^* \left(\hat{\boldsymbol{G}}^{\mathrm{T}} \hat{\boldsymbol{G}}^* \right)^{-1}$$

相应的功率归一化因子为

$$\kappa_{\mathrm{ZF}} = 1 \Big/ \sqrt{\mathbb{E}\mathrm{Tr}\left[\left(\hat{\boldsymbol{G}}^{\mathrm{T}} \hat{\boldsymbol{G}}^* \right)^{-1} \right]}$$

根据 ZF 预编码的性质

$$\left| \hat{\boldsymbol{g}}_{p,q}^{\mathrm{T}} \boldsymbol{w}_{p,q} \right|^2 = 1, \left| \hat{\boldsymbol{g}}_{p,q}^{\mathrm{T}} \boldsymbol{w}_{i,j} \right|^2 = 0$$

因此，需要求 $\mathbb{E}\mathrm{Tr}\left[\left(\hat{\boldsymbol{G}}^{\mathrm{T}} \hat{\boldsymbol{G}}^* \right)^{-1} \right]$ 和 $\hat{\sigma}_{p,q}$。根据

$$\frac{1}{NL} \hat{\boldsymbol{G}}^{\mathrm{T}} \hat{\boldsymbol{G}}^* - \frac{1}{N} \mathrm{diag}\left(\begin{bmatrix} \boldsymbol{\Xi}_1 & \boldsymbol{0} & \boldsymbol{0} \\ \boldsymbol{0} & \ddots & \boldsymbol{0} \\ \boldsymbol{0} & \boldsymbol{0} & \boldsymbol{\Xi}_P \end{bmatrix} \right) \to \boldsymbol{0} \tag{3.23}$$

这意味着当天线数趋于无穷大时，存在

$$\mathbb{E}\mathrm{Tr}\left[\left(\hat{\boldsymbol{G}}^{\mathrm{T}} \hat{\boldsymbol{G}}^* \right)^{-1} \right] \approx \frac{1}{L} \sum_{p=1}^{P} \mathrm{Tr}\left(\boldsymbol{\Xi}_p^{-1} \right)$$

另一方面，对于 ZF 预编码，存在

$$\hat{\sigma}_{p,q} = \mathrm{Tr}\left\{ \left(\hat{\boldsymbol{G}}^{\mathrm{T}} \hat{\boldsymbol{G}}^* \right)^{-2} \hat{\boldsymbol{G}}^{\mathrm{T}} \left[\left(\boldsymbol{\Lambda}_{p,q} - \boldsymbol{\Lambda}_{p,q} \boldsymbol{\Sigma}_p^{-1} \boldsymbol{\Lambda}_{p,q} \right) \otimes \boldsymbol{I}_L \right] \hat{\boldsymbol{G}}^* \right\}$$

运用式 (3.23)，$\hat{\sigma}_{p,q}$ 可以近似表示为

$$\hat{\sigma}_{p,q} \approx \frac{1}{L} \sum_{i=1}^{P} \mathrm{Tr}\left(\boldsymbol{\Xi}_i^{-2} \bar{\boldsymbol{\Xi}}_{i,p,q} \right)$$

因此，

$$\eta_{\mathrm{ZF},p,q}^{\mathrm{DL}} \approx \frac{L}{\displaystyle\sum_{i=1}^{P} \left[\mathrm{Tr}\left(\boldsymbol{\Xi}_i^{-2} \bar{\boldsymbol{\Xi}}_{i,p,q} \right) + \gamma_{\mathrm{D}} \mathrm{Tr}\left(\boldsymbol{\Xi}_i^{-1} \right) \right]} \tag{3.24}$$

由此可以看到，类似上行链路，采用 ZF 预编码时，当天线数大量增加时，系统的频谱效率以 $\log(L)$ 形式增加。

3.3.3　正则化迫零 (RZF) 预编码

当下行链路采用 RZF 预编码时，

$$\boldsymbol{W} = \hat{\boldsymbol{G}}^* \left(\hat{\boldsymbol{G}}^{\mathrm{T}} \hat{\boldsymbol{G}}^* + \gamma \boldsymbol{I}_{PQ} \right)^{-1}$$

式中，γ 表示正则化因子。相应的功率归一化因子为

$$\kappa_{\mathrm{RZF}} = 1 \Big/ \sqrt{\mathbb{E}\mathrm{Tr}\left[\hat{\boldsymbol{G}}^{\mathrm{T}} \hat{\boldsymbol{G}}^* \left(\hat{\boldsymbol{G}}^{\mathrm{T}} \hat{\boldsymbol{G}}^* + \gamma \boldsymbol{I}_{PQ} \right)^{-2} \right]}$$

根据式 (3.23)，当天线数趋于无穷大时，

$$\hat{\boldsymbol{g}}_{p,q}^{\mathrm{T}} \boldsymbol{w}_{i,j} \approx \widehat{\xi}_{p,q,j}$$

$$\widehat{\xi}_{p,q,j} = \begin{cases} \left[\boldsymbol{\Xi}_p \left(\boldsymbol{\Xi}_p + \dfrac{\gamma}{L} \boldsymbol{I}_Q \right)^{-1} \right]_{q,j}, & p = i \\ 0, & p \neq i \end{cases}$$

类似地，

$$\hat{\sigma}_{p,q} \approx \frac{1}{L} \sum_{i=1}^{P} \mathrm{Tr}\left[\left(\boldsymbol{\Xi}_i + \frac{\gamma}{L} \boldsymbol{I}_Q \right)^{-2} \bar{\boldsymbol{\Xi}}_{i,p,q} \right]$$

$$\mathbb{E}\mathrm{Tr}\left[\hat{\boldsymbol{G}}^{\mathrm{T}} \hat{\boldsymbol{G}}^* \left(\hat{\boldsymbol{G}}^{\mathrm{T}} \hat{\boldsymbol{G}}^* + \gamma \boldsymbol{I}_{PQ} \right)^{-2} \right] \approx \frac{1}{L} \sum_{p=1}^{P} \mathrm{Tr}\left[\boldsymbol{\Xi}_p \left(\boldsymbol{\Xi}_p + \frac{\gamma}{L} \boldsymbol{I}_Q \right)^{-2} \right]$$

因此，

$$\eta_{\mathrm{RZF},p,q}^{\mathrm{DL}} \approx \frac{\widehat{\xi}_{p,q,j}^2}{\displaystyle\sum_{j=1,j\neq q}^{Q} \widehat{\xi}_{p,q,j}^2 + \frac{1}{L} \sum_{i=1}^{P} \mathrm{Tr}\left[\left(\boldsymbol{\Xi}_i + \frac{\gamma}{L} \boldsymbol{I}_Q \right)^{-2} \left(\bar{\boldsymbol{\Xi}}_{i,p,q} + \gamma_{\mathrm{D}} \boldsymbol{\Xi}_i \right) \right]} \tag{3.25}$$

可以看到，随着 $L \to \infty$，RZF 预编码的信噪比趋于 ZF 预编码。

3.3.4　数值计算与讨论

下面采用与上行链路相同的信道模型和加性高斯噪声模型，对下行链路的性能进行仿真验证。

考虑到 RZF 预编码的性能与正则化因子 γ 有较大的关系，首先，研究 γ 的取值问题。对于大规模分布式 MIMO 来说，最优的 γ 与信道的大尺度衰落有关。在接入点位置以及用户位置固定的情况下，给定大尺度衰落，可以通过搜索得到最优

的 $\gamma^{[17]}$。由于文献 [17] 采用的确定性等同计算方法较为复杂，并且实际系统中用户的大尺度信息变化较快，这里运用式 (3.25) 给出的容量渐近分析结果，并通过系统仿真得到 γ 的近似值。

图 3.14 给出相应的系统仿真结果。其中，系统参数取值为 $K = 32, L = 8, N = 512$ 或 $256, P = 8, Q = 4$。可以看到，系统频谱效率并非是 γ 的单调函数。通过系统仿真，可以观察其取值的大致合理范围。例如，当 $N = 512$ 时，γ 取值为 2×10^5，系统可以达到较好的效果；当 $N = 256$ 时，γ 取值为 5×10^4，系统可以达到较好的效果。由于 γ 的取值与用户数和接入点数也紧密相关。为了方便对比，以下均选取固定值 $\gamma = 10^5$。

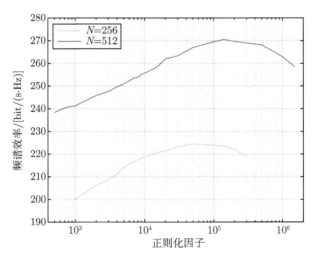

图 3.14　正则化因子对系统性能的影响

对比理论分析与仿真结果，图 3.15 给出系统频谱效率与总 RAU 数的关系。其中，系统参数取值为 $K = 32$，$L = 8$，$P = 8$，$Q = 4$。可以看到，对于 MRT 预编码和 ZF 预编码，其理论分析结果与仿真结果非常接近；对于 RZF 预编码，随着 RAU 数的增加，理论结果与仿真结果也非常逼近，这表明上文所给出的闭合表达式较为准确。

图 3.16 给出系统频谱效率与总用户数之间的关系。其中，系统参数取值为 $L = 8$，$P = 8$，$N = 512$。可以看到，在天线数较多的情况下，这 3 种预编码方法的频谱效率理论分析值与仿真值非常逼近；还可以看到，随着用户数增加，系统频谱效率以线性方式增加，且当用户数较多时，RZF 预编码的性能仍然比 MRT 预编码

有较显著的性能增益，其结论与上行链路基本类似。

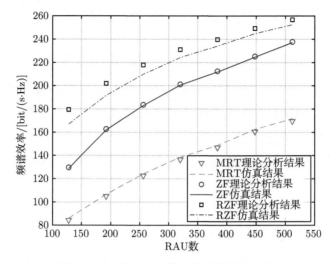

图 3.15 不同 RAU 数时的系统性能对比

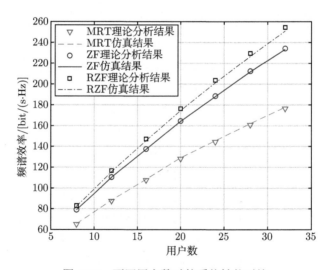

图 3.16 不同用户数时的系统性能对比

3.4 本章小结

随着分布式 MIMO 的 RAU 节点数量增加，所覆盖区域内的系统容量可进一步提升，由此构成大规模无蜂窝移动通信系统。为获取信道状态信息并有效降低系统资源开销, 需要在大规模分布式 MIMO 系统中引入导频复用技术, 由此产生难以回避的导频污染问题。

针对多用户导频复用应用场景, 本章首先引入导频污染条件下的大规模分布式 MIMO 系统建模方法及相应的信号与噪声表达式, 在此基础上给出导频污染条件下 3 种典型接收机的上行链路频谱效率、遍历和速率分析结果。利用 TDD 信道的互易特性, 本章还进一步给出 3 种典型预编码发射机的上行链路频谱效率分析结果。通过计算机仿真与计算, 验证了所给出的理论结果的正确性, 并揭示出大规模无蜂窝移动通信系统在存在导频污染时的优越性能, 从而为大规模分布式 MIMO 和大规模无蜂窝系统的实际应用提供理论基础。

参考文献

[1] Wang D, Zhang Y, Wei H, et al. An overview of transmission theory and techniques of large-scale antenna systems for 5G wireless communications. Science China Information Sciences, 2016, 59(8): 1-18.

[2] Ngo H Q, Ashikhmin A E, Yang H, et al. Cell-free massive MIMO: Uniformly great service for everyone. IEEE 16th International Workshop on Signal Processing Advances in Wireless Communications (SPAWC), 2015. 201-205.

[3] Wang D, Gu H, Wei H, et al. Design of pilot assignment for large-scale distributed antenna systems. IEICE Transactions on Fundamentals of Electronics, Communications and Computer Sciences, 2016, E99-A(9): 1674-1682.

[4] Wang D, Zhao Z, Huang Y, et al. Large-scale multi-user distributed antenna system for 5G wireless communications. Proc. IEEE 81st Vehicular Technology Conference Spring, 2015.

[5] Marzetta T L. Noncooperative cellular wireless with unlimited numbers of base station antennas. IEEE Transactions on Wireless Communications, 2010, 9(11): 3590-3600.

[6] Couillet R, Debbah M. Random Matrix Methods for Wireless Communications. Cambridge, U. K. : Cambridge Univ. Press, 2011.

[7] Wagner S, Couillet R, Debbah M, et al. Large system analysis of linear precoding in correlated MISO broadcast channels under limited feedback. IEEE Transactions on Information Theory, 2012, 58(7): 4509-4537.

[8] Hassibi B, Hochwald B M. How much training is needed in multiple-antenna wireless

links?" IEEE Trans. on Information Theory, 2003, 49(4): 951-963.

[9] Cover T M, Thomas J A. Elements of Information Theory. 2nd ed. New York: John Willey & Sons, 1991.

[10] Sanguinetti L, Moustakas A L, Bjornson E, et al. Large system analysis of the energy consumption distribution in multi-user MIMO systems with mobility, IEEE Transactions on Wireless Communications, 2015, 14(3): 1730-1745.

[11] Chen Z, Bjornson E. Channel hardening and favorable propagation in cell-free Massive MIMO with stochastic geometry. IEEE Transactions on Communications, 2018, 66(11): 5205-5219.

[12] Interdonato G, Björnson E, Ngo H Q, et al. Ubiquitous cell-free massive MIMO communications. EURASIP Journal on Wireless Communications and Networking, 2019.

[13] Ngo H Q, Ashikhmin A, Yang H, et al. Cell-free massive MIMO versus small cells. IEEE Transactions on Wireless Communications, 2017, 16(3): 1834C1850.

[14] You L, Gao X, Swindlehurst A L, et al. Channel acquisition for massive MIMO-OFDM with adjustable phase shift pilots. IEEE Transactions on Signal Processing, 2016, 64(6): 1461-1476.

[15] Wei H, Wang D, Zhu H, et al. Mutual coupling calibration for multiuser massive MIMO systems. IEEE Transactions on Wireless Communications, 2016, 15(1): 606-619.

[16] Hoydis J, Brinkz S, Debbah M. Massive MIMO in the UL/DL of cellular networks: How many antennas do we need?. IEEE Journal on Selected Areas in Communications, 2013, 31(2): 160-171.

[17] Zhang J, Wen C, Jin S, et al. Large system analysis of cooperative multi-cell downlink transmission via regularized channel inversion with imperfect CSIT. IEEE Transactions on Wireless Communications, 2013, 12(10): 4801-4813.

第 4 章　小区边沿效应与无蜂窝边沿效应消除

在传统蜂窝移动通信系统中，处于小区边沿的用户所能获取的传输速率，通常远低于靠近基站的用户，由此产生了小区边沿效应。这种与位置有关的无线传输能力的差异性对移动用户的业务体验构成了严重影响，制约了对传输带宽及可靠性要求较高的移动业务应用 (如 AR/VR、高清视频、车联网 (V2X) 等)。

本章首先给出了蜂窝系统小区边沿效应的基本分析模型、典型的性能度量方式，以及改善小区边沿用户性能的几种技术途径。其次，针对集中式和分布式 MIMO 无线传输，得到了蜂窝小区边沿用户典型性能度量的近似解。从结果可以发现，基于分布式 MIMO 的蜂窝系统在各种情况下均可以显著改善小区边沿效应，为用户提供较为一致的服务体验。最后，将分布式 MIMO 作为一种无蜂窝 (cell-free) 无线组网方式，与典型 small cell network(SCN) 的小区边沿效应进行了对比。理论分析与计算机仿真结果表明，基于分布式 MIMO 的无蜂窝移动通信系统可以较为完美地消除小区边沿效应。

4.1　研究背景与分析基础

在 2.5 节中，引入了多小区蜂窝系统中与用户位置有关的下行链路信道容量模型如下：

$$\mathcal{C}_i = \log_2\left(1 + \frac{p_i I_i}{\sigma^2 + \sum\limits_{-i} I_j}\right) \tag{4.1}$$

式中，

$$I_j = \gamma s_j p_j \left(\frac{D}{d_j}\right)^{\alpha}$$

由上述模型可以看出，当移动用户处于小区边沿时，路径损耗 $(D/d_i)^\alpha$ 随距离的增加而达到最大；与此同时，由于该用户与邻区基站的距离缩短，干扰信号也随 $(D/d_j)^\alpha\,(j \neq i)$ 的增加而达到最大。直观上，增加基站的发射功率 p_i，可以补偿路径损耗和邻区干扰增大所带来的性能恶化。但需注意到，基站发射功率的最大值是受限的，且增加发射功率会显著增加小区间干扰 (inter-cell interfere，ICI)。

多小区多用户发射功率优化是提升小区边沿用户传输性能的基础手段。文献[1]基于博弈论框架，提出了多小区多用户最优功率分配方法以及迭代求解方式。在工程实践上，最优功率分配应在时频资源块分配的基础上进行。当系统采用 TDMA/FDMA 或 OFDMA 时，因小区内的多用户干扰可以忽略，故需要对相邻小区的所有用户预先进行分簇 (coalition) 或配对，即挑选 ICI 较小的一组用户，为它们指配相同的时频资源块；应尽量避免 2 个或 2 个以上小区边沿用户占用相同的时频资源块，从而使功率分配无法有效进行。上述问题是典型的非确定性多项式时间复杂度问题 (NP-hard)，需要引入较为复杂的人工智能 (AI) 算法加以解决 [2]。

一个用于改善小区边沿用户性能的简单方案是引入分数频率复用 (fractional frequency reuse，FFR)[3]。其基本思路是，对于小区中心附近的用户采用频率复用因子为 1 的频率指配方案，对于小区边沿用户则采用频率复用因子为 3 或更大的指配方案，由此可以避免为处于相邻小区的边沿用户分配相同的频率资源，从而降低小区边沿用户的 ICI[4]。但需注意，此时小区边沿用户性能的改善是以降低整个系统的吞吐率为代价的，且小区边沿用户的最高传输速率受到频率复用因子的限制。

另一个改善小区边沿用户性能的方法是引入分层异构网 (HetNet)[5,6]，其基本思路也较为简单，即在小区的边沿位置区域增设小基站 (small cell) 或中继 (relay) 基站，使小区边沿用户能够接入小基站或中继基站。若该小基站或中继基站需要与原小区基站共享频率资源，则需要进一步引入干扰协调或干扰消除技术 [7]，从而减少微蜂窝与宏蜂窝之间的干扰。该方面的研究可参见文献 [8] 的研究结果。

文献 [9] 最先研究了小区边沿效应的量化解析方法。为刻画小区边沿用户的信道容量，引入了以下三种小区边沿效应度量方法，具体可参见图 4.1 和图 4.2。

1. 最差性能小区边沿容量

该度量反映了移动用户在小区覆盖范围内可能获得的最小容量。若采用经典的六边形蜂窝结构，则性能最差小区边沿用户位于所属小区六边形的顶角位置，如图 4.1(a) 所示，其信道容量用 C_{worst} 来表示。

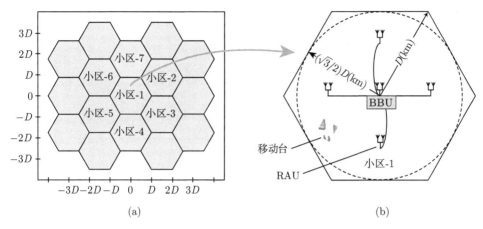

图 4.1　系统配置

2. 小区边界内切圆信道容量

该度量反映了移动用户在小区边沿区域附近时，可获取的传输性能的一种近似表达方式，如图 4.1(b) 所示，其信道容量用 C_{circle} 来表示。

3. 中断区域及中断区域比

该度量反映了移动用户信道容量小于某个特定值时所处的区域大小，以及在小区总面积中所占比例。如图 4.2 所示，当移动用户位于图中所示的阴影区域时，其信道容量将无法大于门限值 R。该度量对于需要特定带宽的任务关键型 (mission critical) 应用 [10] 有重要参考意义，它反映了用户的最低业务带宽需求能够得到满足的可能性。

研究小区边沿效应的另外一个途径是通过引入泊松点过程 (Poisson point process, PPP) 来刻画系统性能。如 2.5 节所述，该描述方法尽管存在明显的局限性 (如两基站间的距离可能充分近)，但理论上更容易得到闭式解。在此条件下，文献 [11] 得到多用户 MIMO 条件下的小区边沿用户传输性能闭式解；文献 [12] 则系统性地研究了异构分层覆盖时，小区边沿用户及非小区边沿用户的理论性能对比，以及网络负载对小区边沿用户性能的影响。

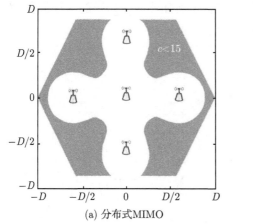 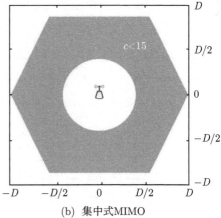

(a) 分布式MIMO (b) 集中式MIMO

图 4.2 中断区域

4.2 多天线蜂窝系统的小区边沿效应

本节沿用第 2 章的理论分析路线, 将首先建立与用户位置有关的信道容量模型, 然后针对 4.1 节给出的小区边沿效应的三种度量, 给出相应的理论分析结果。在此基础上, 对比分布式 MIMO 和集中式 MIMO 蜂窝系统的小区边沿效应。

为此引入图 4.1(a) 所示的分析场景, 其中小区-1 为需要进行分析的目标小区。这里, 仍用 (M, L, N) 表示分布式 MIMO 的系统配置方式。当图 4.1(b) 中所有的 RAU 汇聚在小区-1 中心位置时, 分布式 MIMO 将退化为集中式 MIMO, 这时的系统配置为 $(M, LN, 1)$。因此, 以下分析将集中式 MIMO 作为分布式 MIMO 的一种特例加以论述。

考虑第 1 章所给出的正交多用户分布式 MIMO 系统模型。当系统采用 TDMA/FDMA 或 OFDMA 时, 小区内的多用户干扰可以被忽略, 仅需考虑来自邻区的多用户干扰, 这等效于每个小区仅存在一个对邻区形成干扰的用户。

在上述条件下, 对于位于小区-1 覆盖范围内的某一目标用户, 其上行链路无线传输模型为

$$y_1 = H_1 x_1 + \sum_{k \neq 1} H_k x_k + z_t \triangleq H_1 x_1 + \eta_1 + z_1 \tag{4.2}$$

式中, 等式右边第一项为有用信号, 而第二项和第三项分别为邻区干扰 ICI 项和背景噪声项; H_1 为该目标用户至小区-1 中所有 RAU 的无线信道 CSI; $H_k (k \neq 1)$

为邻区用户 k 至小区-1 中所有 RAU 的信道状态信息 CSI; x_t 为用户 k 的发射信号, 其功率值需满足 $\|x_t\| = p_k < P$。

注意到 H_k 是由大尺度阴影衰落和小尺度衰落之积组成, 即

$$H_k = \mathrm{diag}\left[h_{1,k}^{\mathrm{s}} I_L, \cdots, h_{N,k}^{\mathrm{s}} I_L\right] \begin{bmatrix} H_{\mathrm{w},1,k} \\ \vdots \\ H_{\mathrm{w},N,k} \end{bmatrix} \triangleq D_k^{\mathrm{s}} H_{\mathrm{w},k} \tag{4.3}$$

定义 $\bar{\eta}_1 = \eta_1 + z_1$, 其均值为零, 协方差矩阵为

$$\Sigma_{\bar{\eta}_1} = \mathrm{diag}\left[q_1 I_L, \cdots, q_N I_L\right] \tag{4.4}$$

式中,

$$q_i \triangleq \sigma^2 \left(1 + \frac{\gamma}{M\sigma^2} \sum_{k \neq 1} s_{i,k} p_k \left(\frac{D}{d_{i,k}}\right)^\alpha\right) \tag{4.5}$$

此处运用了 $H_{\mathrm{w},k}$ 的独立同分布 (i.i.d.) 特性, $d_{i,k}(k \neq 1)$ 为邻区用户 k 与小区-1 中的第 i 个 RAU 之间的距离, $d_{i,1}$ 为小区-1 中的目标用户与小区-1 中的第 i 个 RAU 之间的距离; 并假设所有 MT 的各个天线均采用等功率发射。

按照 Wyner 模型 [13], 当小区-1 周围的小区较多时, 式 (4.2) 中第二项趋于高斯分布, 这意味着 $\bar{\eta}_1$ 可以近似为高斯分布。基于以上假设, 我们把第 2 章得到的与用户位置有关的分布式 MIMO 瞬态信道容量推广到以下多小区情形:

$$\mathcal{C}_{\mathrm{D\text{-}MIMO}}(d) = \log_2 \det\left(I_{LN} + \frac{p_1}{M} H_1 H_1^{\mathrm{H}} \Sigma_{\bar{\eta}_1}^{-1}\right) = \log_2 \det\left(I_M + \frac{p_1}{M} H_1^{\mathrm{H}} \Sigma_{\bar{\eta}_1}^{-1} H_1\right) \tag{4.6}$$

当分布式 MIMO 退化为集中式 MIMO 时, 存在

$$\mathcal{C}_{\mathrm{C\text{-}MIMO}}(d) = \log_2 \det\left(I_M + \frac{p_1}{Mq_1} H_1^{\mathrm{H}} H_1\right) \tag{4.7}$$

作为一种特例, 若图 4.1 中的蜂窝系统采用较大的频率复用因子时, 邻区干扰 ICI 项可以忽略, 这时 $\eta_1 = 0$, 且 $q_n = \sigma^2, \forall n$。

为了进一步得到式 (4.6) 和式 (4.7) 给出的瞬态信道容量均值的解析表达式, 先引入 Minkowski 不等式 [14] 的推广形式如下:

$$\sqrt[M]{\det\left(a K_1 + b K_2\right)} \geqslant a \sqrt[M]{\det\left(K_1\right)} + b \sqrt[M]{\det\left(K_2\right)}$$

式中，$\boldsymbol{K}_1$ 和 $\boldsymbol{K}_2$ 为任意 $M \times M$ 正定或半正定方阵；a 和 b 为任意正常数。将 Minkowski 不等式运用于式 (4.6)，可以得到

$$
\begin{aligned}
\mathcal{C}_{\text{D-MIMO}}(\boldsymbol{d}) &\geqslant M \log_2 \left[1 + \frac{p_1}{M} \sqrt[M]{\det\left(\boldsymbol{H}_1^{\text{H}} \boldsymbol{\Sigma}_{\bar{\eta}_1}^{-1} \boldsymbol{H}_1\right)} \right] \\
&= M \log_2 \left\{ 1 + \frac{p_1}{M} \exp\left[\frac{1}{M} \ln \det\left(\boldsymbol{H}_1^{\text{H}} \boldsymbol{\Sigma}_{\bar{\eta}_1}^{-1} \boldsymbol{H}_1\right) \right] \right\}
\end{aligned}
$$

注意到 $\log_2(1 + \mathrm{e}^x)$ 为凸函数，对上式求期望，并运用 Jensen 不等式，则可以得到 [15]

$$
\mathbb{E}\left[\mathcal{C}_{\text{D-MIMO}}(\boldsymbol{d})\right] \geqslant M \log_2\left[1 + \frac{p_1}{M}\exp\left(A_d + B_d\right)\right] \tag{4.8}
$$

式中，A_d 反映本小区有用信号传播对信道容量的影响；B_d 则反映邻区干扰 ICI 和背景噪声对信道容量的影响，它们分别定义为

$$
A_d \triangleq \frac{1}{M}\mathbb{E}\left[\ln \det\left(\boldsymbol{H}_1^{\text{H}} \boldsymbol{H}_1\right)\right]
$$

$$
B_d \triangleq -\frac{L}{M}\sum_{n=1}^{N}\mathbb{E}\left(\ln q_n\right)
$$

第 2 章中我们曾得知，

$$
A_d = \frac{LN}{M}\ln\gamma + \frac{L}{M}\sum_{n=1}^{N}\ln\left(\frac{D}{d_{1,n}}\right)^{\alpha} + \frac{L}{M}\sum_{n=1}^{N}\mathbb{E}\left(\ln s_{1,n}\right) + \frac{1}{M}\mathbb{E}\left[\ln\det\left(\boldsymbol{H}_{\text{w},1}^{\text{H}}\boldsymbol{H}_{\text{w},1}\right)\right]
$$

以上参数 A_d 中的最后一项为

$$
\frac{1}{M}\mathbb{E}\left[\ln\det\left(\boldsymbol{H}_{\text{w},1}^{\text{H}}\boldsymbol{H}_{\text{w},1}\right)\right] = \frac{1}{M}\sum_{i=0}^{M-1}\psi(M-i)
$$

式中，$\psi(\cdot)$ 为 Euler digamma 函数。

从式 (4.5) 可以看出，q_n 为对数正态分布之和，其本身也为对数正态分布，其均值和方差可由文献 [16] 中的 SY 迭代逼近算法求解，具体计算过程可参见文献 [9] 的第三节，并在此基础上直接计算出参量 B_d。

对于集中式 MIMO，把上述推导过程应用于式 (4.7)，可得到

$$
\mathbb{E}\left[\mathcal{C}_{\text{C-MIMO}}(\boldsymbol{d})\right] \geqslant M \log_2\left[1 + \frac{p_1}{M}\exp\left(A_c + B_c\right)\right] \tag{4.9}
$$

式中，

$$
A_c \triangleq \frac{LN}{M}\ln\gamma + \frac{LN}{M}\ln\left(\frac{D}{d_{1,1}}\right)^{\alpha} + \frac{LN}{M}\mathbb{E}\left(\ln s_{1,1}\right) + \frac{1}{M}\sum_{i=0}^{M-1}\psi(M-i)
$$

$$B_c \triangleq -\frac{LN}{M}\mathbb{E}(\ln q_1)$$

当仅存在单个小区 (小区-1) 时, ICI 为零, 这时 $q_n = \sigma^2, \forall n$, 由此可分别得到分布式 MIMO 和集中式 MIMO 的平均信道容量近似值。

至此, 我们已得到多小区环境下, 与用户位置有关的平均信道容量近似求解方法。以此为基础, 我们可以得到 4.1 节提出的小区边沿效应三种度量的解析计算方法, 分别概述如下:

1. $\mathcal{C}_{\text{worst}}$ 解析计算

$\mathcal{C}_{\text{worst}}$ 与具体的蜂窝小区结构密切相关。当蜂窝小区采用图 4.1 所示的等六边形栅格结构时, $\mathcal{C}_{\text{worst}}$ 发生在小区-1 中的 6 个顶角 [4], 这时目标用户的路径损耗最大。

$\mathcal{C}_{\text{worst}}$ 的解析计算过程如下: 将用户 1 固定于小区-1 的六边形顶角, 随机选择邻区干扰用户的位置, 计算每个用户与小区-1 中 N 个 RAU 的距离因子 $d_{i,k}$, 并计算上述参数 A_d、B_d、A_c 和 B_c, 最终可获得式 (4.8) 和式 (4.9) 的数值解。

2. $\bar{\mathcal{C}}_{\text{circle}}$ 解析计算

根据 $\mathcal{C}_{\text{circle}}$ 的定义, 需要将式 (4.8) 或式 (4.9) 在小区-1 的内切圆上进行积分。因涉及路径损耗 $(D/d_{i,n})^\alpha$ 的复杂计算, 得到其显式解较为困难。将 Jensen 不等式运用于式 (4.8) 和式 (4.9), 文献 [4] 在单个小区 (无 ICI) 的条件下, 得到了 $\bar{\mathcal{C}}_{\text{circle}}$ 的一个下界。

此处建议采用以下数值求解方法计算 $\bar{\mathcal{C}}_{\text{circle}}$ 值: 选择小区-1 内切圆上某一点作为用户 1 的位置, 然后随机确定邻区干扰用户位置, 求取距离因子 $d_{i,k}$, 并计算参数 A_d、B_d、A_c 和 B_c, 获取式 (4.8) 和式 (4.9) 的数值解; 以等间隔遍历小区-1 内切圆上的点, 并对上述计算结果进行平均, 从而获得 $\bar{\mathcal{C}}_{\text{circle}}$ 的解析值。

3. 中断容量区域相对面积解析计算

4.1 节给出的有关中断容量区域相对面积的定义, 可由下式描述

$$\vartheta(y) \triangleq S\left[\bar{\mathcal{C}}(\boldsymbol{d}) < R\right]/S_{\text{cell}}$$

式中, R 为容量门限值; $S\left[\bar{\mathcal{C}}(\boldsymbol{d}) < R\right]$ 为平均信道容量小于 R 的用户位置 $\boldsymbol{d}$ 的集合; S_{cell} 为小区覆盖总面积。

为得到针对分布式 MIMO 的 $S\left[\bar{C}\left(\boldsymbol{d}\right)<R\right]$ 解析值, 运用式 (4.8) 可知

$$\sum_{n=1}^{N}\ln\left(\frac{D}{d_{1,n}}\right)^{\alpha}>\frac{M}{L}\ln\left[\frac{M}{p_1}\left(2^{R/M}-1\right)\right]+\sum_{n=1}^{N}\mathbb{E}\left(\ln q_n\right)-N\ln\gamma-\sum_{n=1}^{N}\mathbb{E}\left(\ln s_{1,n}\right)$$
$$-\frac{1}{L}\sum_{i=0}^{M-1}\psi\left(M-i\right)$$

(4.10)

对于任意给定的用户 1 位置 $\boldsymbol{d}$, 从上式可以计算出, 该位置 $\boldsymbol{d}$ 是否处于中断容量 $\bar{C}_{\text{D-MIMO}}\left(\boldsymbol{d}\right)<R$ 的区域。类似地, 为得到集中式 MIMO 的 $S\left[\bar{C}_{\text{C-MIMO}}\left(\boldsymbol{d}\right)<R\right]$ 解析值, 运用式 (4.9) 可知

$$\ln\left(\frac{D}{d_{1,1}}\right)^{\alpha}>\frac{M}{LN}\ln\left[\frac{M}{p_1}\left(2^{R/M}-1\right)\right]+\mathbb{E}\left(\ln q_1\right)-\ln\gamma-\mathbb{E}\left(\ln s_{1,1}\right)$$
$$-\frac{1}{LN}\sum_{i=0}^{M-1}\psi\left(M-i\right)$$

(4.11)

对于任意给定的用户 1 位置 $\boldsymbol{d}$, 由式 (4.11) 即可确定其中断容量是否满足 $\bar{C}_{\text{C-MIMO}}\left(\boldsymbol{d}\right)<R$。

以式 (4.10) 和式 (4.11) 为基础, 可根据以下数值求解方法计算 $\vartheta\left(R\right)$ 值: 对于事先给定的中断容量门限值 R, 以均匀随机的方式选择小区-1 内用户 1 的位置, 并以均匀随机的方式确定邻区干扰用户的位置, 求取距离因子 $d_{i,k}$, 并计算参数 A_d、B_d、A_c 和 B_c, 最终根据式 (4.10) 或式 (4.11) 的数值解结果, 判定该用户位置是否处于中断容量区域。重复上述过程, 计算出不同用户位置处于中断容量区域的比例, 最终获得中断容量区域相对面积的近似值 $\vartheta\left(R\right)$。

以下给出典型场景下多天线系统的小区边沿效应分析的数值结果。类似于第 2 章 2.4 节, 分布式 MIMO 的系统配置被设定为 $(M=2, L=2, N=5)$, 其包含的 RAU 分布在以 $(3-\sqrt{3})D/2$ 为半径的圆周上。对于集中式 MIMO, 其对应的系统配置为 $(M=2, L=10, N=1)$, 覆盖面积与分布式 MIMO 相同。在以下讨论中, 均设定路径衰落因子 $\alpha=4$, 阴影衰落因子的标准差 $\sigma_s=8\text{dB}$。

首先考察单小区 (或无 ICI 的多小区) 分布式 MIMO 和集中式 MIMO 的小区边沿效应。设归一化信噪比为 $\bar{\gamma}\triangleq p_1\gamma/\sigma_\varepsilon^2=0\text{dB}$, 运用式 (4.8) 和式 (4.9), 可得到图 4.3 所示的分布式 MIMO 和集中式 MIMO 信道平均容量的等高线 (contour map)。与预期一致, 集中式 MIMO 平均信道容量的等高线为一系列同心圆, 而分布式 MIMO 的等高线为非规则曲线。在小区-1 的中心区域, 集中式 MIMO 信道平

均容量大于分布式 MIMO，但随着移动用户逐渐远离中心区域，集中式 MIMO 信道平均容量迅速下降；相比较而言，分布式 MIMO 的信道容量变化相对较小，在覆盖范围内相对均匀。这再次验证第 2 章的结论：对于不同的用户位置，分布式 MIMO 的信道容量的方差明显小于集中式 MIMO。

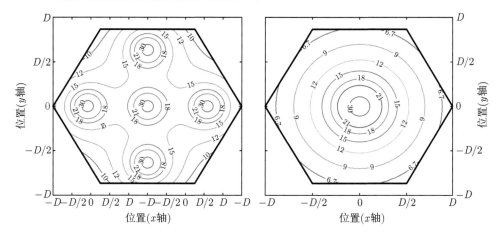

图 4.3　单小区分布式 MIMO 及集中式 MIMO 信道平均容量的等高线

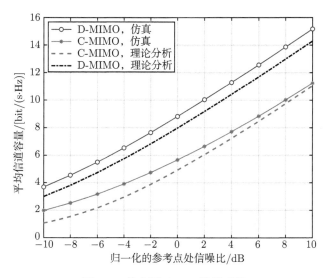

图 4.4　单小区 C_{worst} 性能对比

图 4.4 和图 4.5 分别给出单小区分布式 MIMO 与集中式 MIMO 的 C_{worst} 和 $\bar{C}_{\text{circle}}$ 数值解析及计算机仿真结果。图中的横坐标为归一化信噪比 $\bar{\gamma}$，纵坐标为平

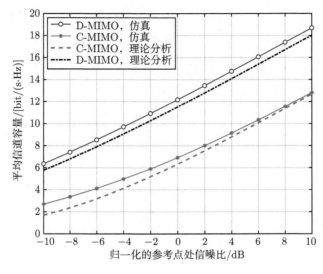

图 4.5 单小区 $\bar{C}_{\text{circle}}$ 性能对比

均信道容量。可以看到，运用 SY 迭代算法，C_{worst} 和 $\bar{C}_{\text{circle}}$ 的数值解析结果均能较好地逼近相应的计算机仿真结果。分布式 MIMO 的 C_{worst} 值要优于集中式 MIMO 的对应值 4 dB 左右，而分布式 MIMO 的 $\bar{C}_{\text{circle}}$ 值要优于集中式 MIMO 的对应值 5dB 左右。

图 4.6(a) 给出单小区分布式 MIMO 与集中式 MIMO 的中断容量区域相对面

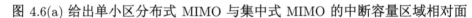
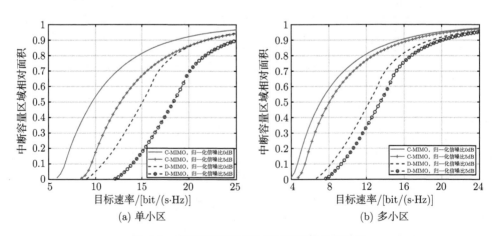

图 4.6 中断容量区域相对面积数值分析结果

积 $\vartheta(R)$ 的数值分析结果。图 4.6 中归一化信噪比 $\bar{\gamma}$ 分别设定为 0dB 和 5dB。可以看到，分布式 MIMO 的中断容量性能要显著优于集中式 MIMO。举例来说，当 $\bar{\gamma}$ 为 0dB 时，分布式 MIMO 在 99% 的覆盖区域能够获得 9bit/(s·Hz) 的信道容量，而集中式 MIMO 仅在 56% 的覆盖区域能够获得相同的信道容量。

其次，考察多小区分布式 MIMO 和集中式 MIMO 的小区边沿效应。为简单起见，以下仅考虑图 4.1(a) 中的 6 个距离最近的干扰小区对小区-1 影响，并设定所有用户的归一化信噪比为 $\bar{\gamma}=0$dB。再次运用式 (4.8) 和式 (4.9)，可得到图 4.7 所示的分布式 MIMO 及集中式 MIMO 信道平均容量的等高线。对比图 4.7 与图 4.3 可以发现，由于引入了多小区干扰 ICI，分布式 MIMO 和集中式 MIMO 在小区边沿附近的平均信道容量均明显下降，但分布式 MIMO 的平均信道容量相对于集中式 MIMO 仍然能够提供 6bit/(s·Hz) 左右的容量增益。从而验证了在多小区环境下，分布式 MIMO 的小区边沿效应要明显优于集中式 MIMO 的结论。

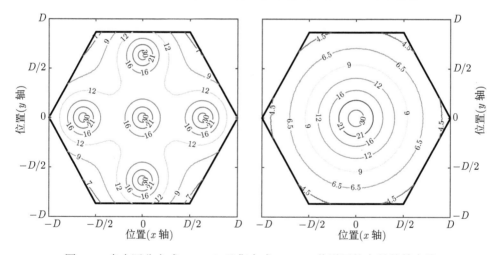

图 4.7　多小区分布式 MIMO 及集中式 MIMO 信道平均容量的等高线

图 4.6(b)、图 4.8 和图 4.9 分别给出多小区分布式 MIMO 与集中式 MIMO 的 $\vartheta(R)$、$\mathcal{C}_{\mathrm{worst}}$ 和 $\bar{\mathcal{C}}_{\mathrm{circle}}$ 的数值解析及计算机仿真结果。除引入多小区干扰 ICI 之外，其他系统参数的配置与上述单小区情形相同。这里可以再次观察到，分布式 MIMO 的小区边沿效应要明显优于集中式 MIMO。此外应注意到，此处的理论分析结果与计算机仿真结果出现了 1~3bit/(s·Hz) 的偏差，我们猜测这主要是由于 ICI 的高斯分布假设尚不够充分而致。

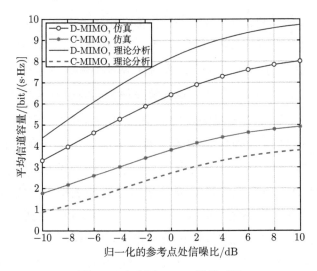

图 4.8　多小区 C_{worst} 性能对比

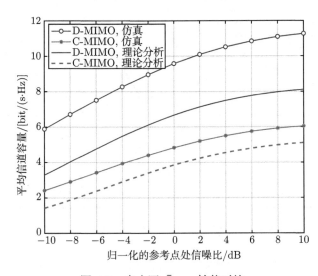

图 4.9　多小区 $\bar{C}_{\text{circle}}$ 性能对比

4.3　基于分布式 MIMO 的无蜂窝系统小区边沿效应消除

在 4.2 节中, 分布式 MIMO 被用于取代经典蜂窝系统中原有的基站系统, 理论分析和仿真结果均证实分布式 MIMO 可显著降低传统蜂窝系统的小区边沿效应。在本节中, 分布式 MIMO 将被用于无蜂窝无线覆盖组网, 从而构成无蜂窝系统小区移动通信系统,并与基于传统蜂窝构架的 small cell 网络 (SCN) 进行性能对比。以下将会看到,基于分布式 MIMO 的无蜂窝系统可以较为完美地消除蜂窝系统所固有的小区边沿效应。

为了清楚地对比,图 4.10 和图 4.11 分别给出基于传统蜂窝构架的 SCN 系统,以及基于分布式 MIMO 的无蜂窝移动通信系统配置方式。需要再次注意的是,两者的差别在于分布式 MIMO 需要引入无线节点 (RAU) 之间的联合信号处理,而 SCN 的每个无线节点 (基站) 则无需进行联合信号处理。换句话说,在图 4.10 中,分布式 MIMO 被用于替代传统蜂窝系统中的单个基站,而在图 4.11 中,分布式 MIMO 被用于替代传统蜂窝系统的整个 SCN。

为公平对比,以下假设所有的 MT、RAU 或 SCN 基站均配置单个天线,每次产生的多个用户的位置对两种系统来说也相同。图 4.10 和 4.11 所示的中心圆盘区域所对应的 $\mathcal{C}_{\text{worst}}$、$\bar{\mathcal{C}}_{\text{circle}}$ 和 $\vartheta(R)$ 将被作为重点考察的目标。以上行链路为研究对象,假设无蜂窝分布式 MIMO 采用 MMSE 多用户检测接收机。对于 SCN,每个基站采用单用户处理。需要注意的是,如第 3 章所介绍的,当用户数远小于无蜂窝分布式 MIMO 总天线数时,采用较为简单的 MRC/MRT 仍可以获得较好的干扰抑制能力,达到"信道硬化"的效果。

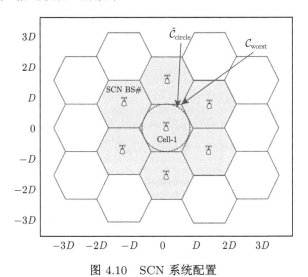

图 4.10 SCN 系统配置

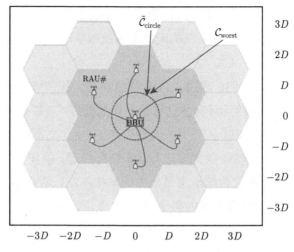

图 4.11　无蜂窝分布式 MIMO 系统配置

对于 SCN，可采用 4.1 节给出的式 (4.1)，描述与用户位置有关的信道容量计算方法。对于无蜂窝分布式 MIMO 系统的小区边界用户，其频谱效率可以表示为

$$\mathcal{C}_i = \log_2 \left[1 + \boldsymbol{h}_i^{\mathrm{H}} \left(\boldsymbol{H}_{-i} \boldsymbol{H}_{-i}^{\mathrm{H}} + \boldsymbol{I} \right) \boldsymbol{h}_i \right]$$

以下将研究对比 SCN 和无蜂窝 D-MIMO 系统中与位置有关的目标用户平均信道容量。为得到图 4.10 和图 4.11 的中心圆盘区域所对应的 $\mathcal{C}_{\mathrm{worst}}$、$\bar{\mathcal{C}}_{\mathrm{circle}}$ 和 $\vartheta(R)$ 的结果，设定阴影衰落因子方差 $\sigma_s = 8$dB。对于 SCN，仅考虑图 4.10 中的 6 个距离最近的干扰小区对小区-1 的影响。

图 4.12 给出 SCN 和无蜂窝分布式 MIMO 系统的 $\mathcal{C}_{\mathrm{worst}}$ 和 $\bar{\mathcal{C}}_{\mathrm{circle}}$ 仿真性能对比。为此，取无蜂窝分布式 MIMO 系统的 $\mathcal{C}_{\mathrm{worst}}$ 与 SCN 的 $\mathcal{C}_{\mathrm{worst}}$ 的比值作为考察对象。从图 4.12 可以看到，分布式 MIMO 的 $\mathcal{C}_{\mathrm{worst}}$ 和 $\bar{\mathcal{C}}_{\mathrm{circle}}$ 性能均显著优于 SCN，且优势随着信噪比的增加而增加。例如，当路径损耗因子为 2，且信噪比为 10 dB 时，分布式 MIMO 的 $\mathcal{C}_{\mathrm{worst}}$ 是 SCN 对应值的 7.2 倍，而 $\bar{\mathcal{C}}_{\mathrm{circle}}$ 则是 SCN 对应值的 6 倍。此外还可以看到，随着路径损耗因子变小，分布式 MIMO 的性能增益相对变大。这是因为 SCN 的小区边界是干扰受限的，当路径损耗因子变小时，其干扰变大；而对于分布式 MIMO，当路径损耗因子变小时，其协作所获得的增益变大。

图 4.13 展示了两种系统的 $\vartheta(R)$ 的性能对比，其中路径损耗因子为 3。这里可以观察到，随着信噪比的增加，SCN 的性能改善较小，而分布式 MIMO 的性能

改善明显。从图 4.13 同样可以观察到，无蜂窝分布式 MIMO 的性能仍然显著优于 SCN。

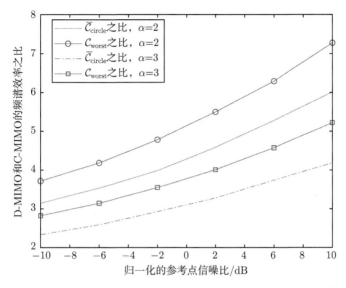

图 4.12 两种系统的 $\mathcal{C}_{\mathrm{worst}}(\bar{\mathcal{C}}_{\mathrm{circle}})$ 之比

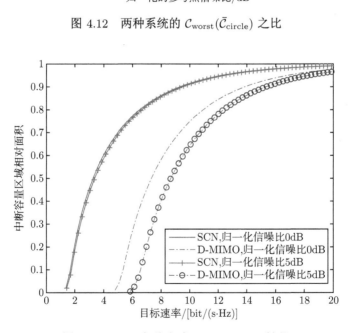

图 4.13 SCN 与分布式 MIMO $\vartheta(R)$ 性能

从上述 $\mathcal{C}_{\mathrm{worst}}$、$\bar{\mathcal{C}}_{\mathrm{circle}}$ 和 $\vartheta(R)$ 的对比结果可以得到如下结论：SCN 存在较为严重的小区边沿效应，而基于分布式 MIMO 的无蜂窝移动通信系统基本消除了传统蜂窝通信系统所具有的小区边沿效应。

4.4　本章小结

小区边沿效应是传统蜂窝移动通信系统所固有的特性，它的存在极大地限制了移动通信系统的用户体验。鉴于前期的研究缺乏相应的客观衡量标准，为此引入了 3 种典型的小区边沿效应性能度量，并给出了典型场景下其性能度量的理论解析。本章的结果表明，在传统蜂窝移动通信构架中引入分布式 MIMO，可以显著改善系统覆盖的均匀性，提升移动用户的服务质量。进一步，基于分布式 MIMO 构建无蜂窝移动通信系统，可以较好地消除传统蜂窝通信系统所固有的小区边沿效应，满足对服务质量 (quality of service，QoS) 要求较高的 AR/VR、4K/8K 视频及 V2X 等新兴移动业务需求，拓展移动通信系统的应用空间。

参考文献

[1] Wang J H, Wei G, Huang Y M, et al. Distributed optimization of hierarchical small cell networks: A GNEP framework. IEEE Journal on Selected Areas in Communications, 2017, 35(2): 249-264.

[2] You X H, Zhang C, Tan X S, et al. AI for 5G: research directions and paradigms, Science China Information Sciences, 2019, 62: 21301.

[3] Mahmud A, Hamdi K. A unified framework for the analysis of fractional frequency reuse techniques. IEEE Transactions on Communications, 2014, 62(10): 3692-3705.

[4] Novlan T, Ganti R, Ghosh A, et al. Analytical evaluation of fractional frequency reuse for heterogeneous cellular networks. IEEE Transactions on Communications, 2012, 60(7): 2029-2039.

[5] Heath R, Kountouris M, Bai T. Modeling heterogeneous network interference using Poisson point processes. IEEE Transactions on Signal Processing, 2013, 61(16): 4114-4126.

[6] Wang H, Wang J, Ding Z. Distributed power control in a two-tier heterogeneous network. IEEE Transactions on Wireless Communications, 2015, 14(12): 6509-6523.

[7] Madan R, Borran J, Sampath A, et al. Cell association and interference coordination in heterogeneous LTE-A cellular networks. IEEE Journal on Selected Areas in Commu-

nications, 2010, 28(9): 1479-1489.

[8]　Sambo Y A, Shakir M Z, Qaraqe K A, et al. Expanding cellular coverage via cell-edge deployment in heterogeneous networks: spectral efficiency and backhaul power consumption perspectives. IEEE Communications Magazine, 2014, 52(6): 140-149.

[9]　You X H, Wang D M, Zhu P C, et al. Cell edge performance of cellular mobile systems. IEEE Journal on Selected Areas in Communications, 2011, 29(6): 1139-1150.

[10]　Shariatmadari H, Ratasuk R, Iraji S, et al. Machine-type communications: current status and future perspectives toward 5G systems. IEEE Communications Magazine, 2015, 53(9): 10-17.

[11]　Chen C S, Zhao X S. Cell boundary user performance in multi-user MIMO poisson voronoi cell. IEEE Communications Letters, 2018, 22(4): 772-775.

[12]　Mankar P D, Das G, Pathak S S. Load-aware performance analysis of cell center/edge users in random HetNets. IEEE Transactions on Vehicular Technology, 2018, 67(3): 2476-2490.

[13]　Wyner A D. Shannon-theoretic approach to a Gaussian cellular multiple access channel. IEEE Transactions on Information Theory, 1994, 40(6): 1713-1727.

[14]　Cover T M, Thomas J A. Elements of Information Theory. 2nd ed. New York: John Willey & Sons, 1991.

[15]　Matthaiou M, Chatzidiamantis N D, Karagiannidis G K. A new lower bound on the ergodic capacity of distributed MIMO systems. IEEE Signal Processing Letters, 2011, 18(4): 227-230.

[16]　Schwartz S, Yeh Y. On the distribution function and moments of power sums with lognormal components. Bell System Technical Journal, 1982, 61(7): 1441-1462.

第 5 章　分布式MIMO发射功率分配与能量效率优化

　　分布式 MIMO 发射功率分配和能量效率优化是系统性能优化的重要组成部分，其中发射功率分配优化将主要围绕无线网络的容量提升进行，而能量效率优化则涉及发射功率和处理电路功耗的整体性优化问题，通常需要在系统频谱效率 (或容量) 与能量效率之间进行折中处理。

　　分布式 MIMO 系统的发射功率分配和能量效率优化涉及的应用场景比较复杂，包括单用户 MIMO、多用户 MIMO(MU-MIMO)、单小区正交多用户 MIMO 以及多小区多用户 (小区内正交)MIMO 等多种形式，本章将分别予以论述。

　　本章首先讨论了分布式 MIMO 的发射功率分配问题。将从以下两个方面分别进行: (1) 当网络拓扑结构固定时，如何调整各个 RAU 的发射功率，使得系统容量最大化; (2) 当网络拓扑结构可变时，如何调整各个 RAU 的发射功率，使得系统容量最大化; 或系统总容量为固定值时，如何调整网络结构以降低总发射功率。对于无蜂窝 (cell-free) 应用场景 (即多用户分布式 MIMO, MU D-MIMO)，运用大数定理可以得到网络密集度与系统总容量或总发射功率之间的标度律 (scaling law)，从而揭示未来大幅度提升容量频谱和功率利用率的重要技术途径。

　　本章还讨论了分布式 MIMO 的系统容量与能量效率的折中优化问题。分布式 MIMO 的系统容量与能量效率无法同时达到最大化，需要引入多目标优化理论及 Pareto 最优解，从而兼顾系统容量与能量效率的优化。为简化优化流程，将多目标线性约束优化问题转化为加权线性约束优化问题，得到了一种简洁易行的能量效率优化计算流程和一般性最优发射功率优化方法。该方法可以保证系统能量效率的全局最优性，且分布式 MIMO 的系统容量优化问题仅为其特例。本章还考察了实际电路功率消耗和用户服务公平性对分布式无线网络能量效率所产生的影响，得到系统性的频谱效率和能量效率的折中方法。

5.1 分布式 MIMO 的功率分配

5.1.1 网络拓扑结构固定

1. 发射端确知 CSI 时的最优功率分配

在前述章节中，基本上均假设发射端是等功率分配的。这样可方便地得到简洁的表达式，且对于单用户上行链路，其终端侧的多天线处于相同的地理位置，采用等功率分配本身就是一个较为合理的选择。

本小节针对下行链路，讨论发射端确知 CSI 时的 RAU 最优功率分配问题。此处假设分布式 MIMO 在发射端已确知 CSI，且在观察区间内保持恒定。为此，回顾第 1 章 1.3 节中给出的如下一般意义上[*]的分布式 MIMO 容量表达式：

$$\mathcal{C} = \sum_{k=1}^{n} \log_2 \left(1 + p_k |\lambda_k|^2 / \sigma^2 \right) \tag{5.1}$$

式中，$n = \min\{n_{\mathrm{T}}, n_{\mathrm{R}}\}$，最优功率分配的目标是使得上式最大化，且满足以下条件

$$\sum_{k=1}^{n} p_k = P, \ p_k \geqslant 0, \ k = 1, \cdots, n \tag{5.2}$$

为此，引入以下拉格朗日乘子法

$$\max_{p_k} \left\{ \sum_{k=1}^{n} \log_2 \left(1 + \frac{p_k |\lambda_k|^2}{\sigma^2} \right) + \varpi \left(P - \sum_{k=1}^{n} p_k \right) \right\}$$

式中，ϖ 为拉格朗日乘子。对上式求导后，可以得到关于式 (5.1) 和式 (5.2) 的最优解：

$$p_k = \left[\mu - \frac{\sigma^2}{|\lambda_k|^2} \right]^+, \quad k = 1, \cdots, n \tag{5.3}$$

式中，$\lceil a \rceil^+ = \max\{a, 0\}$；$\mu = 1/(\varpi \ln 2)$，常被称为注水平面，且满足以下条件

$$\sum_{k=1}^{n} \left[\mu - \frac{\sigma^2}{|\lambda_k|^2} \right]^+ = P \tag{5.4}$$

---

[*] 这里对单用户 MIMO 和多用户 MIMO 不加区分，两者的区别在于信道 CSI 的大尺度衰落不同，均用 $\boldsymbol{H}$ 表达，λ_k 为其奇异值。

以上方法被称作为功率分配的注水算法 [1]。将式 (5.3) 代入式 (5.1)，可以得到最大可获取容量如下：

$$\mathcal{C}_{\max} = \sum_{k=1}^{n} \log_2 \left(\mu \left| \lambda_k \right|^2 / \sigma^2 \right) \tag{5.5}$$

文献 [2] 给出一种求解参数 μ 的迭代方法。运用此方法，可最终获得完整的最优功率分配算法。

2. 大尺度衰落已知时的最优功率分配

文献 [3] 研究了分布式 MIMO 在大尺度衰落已知时的最优功率分配策略。由于大尺度衰落的估计更容易获得，因而这种方法更加具有工程实践意义。以下基于第 2 章给出的分析方法，导出大尺度衰落已知时的分布式 MIMO 最优功率分配方法。

设分布式 MIMO 的系统配置为 (M, L, N)，重新给出分布式 MIMO 下行链路的信道容量模型如下*：

$$\mathcal{C} = \log_2 \det \left(\boldsymbol{I}_M + \frac{1}{\sigma^2} \boldsymbol{H}_{\mathrm{w}}^{\mathrm{H}} \boldsymbol{D}_d^{\mathrm{S}} \boldsymbol{\Sigma}_x \boldsymbol{D}_d^{\mathrm{S}} \boldsymbol{H}_{\mathrm{w}} \right) = \log_2 \det \left(\boldsymbol{I}_{NL} + \frac{1}{\sigma^2} \bar{\boldsymbol{\Sigma}}_x \boldsymbol{H}_{\mathrm{w}} \boldsymbol{H}_{\mathrm{w}}^{\mathrm{H}} \right) \tag{5.6}$$

式中，第二个等式运用了矩阵的运算特性，$\det \left(\boldsymbol{I} + \boldsymbol{AB} \right) = \det \left(\boldsymbol{I} + \boldsymbol{BA} \right)$；$\boldsymbol{H}_{\mathrm{w}}$ 和 $\boldsymbol{D}_d^{\mathrm{S}}$ 分别为下行链路的快衰落和大尺度衰落因子矩阵，由第 2 章中的式 (2.12) 给出；$\boldsymbol{\Sigma}_x \triangleq \mathrm{diag}\left[p_1, \cdots, p_N \right]$ 为发射信号功率对角矩阵，并定义为 $\bar{\boldsymbol{\Sigma}}_x \triangleq \boldsymbol{D}_d^{\mathrm{S}} \boldsymbol{\Sigma}_x \boldsymbol{D}_{\mathrm{S}}$。

对式 (5.6) 中的小尺度衰落求期望，再运用 Jensen 不等式，并注意到半正定矩阵的性质 $\det \left(\boldsymbol{A} \right) \leqslant \mathrm{Tr} \left(\boldsymbol{A} \right)$，可以得知

$$\mathbb{E} \left(\mathcal{C} \right) \leqslant \sum_{k=1}^{N} \log_2 \left[1 + \frac{\gamma s_k M L \sigma_{\mathrm{w}}^2}{\sigma^2} p_k \left(\frac{d_0}{d_k} \right)^{\alpha} \right] \tag{5.7}$$

式中涉及的各个参数均与第 2 章定义相同，此处不再赘述。对比式 (5.1) 和式 (5.7)，再次运用功率分配的注水算法，可以得到大尺度衰落已知时的分布式 MIMO 最优功率分配方法如下：

$$p_k = \left[\mu - \frac{\sigma^2}{\gamma s_k M L \sigma_{\mathrm{w}}^2} \left(\frac{d_k}{d_0} \right)^{\alpha} \right]^+, \quad k = 1, \cdots, n \tag{5.8}$$

---

* 这里隐含地假设分布式 MIMO 为单用户配置，即分布式 SU-MIMO。这等效于小区覆盖范围内，各个用户间相互正交，且下行 RAU 功率分配针对每个 MT 单独进行。正交多用户场景下的下行功率联合分配与优化将在 5.2 节中给出。

式中, 注水平面 μ 满足 $\sum_{k=1}^{n} p_k = P$。这时, 最大可获取的平均信道容量为

$$\mathbb{E}_{\max}(\mathcal{C}) = \sum_{k=1}^{n} \log_2 \left[\mu \frac{\gamma s_k M L \sigma_{\mathrm{w}}^2}{\sigma^2} \left(\frac{d_0}{d_k} \right)^{\alpha} \right] \tag{5.9}$$

以上分析适合于单用户分布式 MIMO 的最优功率分配。在 5.2 节中, 我们将进一步提出适合于正交多用户分布式 MIMO 系统的最优功率分配方法, 并将其推广至具有 QoS 比例公平性的多用户最优功率分配情形。

5.1.2　网络拓扑结构可变

本小节考虑网络拓扑结构可变时的发射功率优化问题。调整网络拓扑结构, 尽可能节省总的发射功率, 实现节能环保, 并降低无线节点的功率放大器成本, 这本身就具备重要的工程实践价值[4, 5]。

将在 RAU 节点数和 MT 数充分多, 且较为均匀地分布在网络覆盖区域的条件下, 考察总发射功率对总容量的影响。在这种情况下, 无线网络节点至各个 MT 的距离被作为一个随机变量对待, 各节点采用等功率发射不失为一种合理的选择[6]。

2.5 节在分析区域容量时, 由大数定理给出无蜂窝构架下的无线网络总容量 (和速率) 分析结果。此处, 其结果被重新表达为以下形式[*]：

$$\mathcal{C}_{\mathrm{sum}} \approx K \cdot \log_2 \left(1 + \frac{P \sigma_h^2}{\sigma^2} \right) \tag{5.10}$$

式中, $\mathcal{C}_{\mathrm{sum}}$ 为总容量; K 为所有 MT 的天线数总和, 且 RAU 侧的天线数总和 $N \gg K$。有趣的是, 上述结果与文献 [7](定理 1) 早期给出的研究结果是一致的。另一方面, 注意到 σ_h 为网络覆盖范围内信道平均增益, 因而 σ_h^2/σ^2 为归一化信噪比, 因而可将其定义为 $\overline{\mathrm{SNR}} = \sigma_h^2/\sigma^2$。

式 (5.10) 表明, 在 RAU 侧的天线总数足够多, 发射总功率为固定值时, 无线网络总容量随 MT 侧的天线总数线性增加, 而无需增加发射总功率。换句话说, 整个无线网络的功率利用率随天线数增多而线性增加。这与文献 [8] 的分析结果相一致。

---

[*] 这里沿用第 2 章的假设, RAU 和 MT 均配置单根天线。在 RAU 和 MT 配置任意天线数时, 可以采用相同的分析方法, 并得到类似的结果。

若无线网络总容量 C_{sum} 取固定值，我们进一步考察天线数增加对发射总功率的影响。这时，式 (5.10) 可以表示成为

$$P = \frac{2^{\frac{C_{\text{sum}}}{K}} - 1}{\overline{\text{SNR}}} \tag{5.11}$$

式 (5.11) 表明，在无线网络总容量 C_{sum} 为固定值时，增加无线网络天线总数，可以以指数形式降低总发射功率。另一方面，注意到归一化信噪比 $\overline{\text{SNR}}$ 在网络覆盖范围内由无线信道的平均增益所决定，且网络布设越密集，该增益越大 (视电波衰减指数 α 而定)，所需要的总发射功率也就越小。

至此，我们结合无蜂窝系统架构，并从总体统计平均的意义上，阐明了总发射功率与无线网络、MT 天线数之间的关系。

5.2　正交多用户分布式 MIMO 最优功率分配

本节将分析正交多用户分布式 MIMO 的发射功率分配及系统能量效率优化方法。将在以下假设条件下进行分析：① 分布式 MIMO 系统中包括多个相互正交的用户；在 MIMO-OFDM 系统中，这意味着不同的 MT 采用相互正交的时频资源块 [9]；② 每个 RAU 所发射的多用户总功率是受限的，即其总功率值小于某个固定的门限值；③ 考虑不同 MT 传输速率的比例公平性，以使得 MT 能够获得指定的用户体验。

5.2.1　发射端 CSI 确知时的最优功率分配

设分布式 MIMO 系统共包含 K 个 RAU 和 M 个 MT。为简化推导过程，进一步假设所有的 RAU 和 MT 均配置单根天线。因 MT 之间相互正交，参考第 2 章给出的分布式 MIMO 定义，可得下行链路第 m 个用户的信道容量为

$$\mathcal{C}_m = \log_2 \det \left(\boldsymbol{I} + \frac{1}{\sigma^2} \boldsymbol{H}_m^{\text{H}} \boldsymbol{\Sigma}_m \boldsymbol{H}_m \right)$$

式中，$\boldsymbol{H}_m$ 为分布式 MIMO 所有 K 个 RAU 至第 m 个 MT 之间的信道状态信息 CSI；$\boldsymbol{\Sigma}_m \triangleq \text{diag}\,[p_{1,m}, \cdots, p_{K,m}]$；且 $p_{k,m}$ 为第 k 个 RAU 向第 m 个 MT 所发射

功率值。在 RAU 和 MT 均配置单根天线的条件下, 上式可进一步写成为

$$
\mathcal{C}_m = \log_2 \left(1 + \frac{\sum\limits_{k=1}^{K} p_{k,m} \left| h_{k,m} \right|^2}{\sigma^2} \right)
$$

式中, $h_{k,m}$ 为第 k 个 RAU 至第 m 个 MT 之间的 CSI。若第 m 个 MT 的误码率 (BER) 要求为 P_{BER}, 则上式可修正为 [10]

$$
\mathcal{C}_m = \log_2 \left(1 + \beta \frac{v_m}{\sigma^2} \right) \tag{5.12}
$$

式中, $\beta = -1.5/\ln\left(5 P_{\mathrm{BER}}\right)$; 并定义 v_m 为第 m 个 MT 接收到的信号能量, 满足

$$
v_m \triangleq \sum_{k=1}^{K} p_{k,m} \left| h_{k,m} \right|^2 \tag{5.13}
$$

进一步定义分布式 MIMO 系统的总信道容量为 $\mathcal{C}_{\mathrm{tot}} = \sum\limits_{m=1}^{M} \mathcal{C}_m$, 则满足用户传输速率比例公平性的 RAU 发射功率最优分配方法可描述为 [11]

$$
\max_{p_{k,m}} \mathcal{C}_{\mathrm{tot}} = \max_{p_{k,m}} \sum_{m=1}^{M} \log_2 \left(1 + \beta \frac{v_m}{\sigma^2} \right) \tag{5.14}
$$

s.t.

$$
p_{k,m} \in [0, p_k^{\max}], \quad \forall k \tag{5.14a}
$$

$$
\sum_{m=1}^{M} p_{k,m} \leqslant p_k^{\max}, \quad \forall k \tag{5.14b}
$$

$$
\mathcal{C}_i : \mathcal{C}_j = \phi_i : \phi_j, \quad \forall i, \forall j, i \neq j \tag{5.14c}
$$

式中, $p_k^{\max}$ 为第 k 个 RAU 总的最大发射功率; ϕ_i 为事先选定的比例公平因子, 以使得不同的 MT 均能得到预定的服务质量。

在 5.3 节中, 将给出一个通用形式的优化求解方法, 式 (5.14) 的优化求解只是其一个特例。

5.2.2 发射端已知大尺度信道衰落时的最优功率分配

式 (5.14) 给出的正交多用户分布式 MIMO 最优功率分配方法, 需要在发射端确知 CSI。实际应用中, RAU 的最优功率分配更多地是为了对抗信道的大尺度衰落 [12], 为此推导出以下基于大尺度衰落的最优功率分配方法。

对式 (5.12) 求期望，并运用 Jensen 不等式 [13, 14]，可知

$$\mathbb{E}\left(\mathcal{C}_m\right) \leqslant \log_2\left[1 + \beta\frac{\mathbb{E}\left(v_m\right)}{\sigma^2}\right] \tag{5.15}$$

再注意到

$$h_{k,m} = \sqrt{\gamma s_{k,m}\left(\frac{d_0}{d_{k,m}}\right)^\alpha}\, h_{k,m}^{\mathrm{w}}$$

式中，$d_{k,m}$ 和 $h_{k,m}^{\mathrm{w}}$ 分别为第 k 个 RAU 至第 m 个 MT 的距离和小尺度衰落。由此进一步得到

$$\mathbb{E}\left(v_m\right) = \sum_{k=1}^{K} p_{k,m} \cdot \gamma s_{k,m}\left(\frac{d_0}{d_{k,m}}\right)^\alpha \cdot \sigma_{\mathrm{w}}^2 \tag{5.16}$$

分别用 $\mathbb{E}\left(v_m\right)$ 和 $\mathbb{E}\left(\mathcal{C}_m\right)$ 取代式 (5.14) 中的 v_m 和 $\mathcal{C}_m$，可以得到发射端已知大尺度衰落时的正交多用户分布式 MIMO 最优功率分配描述方法。

同样地，上述大尺度衰落功率分配的具体求解可由 5.3 节给出的通用形式优化方法获得。

5.3　分布式 MIMO 能量效率与频谱效率折中优化

本节沿用 5.2 节给出的单小区正交多用户应用场景，更为一般性的多小区多用户应用场景留待 5.4 节中讨论。

为进一步考察分布式 MIMO 系统总的能量消耗，引入以下分布式 MIMO 能量消耗模型

$$P_{\mathrm{tot}} = P_{\mathrm{PA}} + P_{\mathrm{S}} + \zeta\mathcal{C}_{\mathrm{tot}} \tag{5.17}$$

式中，P_{PA} 为 RAU 的功率放大器所消耗的功率，满足 $P_{\mathrm{PA}} = (1 + \tau)P_{\mathrm{t}}$，$\tau$ 为功率放大器的效率，P_{t} 为 RAU 侧的发射总功率，满足

$$P_{\mathrm{t}} = \sum_{k=1}^{K}\sum_{m=1}^{M} p_{k,m} \tag{5.18}$$

P_{S} 为电路的静态功耗；$\zeta\mathcal{C}_{\mathrm{tot}}$ 为电路的动态功耗，与容量 (传输速率)$\mathcal{C}_{\mathrm{tot}}$ 成正比 [15]，ζ 为动态功耗比例因子。由此可得分布式 MIMO 系统的能量效率为

$$\eta_{\mathrm{EE}}\left(\mathcal{C}_{\mathrm{tot}}\right) = \frac{\mathcal{C}_{\mathrm{tot}}}{P_{\mathrm{tot}}} \tag{5.19}$$

其优化目标是使式 (5.19) 最大化，同时满足式 (5.14a) 和式 (5.14b) 给出的有关 $p_{n,m}$ 约束条件，并满足式 (5.14c) 给出的 QoS 比例公平性条件。

式 (5.19) 给出的能量效率优化目标函数为非凸性质的，难以找到有效的优化方法。文献 [11] 将上述问题转化成为加权优化问题：

$$
\max_{p_{k,m}} \omega_1 \sum_{m=1}^{M} \log_2 \left(1 + \beta \frac{v_m}{\sigma^2} \right) - \omega_2 \left[(1+\tau) \sum_{k=1}^{K} \sum_{m=1}^{M} p_{k,m} + P_S + \zeta \mathcal{C}_{\text{tot}} \right] \tag{5.20}
$$

s.t

$$
p_{k,m} \in [0, p_k^{\max}], \quad \forall k \tag{5.20a}
$$

$$
\sum_{m=1}^{M} p_{k,m} \leqslant p_k^{\max}, \quad \forall k \tag{5.20b}
$$

$$
\mathcal{C}_i : \mathcal{C}_j = \phi_i : \phi_j, \quad \forall i, \forall j, i \neq j \tag{5.20c}
$$

并证明当 $p_{k,m}^{\text{opt}}$ 为式 (5.20) 的最优解时，其本身也为一个满足 $\mathcal{C}_{\text{tot}}$ 最大化和 P_{tot} 最小化的 Pareto 最优解[16]。即在没有使 P_{tot} 增大的前提下，至少使 $\mathcal{C}_{\text{tot}}$ 变得最大。因这一部分的分析与后续结果并无直接的联系，此处略去其证明结果。

式 (5.20) 中 $\omega_1 > 0$，$\omega_2 \geqslant 0$。当 $\omega_2 = 0$ 时，式 (5.20) 退化为 5.2 节所提出的最优功率分配问题。注意到，式 (5.20) 为典型的同时带有等式约束和不等式约束的非线性优化问题，其求解可转化成为对偶拉格朗日乘子法优化问题[17]。为此引入

$$
L(\boldsymbol{p}, \boldsymbol{\lambda}, \boldsymbol{\mu}) = f(\boldsymbol{p}) - \sum_{i=1}^{N} \lambda_i g_i(\boldsymbol{p}) - \sum_{j=2}^{M} \mu_j q_j(\boldsymbol{p}) \tag{5.21}
$$

式中，

$$
f(\boldsymbol{p}) \triangleq \frac{1}{(1-\omega\zeta)} \left\{ \mathcal{C}_{\text{tot}} - \omega \left[(1+\tau) \sum_{k=1}^{K} \sum_{m=1}^{M} p_{k,m} + P_S + \zeta \mathcal{C}_{\text{tot}} \right] \right\}, \quad \omega \triangleq \frac{\omega_2}{\omega_1}
$$

$$
g_i(\boldsymbol{p}) \triangleq \sum_{m=1}^{M} p_{i,m} - p_i^{\max} \leqslant 0
$$

$$
q_j(\boldsymbol{p}) \triangleq \mathcal{C}_1 \phi_j - \mathcal{C}_j \phi_1 = 0, \quad 2 \leqslant j \leqslant M
$$

λ_i 和 μ_j 为拉格朗日乘子。注意到 $\mathcal{C}_{\text{tot}} = \sum\limits_{m=1}^{M} \mathcal{C}_m$，且

$$
\frac{\partial \mathcal{C}_m}{\partial p_{k,m}} = \frac{\beta |h_{k,m}|^2}{\sigma^2 + \beta \sum\limits_{i=1}^{N} p_{i,m} |h_{i,m}|^2}
$$

可知 $m = 1$ 时，有

$$\frac{\partial L\left(\boldsymbol{p}, \boldsymbol{\lambda}, \boldsymbol{\mu}\right)}{\partial p_{k,1}} = \frac{\left(1 - \phi_1 \sum\limits_{j=2}^{M} \mu_j\right) \beta \left|h_{k,1}\right|^2}{\left(\sigma^2 + \beta \sum\limits_{i=1}^{N} p_{i,1} \left|h_{i,1}\right|^2\right) \ln 2} - \frac{\omega\left(1 + \tau\right)}{1 - \omega\zeta} - \lambda_k \tag{5.21a}$$

当 $2 \leqslant m \leqslant M$ 时，有

$$\frac{\partial L\left(\boldsymbol{p}, \boldsymbol{\lambda}, \boldsymbol{\mu}\right)}{\partial p_{k,m}} = \frac{\left(1 + \mu_m \phi_1 / \phi_m\right) \beta \left|h_{k,m}\right|^2}{\left(\sigma^2 + \beta \sum\limits_{i=1}^{N} p_{i,m} \left|h_{i,m}\right|^2\right) \ln 2} - \frac{\omega\left(1 + \tau\right)}{1 - \omega\zeta} - \lambda_k \tag{5.21b}$$

利用 Karush-Kuhn-Tucker(KKT) 条件[18]，式 (5.21) 的极值发生在式 (5.21a) 和式 (5.21b) 为零时，且满足 $\lambda_i > 0$，$\lambda_i \cdot g_i\left(\boldsymbol{p}\right) = 0, \forall i$。由此可得式 (5.20) 的最优解

$$p_{k,1} = \max\left\{0, \min\left\{T_k^{(1)}, p_k^{\max}\right\}\right\} \in \left[0, p_k^{\max}\right] \tag{5.22}$$

其中

$$T_k^{(1)} = \frac{1 - \phi_1 \sum\limits_{j=2}^{M} \mu_j}{\left[\dfrac{\omega\left(1 + \tau\right)}{1 - \omega\zeta} + \lambda_k\right] \ln 2} - \frac{\sigma^2 + \beta \sum\limits_{i=1, i \neq k}^{N} p_{i,1} \left|h_{i,1}\right|^2}{\beta \left|h_{k,1}\right|^2} \tag{5.23}$$

以及

$$p_{k,m} = \max\left\{0, \min\left\{T_{k,m}^{(2)}, p_k^{\max}\right\}\right\} \in \left[0, p_k^{\max}\right], \quad 2 \leqslant m \leqslant M \tag{5.24}$$

其中

$$T_{k,m}^{(2)} = \frac{1 - \mu_m \phi_1 / \phi_m}{\left[\dfrac{\omega\left(1 + \tau\right)}{1 - \omega\zeta} + \lambda_k\right] \ln 2} - \frac{\sigma^2 + \beta \sum\limits_{i=1, i \neq k}^{N} p_{i,m} \left|h_{i,m}\right|^2}{\beta \left|h_{k,m}\right|^2}, \quad 2 \leqslant m \leqslant M \tag{5.25}$$

如同 5.1 节所导出的拉格朗日求解法，式 (5.23) 和式 (5.25) 中的拉格朗日因子 λ_k 和 μ_m 应满足条件：

$$\sum_{m=1}^{M} p_{k,m} = p_k^{\max}$$

仔细观察式 (5.23) 和式 (5.25)，可以注意到，上述 $p_{k,m}$ 的求解存在嵌套关系，无法得到显式解。为此，引入以下迭代求解方法[17]

$$\lambda_k^{i+1} = \left\lceil \lambda_k^{i+1} - \vartheta^i g_k\left(\boldsymbol{p}\right) \right\rceil^+ \tag{5.26}$$

以及

$$\mu_m^{i+1} = \mu_m^{i+1} - \delta^i q_m\left(\boldsymbol{p}\right) \tag{5.27}$$

式中，$g_k\left(\boldsymbol{p}\right)$ 和 $q_m\left(\boldsymbol{p}\right)$ 服从式 (5.21) 中所给出的定义，ϑ^i 和 δ^i 为迭代步长。可以看出，当式 (5.26) 和式 (5.27) 收敛时，$g_k\left(\boldsymbol{p}\right)$ 和 $q_m\left(\boldsymbol{p}\right)$ 趋于零值，从而满足全部 KKT 条件。进一步注意到 $f\left(\boldsymbol{p}\right)$ 为凹函数，故上述结果为其全局最优解。

至此，我们得到了有关式 (5.20) 的完整求解方法，总结如下：首先给出 λ_k 和 μ_m 以及 $p_{k,m}$ 的初始值，并使 $\lambda_k > 0$，$p_{k,m} \in [0, p_k^{\max}]$，由式 (5.26) 和式 (5.27) 确定 λ_k 和 μ_m 的迭代值，由式 (5.22) 和式 (5.24) 给出 $p_{k,m}$ 的迭代值，重复上述过程，直至式 (5.26) 和式 (5.27) 趋于收敛。

需要强调的是，本节得到的结果是一个具有广泛意义的求解方法，可用于发射端确知 CSI 的最优功率分配问题，见式 (5.14)，这时仅需取 $\omega_2 = 0$ 即可；也可用于发射端已知大尺度衰落因子时的最优功率分配问题，这时需用 $\mathbb{E}(\mathcal{C}_m)$ 和 $\mathbb{E}(v_m)$ 分别取代 $\mathcal{C}_m$ 和 v_m 并令 $\omega_2 = 0$ 即可。

5.4 数值计算结果

本节给出 5.3 节所提出的一般性功率最优分配算法的典型仿真计算结果，并讨论功率效率和系统吞吐率 (频谱效率) 之间的折中关系，更为详细的分析参见文献 [11]。

参照第 2 章图 2.2 给出的 RAU 配置方式，系统覆盖范围为半径等于 D 的圆盘，其中 RAU #1 位于圆盘的中心，其他 RAU 均匀地放置在半径为 $(3 - \sqrt{3})\, D/2$ 的圆周上，M 个用户以均匀随机方式放置在系统覆盖范围内。

系统各种参数的配置由表 5.1 给出，其中各 RAU 的最大发射功率相同，即 $p_k^{\max} = p^{\max}$。用户速率公平比例因子设定为 $\phi_i = 2^k (i = 1, 2, 3, 4)$；$\phi_j = 1(j = 5, 6, 7, 8, 9, 10)$；$k$ 为比例公平因子，$k = 0, 1, 2, \cdots$。

首先，观察加权优化因子 $\omega = \omega_2/\omega_1$ 取不同加权值时，系统总吞吐率 $\mathcal{C}_{\text{tot}}$ 随 RAU 最大功率 $p^{\max}$ 的变化情况。设比例公平因子 $k = 2$，对于不同的最大功率 $0 \leqslant p^{\max} \leqslant 30\text{dBm}$ 取值，图 5.1 给出 ω 分别取值为 0，0.5，1 和 1.5 时计算机仿真计算结果，这里 K 个 RAU 的发射功率 $p_{k,n}$ 为满足式 (5.20) 的最优解。可以看到，对于不同的 ω 分别取值，系统吞吐率随 RAU 最大功率 $p^{\max}$ 的增加而增加，但在

ω 取值较大时，其增加趋势变缓。当 $\omega = 0$ 时，因式 (5.20) 退化为典型的正交多用户系统容量最优化问题，所对应的系统吞吐率 (或频谱效率) 达到最大。随着 ω 取值的增加，系统吞吐率 (或频谱效率) 逐渐恶化。在 $\omega = 1.5$ 且 $p^{\max} = 24\text{dBm}$ 时，其系统吞吐率较单独优化系统容量 ($\omega = 0$) 时恶化 11.3%，以下将会看到这时所对应的系统能量效率将会有明显的提高。

表 5.1　分布式 MIMO 系统配置参数

参数	取值	参数	取值
MT 总数	$M = 10$	RAU 最大功率	$p^{\max} \leqslant 30\text{dBm}$
RAU 总数	$K = 9$	静态功率消耗	$P_\text{S} = 5\text{W}$
MT/RAU 天线数	$N_\text{t} = N_\text{r} = 1$	单位速率功率消耗	$\zeta = 0.1\text{W} \cdot \text{s/bit}$
目标误码率 (BER)	$\text{BER} = 0.01$	噪声功率	$\sigma^2 = -104\text{dBm}$
小区半径	$D = 1\text{km}$	阴影衰落方差	$\sigma_\text{S} = 8\text{dB}$
功放效率	$\tau = 0.38$	路径衰落因子	$\alpha = 3.7$

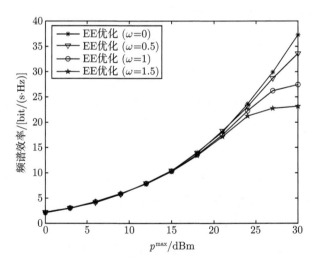

图 5.1　加权优化因子对系统容量的影响

其次，观察加权优化因子 ω 取不同值时，系统能量效率 η_EE 随 RAU 最大功率 $p^{\max}$ 的变化情况。仍设比例公平因子 $k = 2$，对于不同的最大功率 $0 \leqslant p^{\max} \leqslant 30\text{dBm}$ 取值，图 5.2 给出 ω 分别取值为 $0, 0.5, 1$ 和 1.5 时计算机仿真计算结果。可以看到，对于不同的 ω 取值，系统能量效率 η_EE 随 RAU 最大功率 $p^{\max}$ 的增加而出现拐点；在 ω 取值较大时，系统能量效率 η_EE 得到明显改善。在 $\omega = 1.5$

且 $p^{\max} = 24\text{dBm}$ 时，其系统能量效率 η_{EE} 较单独优化系统容量 ($\omega = 0$) 时提高
23.1%。换句话说，这里的系统能量效率的提高是以系统吞吐率恶化为代价的，两
者之间存在明显折中关系。若系统需要较高的吞吐率，应选择较小的 ω 值；反之，
若系统需要较高的能量效率，则应选择选择较大的 ω 值。

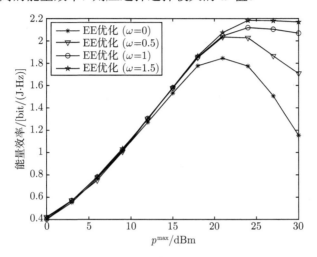

图 5.2　加权优化因子对系统能效的影响

第三，考察比例公平因子对系统能量效率的影响。取 $\omega = 0.5$，并分别设比
例公平因子 $k = 0,1,2,3,4,5$，观察系统能量效率随 RAU 最大发射功率 $p^{\max}$ 的变
化情况。图 5.3 示出相应的结果。可以看到，对于不同的比例公平因子，系统能量效

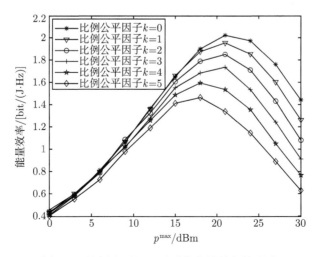

图 5.3　比例公平因子对系统能量效率的影响

率随 RAU 最大发射功率 $p^{\max}$ 的增加而出现明显的拐点。另一方面，随着比例公平因子 k 的增加，系统能量效率 η_{EE} 出现明显的恶化。其原因在于，为保障各个用户的传输速率的公平性，系统需要增加额外的发射功率和相应的能源消耗。

最后，考察系统电路功耗 $P_{\mathrm{c}} = P_{\mathrm{S}} + \zeta C_{\mathrm{tot}}$ 对系统总吞吐率和能量效率的影响。这里设比例公平因子 $k = 2$，RAU 最大发射功率 $p^{\max} = 30\mathrm{dBm}$，$\omega = 0.5$。图 5.4 给出不同的静态功率消耗 P_{S} 和单位速率功率消耗 ζ 取值条件下，系统总吞吐率与能量效率之间的关系图。由此可以看出，系统能量效率随 P_{S} 和 ζ 的取值增加而下降，但始终存在明显的性能拐点。换句话说，系统总吞吐率和能量效率始终无法同时达到最优，在系统设计时应兼顾考虑系统总吞吐率和能量效率。

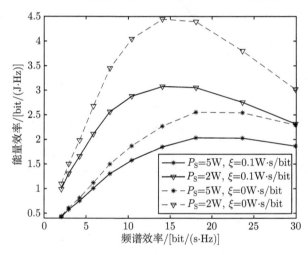

图 5.4　系统电路功耗对总吞吐率和能效的影响

5.5　多小区分布式 MIMO 功率分配及能量效率优化

本节将在 5.2 节引入的应用场景基础上，进一步考虑多小区多用户功率分配及能量效率优化问题。

设分布式 MIMO 系统共有 N 个小区，每个小区配置 K 个 RAU；系统覆盖范围内共包含 M 个位置随机分布的 MT。假设所有的 RAU 和 MT 均配置单根天线，因小区内的多个用户相互正交，系统干扰主要来自小区间干扰 (ICI)，因此可将 5.2

节引入的下行链路模型推广如下:

$$\mathcal{C}_{m \in S_n} = \log_2 \left(1 + \frac{\sum\limits_{k=1}^{K} p_{k,m,n} |h_{k,m,n}|^2}{\sum\limits_{i=1,i \neq n}^{N} \sum\limits_{k=1}^{K} p_{k,m,i} |h_{k,m,i}|^2 + \sigma^2} \right)$$

式中, $\mathcal{C}_{m \in S_n}$ 为第 m 用户且该用户归属于第 n 个小区时的信道容量; $p_{k,m,n}$ 为第 n 个小区中第 k 个 RAU 向该用户所发送的功率; $h_{k,m,n}$ 为其所对应的信道状态信息 CSI。这里应注意到,当每个小区的 RAU 数量 $K = 1$ 时,多小区分布式 MIMO 系统退化为传统的多小区蜂窝系统。

在 5.2 节和 5.3 节中,曾引入比例公平因子,以保证不同用户间服务质量的比例公平性。此处为便于表达,我们将比例公平因子从相对值改为绝对值[19],从而为不同的用户提供合理的 QoS 保障。这时应满足 $\mathcal{C}_{m,n} \geqslant R_{m,n}$, $R_{m,n}$ 为某一事先设定的传输速率门限。

以上述模型为基础,可以得到分布式 MIMO 多小区多用户功率分配优化描述方法如下:

$$\max_{p_{k,m,n}} \sum_{n=1}^{N} \sum_{m \in S_n} \log_2 \left(1 + \frac{\sum\limits_{k=1}^{K} p_{k,m,n} |h_{k,m,n}|^2}{\sum\limits_{i=1,i \neq n}^{N} \sum\limits_{k=1}^{K} p_{k,m,i} |h_{k,m,i}|^2 + \sigma^2} \right) \tag{5.28}$$

s.t.

$$p_{k,m,n} > 0 \tag{5.28a}$$

$$\sum_{m \in S_n} p_{k,m,n} \leqslant P \tag{5.28b}$$

$$\log_2 \left(1 + \frac{\sum\limits_{k=1}^{K} p_{k,m,n} |h_{k,m,n}|^2}{\sum\limits_{i=1,i \neq n}^{N} \sum\limits_{k=1}^{K} p_{k,m,i} |h_{k,m,i}|^2 + \sigma^2} \right) \geqslant R_{m,n} \tag{5.28c}$$

式中, S_n 表示 MT 归属于第 n 个小区的集合。

式 (5.28) 为非凸性质的非线性约束优化问题,难以得到其显式解。文献 [20] 将上述形式的优化问题转化为几何规划 (geometric programming) 问题[21],并引入了一种可收敛于最优解的迭代算法。因该算法的描述较为复杂,感兴趣的读者可参阅文献 [20] 的具体结果和推导过程。

为得到多小区多用户分布式 MIMO 系统的能量效率优化方法，文献 [20] 还引入了如下能量消耗模型：

$$P_{\text{tot}} = \frac{P_{\text{t}}}{\tau} + NK\left(P_{\text{d}} + P_{\text{c}} + P_{\text{o}}\right) \tag{5.29}$$

式中，P_{tot} 为系统总消耗功率；P_{t} 为系统总发射功率；P_{d}、P_{c} 和 P_{o} 分别为每个 RAU 的电路功耗、基础功耗和光纤拉远功耗。

采用 5.3 节中引入的加权优化方法，可以得到多小区多用户分布式 MIMO 系统的能量效率优化描述方法如下：

$$\max_{p_{k,m,n}} \sum_{n=1}^{N} \sum_{m \in S_n} \log_2 \left(1 + \frac{\sum\limits_{k=1}^{K} p_{k,m,n} \left|h_{k,m,n}\right|^2}{\sum\limits_{i=1,i\neq n}^{N} \sum\limits_{k=1}^{K} p_{k,m,i} \left|h_{k,m,i}\right|^2 + \sigma^2} \right)$$
$$- \omega \left[\frac{1}{\tau} \sum_{n=1}^{N} \sum_{k=1}^{K} p_{k,m,n} + NK\left(P_{\text{d}} + P_{\text{c}} + P_{\text{o}}\right) \right] \tag{5.30}$$

s.t.

$$p_{k,m,n} > 0 \tag{5.30a}$$

$$\sum_{m \in S_n} p_{k,m,n} \leqslant P \tag{5.30b}$$

$$\log_2 \left(1 + \frac{\sum\limits_{k=1}^{K} p_{k,m,n} \left|h_{k,m,n}\right|^2}{\sum\limits_{i=1,i\neq n}^{N} \sum\limits_{k=1}^{K} p_{k,m,i} \left|h_{k,m,i}\right|^2 + \sigma^2} \right) \geqslant R_{m,n} \tag{5.30c}$$

文献 [20] 再次将上述形式的优化问题转化为几何规划问题，并引入了一种可收敛于最优解的迭代算法，感兴趣的读者可参阅文献 [20] 的具体结果和推导过程。

5.6　本章小结

本章讨论了一般形式下的分布式 MU-MIMO 最优发射功率分配方法，分布式 MU-MIMO 系统的容量及发射功率标度律，单小区正交多用户分布式 MIMO 系统的最优发射功率分配方法 (包括发射端已知大尺度衰落条件下的最优发射功率分配方法)、系统吞吐率和能量效率折中方法，以及多小区多用户 (小区内用户正交)

分布式 MIMO 系统最优发射功率分配和能量效率优化方法等，从而较为完整地给出分布式 MIMO 在各种应用场景下的发射功率和能量效率优化方法。

值得一提的是，本章 5.1.2 节给出的无蜂窝无线网络发射总功率与覆盖范围内无线节点数之间的标度律，尽管其结果是在较为理想的条件下给出的，但揭示了无蜂窝无线网络总的信道增益、系统总容量以及总发射功率之间的内在关系。从理论上来说，增加无线节点数可以持续提升无线网络总容量，或在保持无线网络总容量为恒定的条件下，持续提升无线网络总发射功率的利用率，从而为利用无蜂窝无线网络架构设计出资源高度节约型的移动通信系统提供理论基础。

参考文献

[1] Proakis J G. Digital Communications. 5th ed. New York: McGraw-Hill, 2008.

[2] Gao X Q, Jiang B, Li X, et al. Statistical eigenmode transmission over jointly-correlated MIMO channels. IEEE Transactions on Information Theory, 2009, 55(8): 3735-3750.

[3] 冯伟, 李云洲, 周世东, 等. 分布式无线通信系统下行功率分配策略. 清华大学学报 (自然科学版), 2009, 49(7): 998-1001.

[4] Wu J S. Green wireless communications: From concept to reality. IEEE Wireless Communications, 2012, 19(4): 4-5.

[5] Feng D Q, Jiang C Z, Lim G, et al. A survey of energy-efficient wireless communications. IEEE Transactions on Communications Surveys Tutorials, 2012, 15(1): 1-12.

[6] Andrews J G, Baccelli F, Ganti R K. A tractable approach to coverage and rate in cellular networks. IEEE Transactions on Communications, 2011, 59(11): 3122-3134.

[7] Telatar E. Capacity of multi-antenna Gaussian channels. European Transactions on Telecommunications. ETT, 1999, 10(6): 585-596.

[8] Rusek F, Persson D, Lau B K, et al. Scaling up MIMO: Opportunities and challenges with very large arrays. IEEE Signal Processing Magazine, 2013, 30(1): 40-60.

[9] Zhu H L, Karachontzitis S, Toumpakaris D. Low-complexity resource allocation and its application to distributed antenna systems. IEEE Wireless Communications; 2010, 17(3): 44-50.

[10] Qiu X X, Chawla K. On the performance of adaptive modulation in cellular systems. IEEE Transactions on Communications, 1999, 47(6): 884-895.

[11] He C L, Sheng B, Zhu P C, et al. Energy- and spectral-efficiency tradeoff for distributed antenna systems with proportional fairness. IEEE Journal on Selected Areas in Communications, 2013, 31(5): 894-902.

[12] Feng W, Chen Y F, Ge N, et al. Optimal energy-efficient power allocation for distributed antenna systems with imperfect CSI. IEEE Transactions on Vehicular Technology, 2016, 65(9): 7759-7763.

[13] Wang D M, You X H, Wang J Z, et al. Spectral efficiency of distributed MIMO cellular systems in a composite fading channel. Proc. IEEE International Conference on Communications (ICC'08), Beijing, 2008. 1259-1264.

[14] Matthaiou M, Chatzidiamantis N D, Karagiannidis G K. A new lower bound on the ergodic capacity of distributed MIMO systems. IEEE Signal Processing Letters, 2011, 18(4): 227-230.

[15] Xiong C, Li G Y, Zhang S Q, et al. Energy and spectral-efficiency tradeoff in downlink OFDMA networks. IEEE Transactions on Wireless Communications, 2011, 10(11): 3874-3886.

[16] Ehrgott M. Multicriteria Optimization. New York: Springer-Verlag, 2005.

[17] Palomar D, Chiang M. A tutorial on decomposition methods for network utility maximization. IEEE Journal on Selected Areas in Communications, 2006, 24(8): 1439-1451.

[18] Boyd S, Vandenberghe L. Convex Optimization. Cambridge: Cambridge Univ. Press, 2004.

[19] Wang J H, Wei G, Huang Y M, et al. Distributed optimization of hierarchical small cell networks: A GNEP framework. IEEE Journal on Selected Areas in Communications, 2017, 35(2): 249-264.

[20] He C L, Li G Y, Zheng F C, et al. Power allocation criteria for distributed antenna systems. IEEE Transactions on Vehicular Technology, 2015, 64(11): 5083- 5090.

[21] Boyd S, Kim S J, Vandenberghe L, et al. A tutorial on geometric programming. Optimization and Engineering, 2007, 8(1): 67-127.

第 6 章   分布式MIMO缓存方案优化

内容缓存技术是一项提高无线网络资源利用率的新兴技术。根据传输业务的动态需求，在基站侧对待传输的内容进行缓存部署与分发，可有效提升无线链路资源的利用率，降低业务传输的时延，并改善用户的业务体验。

本章讨论 C-RAN 架构下分布式 MIMO 网络的内容缓存方案优化问题，给出其内容缓存模型，包括文件流行度模型、缓存方案模型、缓存分发模型、中断概率及前传网络使用率加权模型等。以联合优化小区平均中断概率和前传网络使用率为目标，提出两种性能较好且实现简单的缓存方案优化算法，包括遗传算法和模式选择算法，并与典型的最流行内容缓存 (most popular content, MPC)、最大内容分集缓存 (largest content diversity, LCD)、概率缓存 (probabilistic caching) 以及随机缓存 (random caching) 等方案进行性能对比，给出有代表性的分析和仿真结果。

6.1   无线缓存技术背景

网络密集化和多点协作传输可以全面提高无线移动通信系统的性能 [1-4]，是未来无线通信技术发展的主要趋势。在传统的无线接入网 (radio access network, RAN) 架构中，每个小区拥有独立的基站，网络密集化将导致较为严重的小区间干扰，并增大系统运营成本 (total cost of ownership, TCO)[5,6]。C-RAN 得益于其新型的系统架构，可以与分布式 MIMO 技术紧密结合，降低小区间干扰，满足低成本网络密集化的要求。

近年来，由于移动网络数据业务量急剧增长，C-RAN 自身也面临巨大的技术挑战。据 CISCO 公司预测 [7]，到 2021 年全球每月移动数据流量将达到 49EB(1EB =

10^{18}byte)，近 5 年的复合增长率高达 47%。另一方面，由于接入点密集化及宽带化，所需的前传与回程数据传输量显著增加。设计高效的前传与回程技术，满足系统的低时延和低功耗需求，已成为 C-RAN 演进发展的技术瓶颈之一 [8-10]。

为解决上述技术挑战，需要对前传与回程链路进行技术升级 [9]，进一步增加传输带宽，降低时延以及功耗。例如，将第 1 章图 1.1(b) 所示的 BBU 与 RAU 之间的点到多点连接架构，升级为如图 1.3 所示的光纤以太网 (Ethernet over fiber) 前传网络架构。另一方面，可以通过减少数据的重复传输，降低 BBU 与 RAU 之间的传输数据流量。统计数据表明，用户群常常对少数热点内容文件进行重复访问，相同的内容文件数据在前传或回程网络上重复传输，产生了大量的信令流量和冗余性的业务传输。类似的问题在固网中已经有成熟的解决方案，如基于缓存思想的内容分发网络 (content distribution network, CDN)，通过在网络中设置若干镜像服务器，使用户就近获取内容，避免用户群集中访问中央服务器而产生网络拥塞现象。类似地，在无线接入网中引入内容缓存 (content caching) 技术，同样可以显著降低前传/回程网络流量 [11-13]。其基本思想是：在网络中流量较低的时段 (例如夜间)，将热点内容文件传输至具有缓存功能的接入点中 (宏基站、小基站、中继节点等)；移动用户后续请求的内容文件可以直接从接入点传输至用户，无需通过核心网获取，从而显著降低前传或回程网络流量，提高网络吞吐率，缩短用户访问该文件的时延，并改善用户的体验质量 (quality of experience, QoE)。

C-RAN 的 BBU 一般由通用计算与存储设备组成，易于实现缓存功能。同时，C-RAN 的前传网络技术以及 BBU 与 RAU 的功能分割 (function splitting) 也在不断演进 [9,14]。初期 C-RAN 的 RAU 仅具备射频功能。随着硬件平台通用化和网络虚拟化技术的不断发展，越来越多的高层 (数据链路层、网络层等) 功能将从 BBU 搬移至 RAU 中，且可根据业务需求动态地对 BBU 和 RAU 的功能进行分割，从而为在 RAU 中实现内容缓存带来可能。

内容缓存的实施包含两个阶段：缓存部署 (caching placement) 和缓存分发 (caching delivery)[13]。缓存部署又称为缓存策略 (caching strategy)。在该阶段，将决定哪些文件存储在哪些配备缓存功能的接入点中。在缓存分发阶段，则通过无线信道将接入点中缓存的内容文件传送给用户。在上述两个阶段中，缓存部署通常在一个大时间尺度上进行。一旦执行了某种缓存部署，之后并不需要频繁地改变这种部署。这是因为内容文件的流行度在较长时间内 (例如几个小时、一天甚至是更长)

是不变的。另一方面，缓存分发则需要在一个小时间尺度内进行，其无线传输方案 (包括 RAU 与用户之间的关联、功率分配、波束成形预编码等) 需要适应快速变化的信道状态。

C-RAN 内容缓存的主要目标之一是减小前传网络的流量。为此引入**前传网络使用率**(fronthaul network usage) 指标，它既能反映文件访问的时延，又能反映前传网络的资源消耗。例如，较低的前传网络使用率说明用户在很大概率上可以从就近的 RAU 中直接获得需要访问的内容文件，这将缩短文件访问时延，同时减小前传网络的开销。另外一个重要指标是**无线传输中断概率**，它反映了无线 MIMO 传输的可靠性；多个 RAU 与用户之间进行多天线传输，可以通过传输分集改善用户的接收信噪比，提高传输的可靠性；也可通过空间复用提高传输速率；还可通过空间复用和传输分集并用的方式，同时获得分集增益和复用增益。

从缓存的角度来看，如果将某些内容文件同时缓存在多个 RAU 中，当用户访问这些文件时，一种可能的方式是由多个 RAU 同时为其服务，构成一个可显著降低中断概率的传输分集系统；另外一种可能的方式是利用分布式 MIMO 的空间复用增益提升传输速率；或两者兼顾。此时，前传网络使用率则将相应增加。这是由于在所有 RAU 中，可以缓存的不同文件的数量相对减少，用户有较大的概率需要从 BBU 中获取文件。相反，如果在所有的 RAU 中尽可能多地缓存不同的文件，将会减小前传网络使用率。但是当用户访问某一文件时，因只有少数甚至只有一个 RAU 缓存该文件，这时既不能充分利用传输分集来降低中断概率，也不能利用复用传输来提高传输速率。总的来说，在多个 RAU 中缓存相同文件的好处是：可以充分利用分布式信道进行分集传输或复用传输，降低中断概率或提高传输速率。而在 RAU 中缓存不同文件的好处是：减小前传网络的使用率，降低文件访问平均时延。显然，两者不可兼顾，需要进行折中。本章采用中断概率这一指标来反映缓存相同文件带来的好处，并采用前传网络使用率和中断概率的加权和作为目标函数，进行缓存策略的折中设计。

6.2 缓存研究现状

针对 C-RAN、小基站网络、宏基站网络的缓存技术研究具有很大的相似性。有很多研究关注缓存分发阶段的优化问题，其主要目标是在一定的缓存策略下，对数据和用户之间的关联方案 (例如 RAU 的分簇与发送波束形成) 进行优化 [15−17]。文献 [15] 和文献 [16] 在一定的缓存策略下, 对基站分簇和波束成形的最优化问题进行研究, 以减小回程网络的开销和发送功率的消耗。另外, 文献 [16] 还对流行度感知 (popularity-aware) 缓存策略、随机缓存策略以及概率缓存策略的性能进行了分析比较。文献 [17] 则基于 OFDMA 多个小基站应用场景, 对用户和多个小基站之间的最优化关联 (association) 问题进行研究, 目标是降低回程网络的带宽需求。

另一方面, 缓存策略研究也受到广泛的重视。相关工作主要关注于文件访问时延的优化 [18−20], 或前传及回程网络传输流量的优化 [21,22], 或者两者兼而有之 [23]。文献 [18] 提出一种在基站和移动台中合作缓存的策略, 以减小内容文件访问时延; 其最优策略是将最流行的部分内容文件存储在基站中, 而将剩余的流行文件存储在移动台中。文献 [19] 对基站合作缓存问题进行研究, 提出一种分布式的、具有多项式时间复杂度和线性空间复杂度的算法; 在基站簇至用户之间的时延为均匀分布时, 可使得文件访问的时延达到最小。文献 [20] 考虑了基站簇存储容量有限条件下内容文件传输流量的优化问题, 其基本思路是以减小文件的平均访问时延为目标, 对概率缓存策略进行优化, 并得到每个内容文件的缓存概率。文献 [21] 对小基站网络的缓存策略进行研究, 在假设各文件和各缓存空间的大小均不相等的条件下, 针对多播场景提出一种编码缓存部署方案。文献 [22] 以减小基站之间以及基站与核心网之间的传输开销为目标, 将每个基站的存储空间分为两个部分, 第一部分存储相同的最流行文件, 第二部分则存储完全不同的内容文件, 并通过粒子群优化算法 (particle swarm optimization, PSO) 得到这两部分存储空间容量比值的最优解。文献 [23] 针对 C-RAN 网络的缓存策略问题进行研究, 在总存储容量受限约束条件下, 寻求内容供应开销 (如延迟、带宽等) 的最优化, 得到了存储分配和缓存部署的最优解析解。然而, 上述研究均未考虑无线传输衰落特性, 即认为无线传输是理想的和无差错的。

一些研究工作在设计缓存策略时, 考虑了无线传输衰落特性 [24−27]。文献 [24] 和文献 [25] 使用随机几何学 (stochastic geometry) 对大规模网络进行研究。文献 [24] 对配备缓存的宏基站和微基站两层异构网络进行研究, 分析中断概率、吞吐率以及能量效率(energy efficiency, EE); 假设每个基站均缓存最流行的文件, 直到存储空间被填满; 数值结果表明: 在小基站密度低的情况下, 小基站配备大容量的缓存反而会降低网络整体的能量效率。文献 [25] 对小基站场景下的概率缓存策略进行分析, 其目标是使得内容文件下载的成功率达到最大。然而, 使用随机几何学只能获得概率意义上的缓存部署 [28], 即获得某个文件被缓存在接入点中的概率。文献 [26] 对一个宏基站配有多个缓存辅助站 (helper) 场景下的缓存策略进行研究; 假设每个辅助站只能缓存一个文件, 并以最小化平均误比特率为目标, 通过贪婪算法得到最优的缓存部署; 假设用户在缓存有被访问内容文件的辅助站中, 选择具有最高信噪比者进行通信; 如果没有任何辅助站缓存该文件, 则用户从宏基站中获取该文件。文献 [27] 针对配有缓存的基站与控制中心之间的回传链路, 以平均下载时延为优化目标, 对缓存策略进行研究, 并假设用户在缓存有被访问内容的所有基站中选择信噪比最高者进行通信。在文献 [26] 和文献 [27] 中, 仅考虑了小尺度瑞利衰落 (Rayleigh fading), 并假设用户在任何位置时都具有相同的大尺度衰落, 这与实际情况大相径庭; 此外, 文献 [26] 和文献 [27] 仅关注单一目标的优化问题, 未兼顾考虑前传或回程网络的使用效率问题。

如前所述, 使用中断概率来表征无线传输性能, 并使用前传网络使用率反映系统的传输时延和资源消耗。在设计缓存策略的过程中, 同时考虑中断概率和前传网络使用率, 对缓存相同文件以获得更小的中断概率, 以及缓存不同文件以获得更小的前传网络使用率进行折中与权衡。考虑到 C-RAN 应用环境中, 每个 RAU 与用户之间的距离均不同, 此外, 还将同时考虑大、小尺度衰落对系统性能的影响。

6.3 分布式 MIMO 缓存模型

以下对 C-RAN 中某虚拟小区的下行传输进行研究。假设该小区半径为 R, 共有 N 个 RAU, 每个 RAU 均配备缓存功能, 将该 RAU 集合表示为 $\mathcal{N} = \{1, 2, \cdots, N\}$。设网络中共有 L 个内容文件, 文件集合表示为 $\mathcal{F} = \{F_1, F_2, \cdots, F_L\}$, F_l 表示流行度排名为 l 的文件, 即 F_1 为最受欢迎的文件, F_2 是第二受欢迎的文件, $\cdots$, 以此类推。显然, 流行度越高的文件, 被用户访问的概率就越大。文件流行度服从 Zipf 分布 [29], 排名为 l 的文件, 其被用户请求访问的概率为

$$P_l = \frac{l^{-\beta}}{\displaystyle\sum_{n=1}^{L} n^{-\beta}}, \tag{6.1}$$

式中, $\beta \in [0, +\infty)$ 称为偏态因子 (skewness factor)。当 $\beta = 0$ ($P_l = 1/L, \forall l$) 时, 文件流行度呈均匀分布, 即每个文件被访问的概率都相等; 而当 β 增大时, 分布概率

则更加偏向于流行度高的文件，如图 6.1 所示。在无线应用中，偏态因子通常较高，即流行度高的文件被请求访问的概率很大，而流行度低的文件被访问的概率很小。

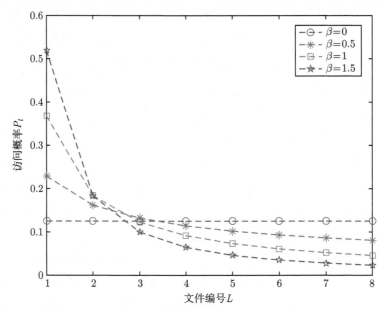

图 6.1 文件流行度 Zipf 分布 $(L = 8, \beta = 0, 0.5, 1, 1.5)$

为简单起见，假设所有的内容文件大小都一样，并且归一化为 1。虽然实际上内容文件的大小各不相同，但是可以将它们分段成大小相等的文件 "块" 进行缓存部署和分发 [12,30]。考虑到 BBU 池可以配备大容量的存储空间，因此假设所有 L 个文件均缓存在 BBU 池中*。部分内容文件可以进一步缓存在 RAU 中以提高系统的性能。基于缓存策略，一个文件有可能被缓存在一个或多个 RAU 中。第 n 个 RAU 可以缓存 M_n 个文件，通常有 $\sum\limits_{n=1}^{N} M_n < L$，即所有 RAU 的总缓存容量要小于 BBU 池的缓存容量。内容文件在所有 RAU 中的部署策略可以用一个由 0 和 1 组成的 $L \times N$ 维矩阵 $\boldsymbol{A}^{L \times N}$ 来表示，其第 (l, n) 个元素

$$a_{l,n} = \begin{cases} 1, & \text{第 } n \text{ 个 RAU 缓存第 } l \text{ 个文件} \\ 0, & \text{否则} \end{cases} \tag{6.2}$$

---

    * 一般地，连接 BBU 池与核心网的回程链路比前传链路拥有更高的传输带宽，所以这里只考虑减少前传回路使用率的问题。实际上，BBU 池不可能缓存来自于核心网的所有内容文件，然而，如果被用户请求的文件没有缓存在 BBU 池中，则可以通过回程链路和核心网来获得，这样等同于它本来就缓存在 BBU 池中。

表示第 l 个文件是否缓存在第 n 个 RAU 中，存在 $\sum_{l=1}^{L} a_{l,n} = M_n$, $\forall n$，即第 n 个 RAU 中共可缓存 M_n 个文件。

此处考虑单用户情况，但算法显然适用于正交多址 (如 OFDMA) 多用户系统[31–33]，这时用户间不存在相互干扰。假设用户在同一时刻，只能请求访问一个文件，且所有缓存该文件的 RAU 均为其服务。如果没有任何一个 RAU 缓存用户请求的文件，文件会从 BBU 通过前传网络传输给所有的 RAU，然后再由所有的 RAU 通过无线信道利用发送分集传输给用户。当用户请求访问第 l 个文件时，为其服务的 RAU 集合可以表示为

$$\Phi_l = \begin{cases} \{n | a_{l,n} = 1, n \in \mathcal{N}\}, & \exists n 使得 a_{l,n} = 1 \\ \mathcal{N}, & a_{l,n} = 0 对于 \forall n \end{cases} \tag{6.3}$$

有 $|\Phi_l| \in \{1, 2, \cdots, N\}$, $l \in \{1, 2, \cdots, L\}$。系统模型与文件分发方案如图 6.2 所示。例如，当用户请求第 l_1 号文件，但该文件没有被缓存在任何一个 RAU 中，则该文件将会从 BBU 通过前传网络传给所有的 RAU，然后再传给用户[*]。为用户服

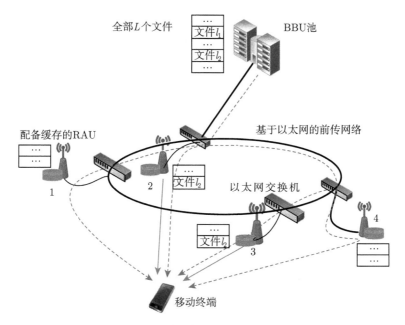

图 6.2　系统模型与文件分发方案

虚线和细实线分别表示用户请求第 l_1 和 l_2 号文件时的文件获取路径

---

[*] 第 l_1 号文件在前传网络中被传输到每一个 RAU 的具体路径是由前传网络的路由协议决定的，图 6.2 中虚线所示的只是一种可能的路径，但无论具体路径如何，我们关心的仅是所需的前传网络使用率。

务的 RAU 集合为 $\Phi_{l_1} = \{1,2,3,4\}$。当用户请求第 l_2 号文件时，因为该文件在缓存部署阶段已经存储在 RAU 2 和 RAU 3 中，所以为用户服务的 RAU 集合为 $\Phi_{l_2} = \{2,3\}$。

假设无线信道是块衰落 (block-fading) 的，当文件被请求访问时，它将会通过无线信道的多个块进行传输，大尺度衰落在整个传输过程中保持不变，小尺度衰落则在一个传输块中保持不变，且不同传输块经历独立同分布的小尺度衰落。

假设用户和 RAU 均配备单天线，当用户请求第 l 个文件时，从 RAU 服务集 Φ_l 所收到的联合接收信号可表示为

$$y = \sum_{n \in \Phi_l} \sqrt{p_{\mathrm{T}} K d_n^{-\alpha}} h_n^f s + \varepsilon \tag{6.4}$$

式中，p_{T} 为每个 RAU 的传输功率；K 为常数，与信道大尺度衰减和天线特性有关；d_n 为第 n 个 RAU 与用户之间的距离；α 为路径损耗指数；$h_n^f \sim \mathcal{CN}(0,1)$ 为均值为 0、方差为 1 的复高斯随机变量，它表示小尺度衰落；s 表示传输的符号且 $\mathbb{E}\left[|s|^2\right] = 1$；$\varepsilon$ 表示复加性高斯白噪声，其均值为 0，方差为 σ^2。

主要模型参数和符号定义见表 6.1。

表 6.1　模型参数和符号

符号	定义
N	RAU 的数量
L	内容文件的数量
P_l	第 l 个文件被请求的概率
β	Zipf 分布偏态因子
M_n	第 n 个 RAU 可以缓存的文件数量
$\boldsymbol{A}^{L \times N}$	缓存部署矩阵
$a_{l,n}$	二进制变量，表示第 n 个 RAU 是否缓存第 l 个文件，矩阵 $\boldsymbol{A}^{L \times N}$ 的第 (l,n) 个元素
Φ_l	对于第 l 个文件，为用户服务的 RAU 集
p_{T}	每个 RAU 的传输功率
d_n	第 n 个 RAU 到用户的距离

第 l 个文件的归一化前传网络使用率定义为

$$T_l(\boldsymbol{A}) = \prod_{n=1}^{N} (1 - a_{l,n}) = \begin{cases} 1, & a_{l,n} = 0 对于 \forall n \\ 0, & \exists n 使得 a_{l,n} = 1 \end{cases} \tag{6.5}$$

式 (6.5) 表明：如果该文件至少缓存在一个 RAU 中，则缓存该文件的所有 RAU 将直接传输该文件至用户，这时不需要通过前传网络传输该文件，即 $T_l = 0$；如果该文件没有缓存在任何 RAU 中，该文件将由 BBU 通过前传网络传输至所有 RAU，再传输至用户，这一过程中会使用前传网络，即 $T_l = 1$。若用户请求不同文件，则从统计角度来看，平均前传网络使用率可表示为 $\sum\limits_{l=1}^{L} P_l T_l$。注意 T_l 与用户所在的位置无关。

缓存策略应根据用户的位置和文件请求的长期统计数据进行设计。为同时降低前传网络使用率和小区平均中断概率，联合优化问题可以通过将两项优化目标进行加权的方式来建立 [34]

$$\min f_{\text{obj}}(\boldsymbol{A}) = \eta \underbrace{\sum_{l=1}^{L} P_l \mathbb{E}_{x_0}\left[P_{\text{out}}^{(l)}(x_0)\right]}_{\text{小区平均中断概率}} + (1-\eta) \underbrace{\sum_{l=1}^{L} P_l T_l}_{\text{前传网络使用率}} , \tag{6.6a}$$

$$\text{s.t. } \sum_{l=1}^{L} a_{l,n} = M_n, \tag{6.6b}$$

$$a_{l,n} \in \{0,1\}. \tag{6.6c}$$

式中，$\eta \in [0,1]$ 为中断概率和前传网络使用率两个目标之间的加权系数；$\mathbb{E}_{x_0}$ 表示对用户的位置 x_0 求数学期望；$P_{\text{out}}^{(l)}(x_0)$ 是当用户处于位置 x_0 并请求第 l 个文件时的中断概率。约束条件式 (6.6b) 给出每个 RAU 的缓存容量限制，约束条件式 (6.6c) 表明该联合优化问题是一个 0-1 整数规划问题。

不同的 η 值会导致中断概率和前传网络使用率之间不同的折中效果。给定 η，缓存策略可以通过求解式 (6.6) 中的最优化问题进行设计，即得到最优缓存矩阵 $\boldsymbol{A}$ 就确定哪些文件应缓存在哪些 RAU 中。实际上，η 是由决策者 (例如无线接入网运营商) 根据系统的中断概率和前传网络使用率的长期统计数据进行选择。例如，当前传网络的负载较高时，应选择一个小的 η 值以降低前传网络的使用，代价是中断概率升高。反之，当小区平均中断概率较高时，应选择一个较大的 η 值以降低中断概率，代价是前传网络使用率的增加。

在研究如何求解该优化问题之前，我们需要对式 (6.6a) 中的小区平均中断概率进行理论分析，得到解析表达式。当用户在位置 x_0 请求第 l 个文件时，其接收信号的信噪比可以表示为

$$\gamma_l(x_0) = \sum_{n \in \Phi_l} \frac{p_{\mathrm{T}}}{\sigma^2} K d_n^{-\alpha} |h_n^f|^2 = \sum_{n \in \Phi_l} \gamma_0 S_n |h_n^f|^2 = \sum_{n \in \Phi_l} \gamma_n, \tag{6.7}$$

式中，$\gamma_0 = \dfrac{p_{\mathrm{T}}}{\sigma^2}$ 是在每个 RAU 发送端的信噪比；$S_n = K d_n^{-\alpha}$ 表示大尺度衰落；$\gamma_n = \gamma_0 S_n |h_n^f|^2$ 表示从第 n 个 RAU 接收到的信号的信噪比。为简洁起见，在不致引起歧义的前提下，以下分析将省略文件标号 l 和用户位置 x_0。

在为用户服务的 RAU 集合 Φ 中，将与用户距离相等的 RAU 划分为一组。假设共分为 $I(I \leqslant |\Phi|)$ 组，第 i 组内的 RAU 数量为 J_i，有 $\sum\limits_{i=1}^{I} J_i = |\Phi|$，其中 $|\Phi|$ 表示 Φ 中 RAU 的数量。第 i 组 RAU 到用户的距离为 $d_i(i \in \{1, 2, 3, \cdots, I\})$。令 $\lambda_i = \dfrac{1}{\gamma_0 K d_i^{-\alpha}}$，接收信号信噪比的概率密度函数可以表示为

$$f_\gamma(\gamma) = \sum_{i=1}^{I} \sum_{j=1}^{J_i} \frac{\lambda_i^j A_{ij}}{(j-1)!} \gamma^{j-1} \exp(-\lambda_i \gamma), \tag{6.8}$$

累积分布函数为

$$F_\gamma(\gamma) = \sum_{i=1}^{I} \sum_{j=1}^{J_i} \frac{\lambda_i^{j-1} A_{ij}}{(j-1)!} \cdot \left[\frac{(j-1)!}{\lambda_i^{j-1}} - \left(\exp(-\lambda_i \gamma) \sum_{k=0}^{j-1} \frac{(j-1)!}{(j-1-k)! \lambda_i^k} \gamma^{j-1-k} \right) \right], \tag{6.9}$$

其中

$$A_{ij} = \frac{(-\lambda_i)^{J_i-j}}{(J_i-j)!} \frac{d^{J_i-j}}{ds^{J_i-j}} \left[M_\gamma(s) \left(1 - \frac{1}{\lambda_i} \cdot s \right)^{J_i} \right] \Bigg|_{s=\lambda_i} \tag{6.10}$$

$$M_\gamma(s) = \prod_{n \in \Phi} \frac{1}{1 - \gamma_0 S_n \cdot s} \tag{6.11}$$

有关式 (6.8) 和式 (6.9) 的推导过程可参阅文献 [35]。

当所有的服务 RAU 与用户的距离均不同时，即 $d_n \neq d_m, \forall n \neq m \in \Phi$，式 (6.8) 和式 (6.9) 可分别写作为

$$f_\gamma(\gamma) = \sum_{n \in \Phi} \frac{1}{\gamma_0 S_n} \left(\prod_{\substack{m \in \Phi \\ m \neq n}} \frac{S_n}{S_n - S_m} \right) \exp\left(-\frac{\gamma}{\gamma_0 S_n} \right) \tag{6.12}$$

和

$$F_\gamma(\gamma) = \sum_{n \in \Phi} \left(\prod_{\substack{m \in \Phi \\ m \neq n}} \frac{S_n}{S_n - S_m} \right) \left[1 - \exp\left(-\frac{\gamma}{\gamma_0 S_n} \right) \right] \tag{6.13}$$

上述累积分布函数式 (6.9) 或式 (6.13) 的准确性如图 6.3 所示。假设有 6 个 RAU 为用户服务，且 RAU 与用户的距离用向量 $\boldsymbol{D}$ 表示。考虑三种场景：场景 1，$\boldsymbol{D_1} = [0.8R, 0.8R, 0.8R, 0.8R, 0.8R, 0.8R]$($R$ 为小区半径)，即所有的 RAU 与用户的距离都相等；场景 2，$\boldsymbol{D_2} = [0.6R, 0.7R, 0.7R, 0.8R, 0.8R, 0.8R]$，即有若干 RAU 与用户的距离相等；场景 3，$\boldsymbol{D_3} = [0.5R, 0.6R, 0.7R, 0.8R, 0.9R, 1.0R]$，即所有的 RAU 与用户的距离均不相等。从图 6.3 中可以看出理论分析结果与仿真结果相同，证明了所推导公式的准确性。

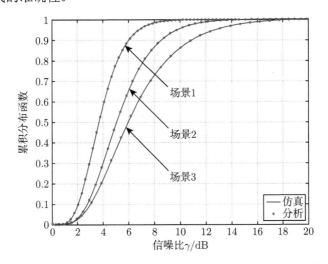

图 6.3　用户在固定位置时接收信号信噪比的累积分布函数

对于一个特定的信噪比门限 γ_{th}，中断概率为

$$P_{\text{out}}(\gamma_{\text{th}}) = F_\gamma(\gamma_{\text{th}}). \tag{6.14}$$

对于第 l 个文件来说，很难获得小区平均中断概率 $\mathbb{E}_{x_0}[P_{\text{out}}^{(l)}(x_0)]$ 的闭合表达式，但可以使用极坐标形式下的辛普森积分进行计算。若用户位置为 (ρ, θ)，则有 $x_0 = \rho e^{j\theta}$，并存在

$$\mathbb{E}_{x_0}\left[P_{\text{out}}^{(l)}(x_0)\right] = \int_0^{2\pi} \int_0^R P_{\text{out}}^{(l)}(\rho, \theta) f_{x_0}(\rho, \theta) \rho \mathrm{d}\rho \mathrm{d}\theta$$

$$\approx \frac{\Delta h \Delta k}{9} \sum_{u=0}^U \sum_{v=0}^V w_{u,v} \rho_u P_{\text{out}}^{(l)}(\rho_u, \theta_v) f_{x_0}(\rho_u, \theta_v), \tag{6.15}$$

式中，R 为小区半径；选定偶数 U 和 V 以使得 $\Delta h = R/U$ 和 $\Delta k = 2\pi/V$ 满足计算精度的要求；$\rho_u = u\Delta h$；$\theta_v = v\Delta k$；$f_{x_0}(\rho, \theta)$ 是用户位置的概率密度函数，当用

户位置在小区中呈均匀分布时, 其值为 $1/(\pi R^2)$; $\{w_{u,v}\}$ 为常系数 (具体请参考文献 [36] 和文献 [37])。

将式 (6.5)、式 (6.9)、式 (6.14) 及式 (6.15) 整合代入式 (6.6a), 可建立以缓存部署矩阵 $\boldsymbol{A}^{L \times N} = \{a_{l,n}\}$ 为自变量的函数。但其最优化为一个非线性 0-1 整数规划问题, 很难获得最优解的闭合表达式。下节将讨论如何解决这一优化问题。

6.4　中断概率与前传网络使用率折中优化

本节提出两种有效且实现简单的方案, 以解决小区平均中断概率和前传网络使用率的加权最优化问题, 它们分别是基于遗传算法的缓存方案和模式选择方案。

6.4.1　基于遗传算法的缓存方案

遗传算法适合求解二进制变量的最优化问题 [38], 其算法结构如图 6.4 所示。首先, 产生 N_{p} 个缓存部署矩阵作为优化问题的可能解集, 也称作初始群体 (initial population), 群体大小为 N_{p}, 其中每个矩阵又称作一个个体 (individual)。然后根据式 (6.6a) 计算每一个体对应的目标函数值。N_{e} 个目标函数值最优的个体被选作精英 (elite), 直接复制到下一代群体 (当前群体的后代) 中。下一代群体中的其他个体则通过交叉 (crossover) 和变异 (mutation) 操作产生。交叉函数作用于两个个体 (称作父母) 并产生一个交叉后代 (crossover child), 这有利于将父母的 "优秀基因" 传给后代, 使迭代求解过程逐步收敛。变异函数作用于一个个体, 并产生一个变异后代 (mutation child), 变异操作减小了算法收敛到局部最优解的概率。通过交叉和变异操作产生的个体数量分别记为 N_{c} 和 N_{m}, 满足 $N_{\mathrm{e}} + N_{\mathrm{c}} + N_{\mathrm{m}} = N_{\mathrm{p}}$, 即每一代种群的大小是固定的, 均等于 N_{p}; 交叉率 (crossover fraction) 定义为 $f_{\mathrm{c}} = \dfrac{N_{\mathrm{c}}}{N_{\mathrm{c}} + N_{\mathrm{m}}}$。而选取哪些个体进行交叉和变异操作则是由选择函数 (selection function) 完成的, 从当代群体中选择 $2N_{\mathrm{c}}$ 和 N_{m} 个个体分别用于交叉操作和变异操作, 有些个体可能被多次选择。采用随机均匀采样 (stochastic uniform sampling) 选择算法 [39], 当代群体中目标函数值较低的个体将有更大的概率被选择并产生后代。因拟求解的加权优化问题是一个函数值的最小化问题, 目标函数值越低的个体越接近于最优解, 所以它们应有更大的概率产生后代。重复评估—选择—产生这一过程, 直到达到终止条件 (如迭代过程已经收敛或迭代次数已达到设定值)。最后, 在新一代群体中选择最佳的个体作为算法的输出, 它将逼近或达到最优解。所提出的遗传算法的初始群体、交叉函数和变异函数如下文所述。

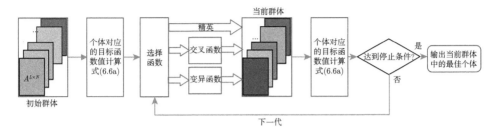

图 6.4 遗传算法结构

1. 初始群体

初始群体为一组矩阵 (个体) $\{A^{L \times N}\}$。对于该矩阵的每一列, 在前 L' 行 (即 $\{a_{1,n}, a_{2,n}, \cdots, a_{L',n}\}, \forall n$) 中随机选择 M_n 个元素, 并将其值设为 1, 其他元素均设为 0, 其中

$$L' = \sum_{n=1}^{N} M_n < L \tag{6.16}$$

以上操作基于如下直观地考虑: 在 RAU 中, 选择缓存流行度排名靠前的文件 $\{F_l | l = 1, 2, \cdots, L'\}$, 而非流行度较低的文件 $\{F_l | l > L'\}$, 从而降低目标函数值。

2. 交叉函数

交叉函数通过父母 A_1 和 A_2 产生后代 A_c。如算法 6.1 所述, 采用两点交叉算法, 其中第 9 步至第 14 步是启发式操作以满足约束条件式 (6.6b)。

算法 6.1　交叉函数

1　从选择函数中获得父母 $A_1 = \{a_{l,n}^{(1)}\}$ 和 $A_2 = \{a_{l,n}^{(2)}\}$, 将其后代初始化为 $A_c = \{a_{l,n}^{(c)}\} = \mathbf{0}^{L \times N}$。

2　`for` $n = 1, 2, \cdots, N$ `do`

3　　产生随机整数 $l_1, l_2 \in [1, L'], \ l_1 \neq l_2$

4　　`if` $l_1 < l_2$ `then`

5　　　将 A_1 中的 $a_{l,n}^{(1)}, \ l = \{l_1, l_1 + 1, \cdots, l_2\}$ 用 A_2 中的 $a_{l,n}^{(2)}, \ l = \{l_1, l_1 + 1, \cdots, l_2\}$ 代替, 然后令 $a_{l,n}^{(c)} = a_{l,n}^{(1)}, \ \forall l \in \{1, 2, \cdots, L\}$

6　　`else`

7	将 $\boldsymbol{A}_2$ 中的 $a_{l,n}^{(2)}$, $l = \{l_2, l_2+1, \cdots, l_1\}$ 用 $\boldsymbol{A}_1$ 中的 $a_{l,n}^{(1)}$, $l = \{l_2, l_2+1, \cdots, l_1\}$ 代替，然后令 $a_{l,n}^{(c)} = a_{l,n}^{(2)}$, $\forall l \in \{1, 2, \cdots, L\}$
8	end
9	while $\sum_{l=1}^{L} a_{l,n}^{(c)} > M_n$ do
10	按照 l 降序依次将非零值 $a_{l,n}^{(c)}$ 改变为 0
11	end
12	while $\sum_{l=1}^{L} a_{l,n}^{(c)} < M_n$ do
13	按照 l 升序依次将零值 $a_{l,n}^{(c)}$ 改变为 1
14	end
15	end

3. 变异函数

变异函数对一个个体 (矩阵) 进行操作产生一个后代。对该矩阵的每一列，在前 L' 行中随机选择一个元素使其值变为相反的，即 0 变成 1 或 1 变成 0，然后再执行与算法 6.1 中第 9 步至第 14 步相同的操作，以满足约束条件式 (6.6b)。

如果迭代产生 N_g 代群体，则共需要计算目标函数值 $N_p N_g$ 次。为了进一步减小缓存策略的运算复杂度，在下一节中将提出模式选择方案。

6.4.2 模式选择方案

最流行内容 (MPC) 缓存和最大内容分集 (LCD) 缓存是两种较为典型的缓存部署方案 [27,40,41]。在 MPC 方案中，每个 RAU 都缓存最流行的内容文件，即第 n 个 RAU 缓存 $\{F_l | l = 1, 2, \cdots, M_n\}$；这样在无线传输时，多个缓存被请求访问文件的 RAU 将同时向用户传输该文件，以发送分集方式降低中断概率。另一方面，所有的 RAU 都缓存相同的文件，因此在所有 RAU 中缓存不同文件的总数量就相对减小，相应地会增加前传网络使用率。在 LCD 方案中，共有 $L' = \sum_{n=1}^{N} M_n (< L)$ 个不同的流行内容文件缓存于 RAU 簇中，这会带来最低的前传网络使用率和相对较高的中断概率。显然，RAU 的地理位置会对 LCD 方案中的小区平均中断概率产生影响。假设用户的位置在小区中呈现均匀分布，将最流行的内容文件缓存在距离小区中心最近的 RAU 中，会带来更低的中断概率性能，这与 RAU 的部署位置问题相似 [42]。我们对 LCD 方案进行改进，从而得到一种基于位置的 LCD(location-based

LCD, LB-LCD) 方案, 如算法 6.2 所示。

算法 6.2   LB-LCD 缓存策略

1　将簇内的 RAU 排序为 $\mathcal{N}_s = \{n_i | i = 1, 2, \cdots, N, \ D_{n_1} \leqslant D_{n_2} \leqslant \cdots \leqslant D_{n_N}\}$, 其中 D_{n_i} 表示第 n_i 个 RAU 到小区中心的距离。

2　将排序后的 RAU 簇 $\mathcal{N}_s$ 的缓存空间按顺序从 RAU n_1 到 RAU n_N 用文件 $\{F_l | l = 1, 2, \cdots, \sum\limits_{n=1}^{N} M_n\}$ 按照流行度从大到小的顺序填满。

例如, 有 3 个 RAU$\{1, 2, 3\}$, 每个 RAU 可以缓存 3 个文件, 则所有的 RAU 共可缓存 9 个不同的文件。RAUi 到小区中心的距离用 D_i 表示, 假设 $D_1 < D_2 < D_3$。LB-LCD 缓存策略如表 6.2 所示。

表 6.2　LB-LCD 缓存策略示例

RAU	1	2	3
	F_1	F_4	F_7
缓存的文件	F_2	F_5	F_8
	F_3	F_6	F_9

如果将 MPC 和 LCD 方案作为联合优化问题的两个解, 则它们的目标函数值均与 η 呈线性关系。当 η 值较小时, 即前传网络使用率具有更多权值时, LCD 方案优于 MPC 方案; 当 η 值较大时, 即小区平均中断概率有更多权值时, MPC 方案优于 LCD 方案。这两个方案目标函数值曲线之间存在交点, 所对应的加权值为

$$\eta_0 = \cfrac{1}{1 + \cfrac{\sum\limits_{l=1}^{L} P_l \mathbb{E}_{x_0}\left[P_{\text{out,MPC}}^{(l)}(x_0) - P_{\text{out,LCD}}^{(l)}(x_0)\right]}{\sum\limits_{l=1}^{L} P_l \left(T_{l,\text{LCD}} - T_{l,\text{MPC}}\right)}} \tag{6.17}$$

当 $M_n = M, \forall n$, 即所有 RAU 的缓存容量均相等时, η_0 可以进一步简化为

$$\eta_0 = \cfrac{1}{1 + \cfrac{\sum\limits_{l=1}^{NM} P_l \mathbb{E}_{x_0}\left[P_{\text{out,LCD}}^{(l)}(x_0) - P_{\text{out,MPC}}^{(l)}(x_0)\right]}{\sum\limits_{l=M+1}^{NM} P_l}} \tag{6.18}$$

详细的证明过程请参见文献 [35]。

基于上述分析，提出一种基于模式选择的缓存策略：无线接入网可以根据小区平均中断概率和前传网络使用率的统计数据进行折中决策，选择一个加权系数 η。当 $\eta \leqslant \eta_0$ 时，选择 LB-LCD 缓存方案；而当 $\eta > \eta_0$ 时，则选择 MPC 缓存方案。

6.4.3 运算复杂度分析

在 η 取固定值时，将求解最优化问题所需要计算目标函数值的次数作为评估标准，对枚举算法，以及本章提出的遗传算法和模式选择算法进行运算复杂度分析。

枚举算法的运算复杂度为 $\prod_{n=1}^{N} \binom{L}{M_n}$。当 $M_n = M, \forall n$ 时，容易看出枚举算法的复杂度与 RAU 的数量呈指数关系，即 $\binom{L}{M}^N$。

遗传算法的复杂度为 $N_\text{p} N_\text{g}$，其中 N_p 和 N_g 分别是群体的大小和群体的迭代次数，N_g 由遗传算法的收敛特性所决定。

模式选择算法的运算复杂度仅为 2。这是因为一旦用式 (6.17) 计算出 η_0 值，无线接入网就可以根据 $\eta > \eta_0$ 准则，从 MPC 和 LCD 两种方案中选择其一进行部署，这时求解式 (6.17) 只涉及 2 次目标函数值的计算。另外，一旦确定 η_0，其他任何 η 值所对应的缓存策略也全部得到。

上述三种方案的运算复杂度总结如表 6.3 所列。

表 6.3 运算复杂度

方案	目标函数值运算复杂度
枚举算法	$\prod_{n=1}^{N} \binom{L}{M_n}$
遗传算法	$N_\text{p} N_\text{g}$
模式选择算法	2

6.5 分布式 MIMO 缓存性能分析

本节给出具有代表性的数值分析和仿真结果，并将提出的两种缓存策略与文献中的典型缓存方案进行性能对比与评估。首先给出两种典型缓存方案 MPC 和 LB-LCD 的性能分析，同时验证小区平均中断概率和前传网络使用率理论分析结果的正确性。然后通过与基于枚举算法的缓存策略相比较，验证所提出的基于遗传算法缓存策略的有效性，并给出联合优化问题的 Pareto 最优解集。还在遗传算法的初始群体中，加入 MPC 和 LB-LCD 缓存部署矩阵，以进一步提高算法性能。最后，对不同缓存策略的性能进行比较，并给出了所提出遗传算法的收敛特性。

在仿真过程中，假设每个 RAU 都有相同的缓存容量，即 $M_n = M$, $\forall n$。每个 RAU 的发送功率均为 $p_{\mathrm{T}} = P/N$，其中 P 为小区的发送总功率，且有 $P/\sigma^2 = 23$dB。设定式 (6.4) 中的常数 K，以使得用户与 RAU 的距离为 R 时，所接收到的信号功率衰减 20dB[43]。在上述设定下，中断概率与半径 R 的实际数值无关，即 R 可以看作是归一化半径。主要的仿真参数如表 6.4 所示。

表 6.4　仿真参数

参数	参数值
路径损耗 α	3
P/σ^2	23dB
信噪比门限 γ_{th}	3dB
用户位置分布	均匀
辛普森积分中的 U 和 V	6, 6
遗传算法中群体大小 N_{p}	50
选择函数	随机均匀采样
每一代精英的数量 N_{e}	10
交叉率 f_{c}	0.85

6.5.1　MPC 与 LB-LCD 缓存策略

MPC 和 LB-LCD 方案的小区平均中断概率 $\left(\sum\limits_{l=1}^{L} P_l \mathbb{E}_{x_0}[P_{\mathrm{out}}^{(l)}(x_0)] \right)$ 和平均前传网络使用率 $\left(\sum\limits_{l=1}^{L} P_l T_l \right)$ 分别如图 6.5 和图 6.6 所示。共有 $L = 50$ 个文件，$N = 7$ 个 RAU，其中 1 个 RAU 部署在小区中心，另外 6 个 RAU 均匀分布在半径为 $2R/3$ 的圆上 [16,44]，每个 RAU 可以缓存 $M = 5$ 个文件。将同时给出仿真结果和数值分析结果。

不同信噪比门限 γ_{th} 和流行度偏态因子 β 所对应的小区平均中断概率如图 6.5 所示。可以看出，MPC 和 LB-LCD 方案的中断概率均随着 γ_{th} 单调增加，且 MPC 方案的中断概率小于 LB-LCD 的中断概率。在 MPC 方案中，不同 β 值对应的中

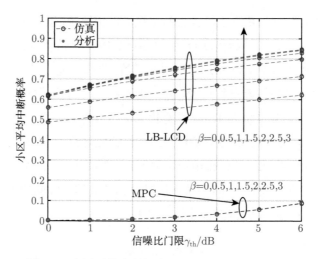

图 6.5 小区平均中断概率 $(L = 50, M = 5, N = 7)$

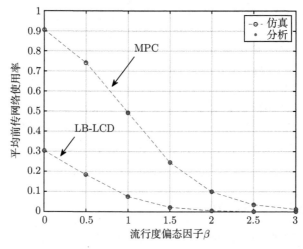

图 6.6 小区平均前传网络使用率 $(L = 50, M = 5, N = 7)$

断概率曲线是相互重合的。原因如下：根据 MPC 缓存策略以及缓存分发方案，无论文件是否缓存在 RAU 中，文件都将从所有的 RAU 传输给用户，所以对于任意第 l 个文件来说，中断概率都是相等的，表示为

$$\mathbb{E}_{x_0}[P_{\text{out}}^{(l)}(x_0)] = P_{\text{cell,out}}^{(l)} = P_{\text{cell,out}},$$

则对于所有的文件访问请求，小区平均中断概率可以表示为

$$\sum_{l=1}^{L} P_l \mathbb{E}_{x_0}[P_{\text{out}}^{(l)}(x_0)] = P_{\text{cell,out}} \cdot \sum_{l=1}^{L} P_l = P_{\text{cell,out}} \qquad (6.19)$$

该值与 β 无关，即无论文件的流行度分布如何，小区平均中断概率保持不变。

对于 LB-LCD 方案，小区平均中断概率在 $\beta = 0$ 时达到最小值，之后随着 β 单调增加，当 β 足够大时，例如 $\beta = 2, 2.5, 3$ 时，中断概率接近最大值。原因如下：根据 LB-LCD 缓存策略和缓存分发方案，如果被请求访问的文件没有缓存在任何 RAU 中，则该文件将从 BBU 池传输到所有的 RAU，然后通过所有的 RAU 传输给用户。由于利用了发射分集，此时中断概率会达到最小值。而如果被请求访问的文件已经缓存在 RAU 中 (仅缓存在一个 RAU 中)，文件会从该 RAU 直接传输给用户，此时并没有发射分集，因此中断概率相对较高。当 $\beta = 0$，$P_l = 1/L, \forall l$，即所有的文件被请求的概率都是相等的，这就意味着小区平均中断概率 "均匀地" 依赖于每个文件被访问时的中断概率；没有在 RAU 中缓存的文件，其被访问时的中断概率要低于已经缓存在 RAU 中的文件。当 β 增加时，访问请求概率曲线会更偏向于排名在前的更为流行的若干内容文件，则小区平均中断概率会更多地取决于这些文件对应的中断概率；在大概率上，这些文件只缓存在某一个 RAU 中，中断概率随着 β 的增加而增大，在 $\beta = 0$ 时达到其下界。注意到

$$\sum_{l=1}^{5} P_l = \begin{cases} 0.90, & \beta = 2.0 \\ 0.96, & \beta = 2.5 \\ 0.99, & \beta = 3.0 \end{cases} \tag{6.20}$$

这说明当 β 足够大时 $(\beta \geqslant 2.0)$，小区平均中断概率几乎完全取决于排名前 5 的流行文件。这 5 个最流行的文件是缓存在位于小区中心的 RAU 中，它们被访问时中断概率相等，因此小区平均中断概率对于大于 2.0 的不同 β 值几乎是相等的，均达到最大值。

图 6.6 示出两种缓存策略所对应的前传网络使用情况，不同偏态因子 β 所对应的曲线。LB-LCD 方案的前传网络使用率低于 MPC 方案，这是因为 LB-LCD 方案在 RAU 中缓存 $MN = 5 \times 7 = 35$ 个不同的文件，而 MPC 方案仅缓存 $M = 5$ 个不同的文件。MPC 和 LB-LCD 方案对应的前传网络使用率均随着 β 的增加而减小，这是由于当 β 增加时，访问请求概率分布会更偏向于排名在前的更为流行的若干内容文件，且在很大概率上这些文件被缓存在 RAU 中。当 $\beta = 3$ 时，前传网络使用率几乎完全取决于排名前 5 的内容文件，且无论 MPC 或 LB-LCD 方案，这些文件均被缓存在 RAU 中，故其前传网络使用率均接近于零。

6.5.2　小区平均中断概率和前传网络使用率折中域

本小节讨论枚举算法和遗传算法的小区平均中断概率和前传网络使用率的折中结果。假设虚拟小区内有 3 个 RAU，它们的极坐标分别为 $\left(\dfrac{R}{4}, 0\right)$，$\left(\dfrac{R}{3}, \dfrac{2\pi}{3}\right)$，$\left(\dfrac{R}{2}, \dfrac{4\pi}{3}\right)$；共有 $L = 9$ 个文件，文件流行度偏态因子 $\beta = 1.5$。

图 6.7 示出基于枚举算法的各种缓存策略所对应的小区平均中断概率和平均前传网络使用率，其中 RAU 缓存容量 $M = 2$。因文件流行度 $\{P_l\}$、前传网络使用率 $\{T_l\}$ 以及中断概率 $\{P_{\text{out}}^{(l)}\}$ 均为 l 的非连续函数，故各缓存策略对应的小区平均中断概率和前传网络使用率折中区域是由离散点组成的，其中每个点代表一种缓存策略。圆圈中的 5 个点是联合优化问题的 Pareto 最优解集 (非支配集，nondominated set[34])，即没有任何其他点可以比 Pareto 解集同时在小区中断概率和前传网络使用率方面表现更优。

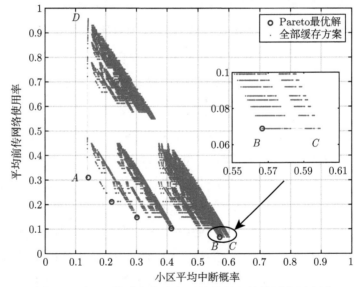

图 6.7　小区平均中断概率与平均前传网络使用率折中域

$$L = 9, M = 2, N = 3, \beta = 1.5$$

当所有的 RAU 缓存的文件均相同时，无论被访问的文件是否缓存在 RAU 中，均通过所有的 RAU 进行发送分集，故小区平均中断概率达到最小。RAU 中缓存文件的流行度会影响前传网络使用率。上述缓存策略所对应的点在线段 AD 上，即线段 AD 是小区平均中断概率的下界。A 点代表的缓存策略是 MPC 方案，它在上述缓存策略条件下可以达到最小的前传网络使用率。这是因为在上述缓存策略中，MPC 缓存了最流行的若干个文件，因此可以将前传网络使用率降到最低。

当 N 个 RAU 缓存流行度高且互不相同的文件，即 $\left\{F_l \mid l = 1, 2, \cdots, \sum_1^N M\right\}$，前传网络使用率达到最小化。缓存这些文件的 RAU 的地理位置会影响小区平均中断概率。上述缓存策略对应的点在线段 BC 上，即线段 BC 是平均前传网络使用率的下界。在上述缓存策略中，因 LB-LCD 方案将最流行的文件缓存在距离小区中心最近的 RAU 中，故 B 点代表的 LB-LCD 方案可以达到小区平均中断概率的最小值。

图 6.8 示出 M 取不同值时，小区平均中断概率和前传网络使用率联合优化问题的 Pareto 解集。通过遗传算法得到的解集与枚举算法得到的结果几乎一致，这表明提出的遗传算法可以获得近似最优解。当 $M = 1, 2, 3$ 时，小区平均中断概率的最小值分别对应点为 A_1，A_2 和 A_3，这三个点对应的小区平均中断概率值是相等的，且均对应 MPC 缓存策略。原因如下：根据 MPC 缓存策略和缓存分发方案，无论 RAU 可以缓存多少文件，所有的 RAU 均同时为用户服务，小区平均中断概率不随 M 值改变。随着 M 值的增加，这三个点所对应的前传网络使用率相应下降，这是因为增加缓存空间可以缓存更多的文件，前传网络使用率将减少。

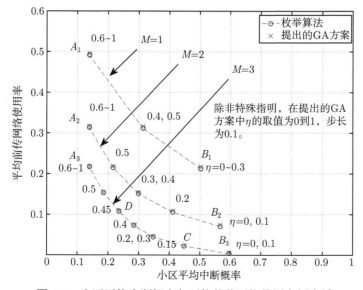

图 6.8　小区平均中断概率与平均前传网络使用率折中域

$L = 9, M = \{1, 2, 3\}, N = 3, \beta = 1.5$；以 0.1 为步长，对遗传算法中的 $\eta \in [0, 1]$ 进行取值

另一方面，当 $M = 1, 2, 3$ 时，前传网络使用率最小值分别对应点 B_1，B_2 和 B_3，这三个点对应的缓存策略均为 LB-LCD 方案。显然，这三个点对应的前传网络使用率随着 M 值的增加而下降。当 $M = 3$ 时，点 B_3 所对应的前传网络使用率为 0，因此时所有的 RAU 中共可缓存 $MN = 3 \times 3 = 9$ 个文件，等于文件集合中所拥有的总文件数量，也即所有的内容文件都已经缓存在 RAU 中。这三个点对应的小区平均中断概率随着 M 的增加而增加。原因如下：根据 LB-LCD 缓存策略和缓存分发方案，当 M 增加时，将有更多的文件缓存在 RAU 中，然而，每个文件仅会缓存在一个 RAU 中，用户访问它时由于没有发送分集，所以中断概率较高；即在 LB-LCD 方案下，RAU 缓存的文件越多，小区平均中断概率反而越高。

应注意到，随着 M 值的增加，基于遗传算法的方案需要对更多的 η 取值进行优化计算，以获取所有的 Pareto 解集。例如，当 $M = 3$ 时，点 C 和 D 所对应的 Pareto 解就是通过对额外的 $\eta = 0.15$ 和 $\eta = 0.45$ 两种取值进行求解而得到的。

表 6.5 示出当 $M = 2$ 时，由遗传算法所获得的最优缓存部署。为简便起见，我们使用 $M \times N$ 维矩阵来表示缓存部署，第 (m, n) 个元素 $b_{m,n} \in \{1, 2, 3, \cdots, L\}$ 表示第 n 个 RAU 中的第 m 个缓存空间所存储文件的标号。由式 (6.18)，$\eta_0 = 0.3312$。

表 6.5　遗传算法获得的最优缓存策略

$\eta = 0$	$\eta = 0.1$	$\eta = 0.2$
$f_{\mathrm{obj}} = 0.0689$	$f_{\mathrm{obj}} = 0.1186$	$f_{\mathrm{obj}} = 0.1651$
$\begin{bmatrix} 1 & 3 & 5 \\ 2 & 4 & 6 \end{bmatrix}$	$\begin{bmatrix} 1 & 3 & 5 \\ 2 & 4 & 6 \end{bmatrix}$	$\begin{bmatrix} 1 & 1 & 4 \\ 2 & 3 & 5 \end{bmatrix}$
$\eta = 0.3$	$\eta = 0.4$	$\eta = 0.5$
$f_{\mathrm{obj}} = 0.1938$	$f_{\mathrm{obj}} = 0.2087$	$f_{\mathrm{obj}} = 0.2144$
$\begin{bmatrix} 1 & 1 & 1 \\ 2 & 3 & 4 \end{bmatrix}$	$\begin{bmatrix} 1 & 1 & 1 \\ 2 & 3 & 4 \end{bmatrix}$	$\begin{bmatrix} 1 & 1 & 1 \\ 3 & 2 & 2 \end{bmatrix}$
$\eta = 0.6$	$\eta = 0.7$	$\eta = 0.8$
$f_{\mathrm{obj}} = 0.2077$	$f_{\mathrm{obj}} = 0.1905$	$f_{\mathrm{obj}} = 0.1733$
$\begin{bmatrix} 1 & 1 & 1 \\ 2 & 2 & 2 \end{bmatrix}$	$\begin{bmatrix} 1 & 1 & 1 \\ 2 & 2 & 2 \end{bmatrix}$	$\begin{bmatrix} 1 & 1 & 1 \\ 2 & 2 & 2 \end{bmatrix}$
$\eta = 0.9$	$\eta = 1.0$	$L = 9$
$f_{\mathrm{obj}} = 0.1561$	$f_{\mathrm{obj}} = 0.1390$	$M = 2$
$\begin{bmatrix} 1 & 1 & 1 \\ 2 & 2 & 2 \end{bmatrix}$	$\begin{bmatrix} 1 & 1 & 1 \\ 2 & 2 & 2 \end{bmatrix}$	$N = 3$
		$\beta = 1.5$

可以看出当 $\eta = 0, 0.1 < \eta_0$ 时，LB-LCD 方案是最优的；而当 $\eta = 0.6 \sim 1.0 > \eta_0$ 时，MPC 方案是最优的；当 $\eta = 0.2 \sim 0.5$ 时，部分文件被重复地缓存在多个 RAU 中。

根据以上分析，MPC 和 LB-LCD 方案分别是联合优化问题的两种特殊解，它们分别对应于 $\eta = 1$ 和 $\eta = 0$。前者可以获得最低的小区平均中断概率，而后者则可以获得最低的平均前传网络使用率。本章提出的基于遗传算法的方案可以根据不同的加权系数，在小区平均中断概率和平均前传网络使用率两者之间获得折中，因此可以得到比 MPC 和 LB-LCD 缓存策略更好的性能。

6.5.3　基于遗传算法的缓存方案和模式选择方案的性能

本小节对所提出的遗传算法缓存方案和模式选择方案进行性能分析。除 MPC 和 LB-LCD 两种典型的缓存方案外，另外两个广泛使用的缓存策略也将用于比较。其中一个方案是随机缓存 (random caching) 策略，即不考虑文件的流行度，每个 RAU 均独立地、随机地缓存文件；另一个方案是概率缓存 (probabilistic caching) 策略，即每个 RAU 根据文件的流行度分布进行随机、独立的缓存，流行度高的文件有更大的概率被缓存 [16,45]。这里假设共有 $L = 50$ 个文件*，系统包含 $N = 7$ 个 RAU，其中 1 个 RAU 位于小区中心，另外 6 个 RAU 均匀分布在半径为 $2R/3$ 的圆上，$\beta = 1.5$。

图 6.9 示出 $M = 5$ 时不同缓存策略对应的目标函数值。可以看出，当加权系数 η 增加时，即更关注中断概率最小化时，MPC 方案的目标函数值线性减小，而 LB-LCD 方案的目标函数值线性增加。当流行度偏态因子 β 增加时，这两个方案目标函数曲线交点的横坐标值 η_0 也逐渐趋近于 0。这是因为当 β 增加时，排名靠前的一些文件的访问概率 P_l 显著增加，则式 (6.18) 中 $\sum\limits_{l=M+1}^{NM} P_l \to 0$，因此 $\eta_0 \to 0$。也就是说，当 β 增加时，在大多数 η 取值情况下 MPC 方案是更优的。这个结论还可以从另外一个角度进行解释。当 β 增加时，平均前传网络使用率会更加依赖于流行度排名更靠前的若干文件。这些文件在 MPC 和 LB-LCD 方案下均会被缓存在 RAU 中，对于这两种方案来说，前传网络使用率情况是相同的，而 MPC 方案

---

　* 尽管实际应用中会有大量的文件被缓存，但若将它们分成不同的类型 [40]，则每个类别 (或子类) 中的文件数量相对有限。因本书提出的方案可以针对每个类别分别进行计算，故在仿真中，设定的文件总数不会导致讨论的折中缓存优化问题失去意义。

可以获得更低的中断概率, 因此 MPC 方案优于 LB-LCD 方案。当 $\beta = 1.5$ 时, 通过式 (6.18) 计算的交点 $\eta_0 = 0.23$ 与仿真结果一致。

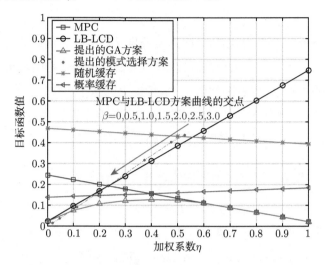

图 6.9   目标函数值与加权系数 $\eta(L{=}50, M{=}5, N{=}7)$

对于所有的 η 值来说, 随机缓存策略的性能均相对较差。这是因为 RAU 随机地选取文件进行缓存, 通过发送分集减小中断概率的可能性较小, 而通过利用文件多样性减小前传网络使用率的可能性也不大。而概率缓存策略则可以通过选取 η 的中部取值区间 (如 $\eta = 0.2 \sim 0.4$), 获得优于模式选择策略的性能。在这个区间范围内, 小区平均中断概率和前传网络使用率在总目标函数中的权重是近似相等的。上述现象是因为在概率缓存策略中, 每个 RAU 将有更大的概率去缓存流行度高的文件, 所以不同的 RAU 缓存相同的高流行度文件的概率是较高的, 这可以减小小区平均中断概率; 同时, 概率缓存固有的随机性又使得 RAU 可以缓存不同的文件, 以减小前传网络使用率。还可以看出, 本章提出的基于遗传算法的缓存方案, 可以获得比其他缓存策略更好的性能。举例来说, 当 $\eta = 0.4$ 时, 所提出的遗传算法的目标函数值比典型的概率缓存方案要低 18.25%; 而当 $\eta = 1$ 时, 性能优势则增加到 87.9%; 在所有 η 取值情况下性能平均改进为 47.5%。

本章提出的遗传算法和模式选择算法所对应的小区平均中断概率、前传网络使用率与加权系数之间的关系如图 6.10 所示。应注意到, 模式选择算法在 $\eta \leqslant \eta_0$ 时为 LB-LCD 方案, 而在 $\eta > \eta_0$ 时为 MPC 方案。当 $\eta = 0$ 时, 基于遗传算法的缓存策略对应于 LB-LCD 方案。随着 η 增加, 基于遗传算法的缓存策略也相应改变, 其对应的小区平均中断概率逐渐变小, 而前传网络使用率逐渐增加; 当 $\eta = 0.6$ 时, 它们分别达到下界和上界, 并在 $0.6 \leqslant \eta \leqslant 1$ 时保持不变, 这时缓存策略演变为 MPC 方案。基于遗传算法的方案可以根据不同的加权系数 η 来调整缓存部署; 而模式选择算法仅根据 $\eta > \eta_0$ 是否满足, 在 MPC 和 LB-LCD 方案中择一而用; 基于遗传算法的方案较模式选择方案可以获得更好的性能, 但模式选择方案优势在于其极低的运算复杂度。

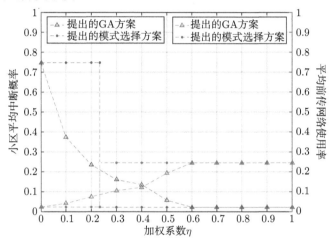

图 6.10 平均中断概率、前传网络使用率与 η 关系 (L=50, M=5, N=7, β=1.5)

图 6.11 示出遗传算法和模式选择方案的性能随缓存容量 M 的变化情况, 其中 L=50, N=7, β=1.5。可以看出, 在大部分 η 取值范围内, 模式选择方案均可以

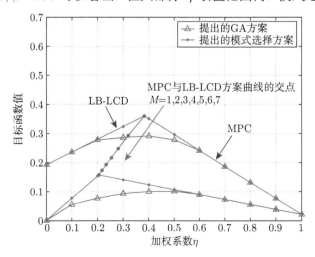

图 6.11 目标函数值与加权系数 η ($L = 50, M = 5, N = 7, \beta = 1.5$)

获得接近最优的性能。随着缓存容量 M 的增加，模式选择方案曲线的顶点，也即 MPC 和 LB-LCD 方案曲线的交点逐渐向原点方向移动。这意味着：随着 M 的增加，MPC 方案会在大部分 η 取值范围内占有优势。原因如下：当 M 增加时，RAU 中可以缓存更多的文件，而前传网络使用率几乎取决于缓存在 RAU 中的流行度排名靠前的这些文件，因此 MPC 和 LB-LCD 方案对应的前传网络使用率趋于一致，而 MPC 方案可以获得更低的中断概率，且 LB-LCD 方案的小区平均中断概率随着 M 的增加而增加。因此，MPC 方案对应的目标函数值要比 LB-LCD 方案更低，且在大部分 η 取值范围内，MPC 方案均优于 LB-LCD 方案。

图 6.12 所示为提出的遗传算法的收敛特性，其中 $L=50, M=5, N=7, \beta=1.5$。可以看出，群体中所有个体目标函数值的平均值基本在 8 次迭代后收敛，其运算复杂度为 $N_\mathrm{g}N_\mathrm{p} = 8 \times 50 = 400$。而枚举算法的运算复杂度为 $\binom{50}{5}^7 = 1.92 \times 10^{44}$，在实践中难以实现。前面曾提到，文件的流行度在相当长一段时间内保持不变，因此缓存部署算法的收敛时间并非关键。而在文件分发时，需要迅速确定传输方案以适应无线信道状态信息的变化。与文件分发不同，因统计数据 (即文件被请求访问的概率) 的变化较为缓慢，缓存方案并不需要迅速做出决定。另外，如果充分利用 C-RAN 的云计算资源进行并行计算，可以增加遗传算法的群体大小，在每一次迭代中增加可能解的数量，加快遗传算法的收敛速度，以计算资源换取优化所需的时间，满足实际系统的实时性要求。

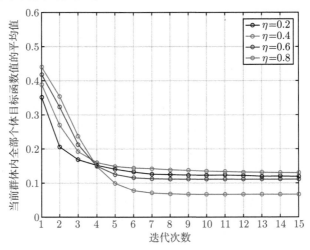

图 6.12　遗传算法收敛特性 $(L = 50, M = 5, N = 7, \beta = 1.5)$

6.6　本章小结

内容缓存技术可以有效地减小 C-RAN 前传及回程网络的负载,是一项非常有发展前景的技术。本章针对 C-RAN 架构下分布式 MIMO 系统的虚拟小区下行链路内容缓存策略进行研究,在给出相应缓存模型的基础上,以同时降低小区平均中断概率和前传网络使用率为目标,将该联合优化问题建模转化为加权优化模型。提出两种易于实现且性能较好的缓存策略,其中基于遗传算法的方案可以获得几乎与枚举算法相同的最优性能,而运算复杂度却显著减小,且可以充分利用 C-RAN 的云计算资源进行并行计算,满足系统实时性要求;对于模式选择方案,它可根据目标函数的加权值在 MPC 和 LB-LCD 两种方案间做出选择,在大部分加权系数取值条件下,获得近似最优的性能。本章还对几种典型的缓存策略进行了分析和性能对比,包括 MPC、LCD、概率缓存、随机缓存策略等。与典型的概率缓存策略相比,所提出的基于遗传算法的方案可以平均减小 47.5%目标函数值,而模式选择算法的平均性能可提高 36.9%。在实践中,无线接入网可以根据系统内的前传网络使用率和中断概率统计数据进行折中,并使用本章提出的方案作为其基本的缓存策略。

参考文献

[1] Buzzi S, I C L, Klein T E, et al. A survey of energy-efficient techniques for 5G networks and challenges ahead. IEEE Journal on Selected Areas in Communications, 2016, 34(4): 697-709.

[2] Gupta A, Jha R K. A survey of 5G network: Architecture and emerging technologies. IEEE Access, 2015, 3: 1206-1232.

[3] Galinina O, Pyattaev A, Andreev S, et al. 5G multi-RAT LTE-WiFi ultra-dense small cells: Performance dynamics, architecture, and trends. IEEE Journal on Selected Areas in Communications, 2015, 33(6): 1224-1240.

[4] Huq M S K, Mumtaz S, Bachmatiuk J, et al. Green HetNet CoMP: Energy efficiency analysis and optimization. IEEE Transactions on Vehicular Technology, 2015, 64(10): 4670-4683.

[5] Checko A, Christiansen H L, Yan Y, et al. Cloud RAN for mobile networks—A technology overview. IEEE Communications Surveys & Tutorials, 2015, 17(1): 405-426.

[6] I C L, Huang J, Duan R, et al. Recent progress on C-RAN centralization and cloudification. IEEE Access, 2014, (2): 1030-1039.

[7] Cisco. Cisco visual networking index: Global mobile data traffic forecast update, 2016-2021 White Paper. 2017.

[8] Jaber M, Imran M A, Tafazolli R, et al. 5G backhaul challenges and emerging research directions: A survey. IEEE Access, 2016, 4: 1743-1766.

[9] Liu J, Xu S, Zhou S, et al. Redesigning fronthaul for nextgeneration networks: Beyond baseband samples and point-to-point links. IEEE Wireless Communications, 2015, 22(5): 90-97.

[10] Siddique U, Tabassum H, Hossain E, et al. Wireless backhauling of 5G small cells: Challenges and solution approaches. IEEE Wireless Communications, 2015, 22(5): 22-31.

[11] Wang X, Chen M, Taleb T, et al. Cache in the air: Exploiting content caching and delivery techniques for 5G systems. IEEE Communications Magazine, 2014, 52(2): 131-139.

[12] Poularakis K, Iosifidis G, Sourlas V, et al. Exploiting caching and multicast for 5G wireless networks. IEEE Transactions on Wireless Communications, 2016, 15(4): 2995-3007.

[13] Maddah-Ali M A, Niesen U. Fundamental limits of caching. IEEE Transactions on Information Theory, 2014, 60(5): 2856-2867.

[14] Duan J, Lagrange X, Guilloud F. Performance analysis of several functional splits in C-RAN. Proc. IEEE Vehicular Technology Conference (VTC), 2016.1-5.

[15] Peng X, Shen J C, Zhang J, et al. Joint data assignment and beamforming for backhaul limited caching networks. Proc. IEEE Annual International Symposium on Personal, Indoor, and Mobile Radio Communication (PIMRC), Washington D C, 2014. 1370-1374.

[16] Tao M, Chen E, Zhou H, et al. Content-centric sparse multicast beamforming for cache-enabled Cloud RAN. IEEE Transactions on Wireless Communications, 2016, 15(9): 6118-6131.

[17] Pantisano F, Bennis M, Saad W, et al. Match to cache: Joint user association and backhaul allocation in cache-aware small cell networks. Proc. IEEE International Conference on Communications (ICC), London, 2015. 3082-3087.

[18] Hsu H, Chen K C. A resource allocation perspective on caching to achieve low latency. IEEE Communications Letters, 2016, 20(1): 145-148.

[19] Li X, Wang X, Xiao S, et al. Delay performance analysis of cooperative cell caching in future mobile networks. Proc. IEEE International Conference on Communications (ICC), London, 2015. 5652-5657.

[20] Zhou Y, Zhao Z, Li R, et al. Cooperation-based probabilistic caching strategy in clustered cellular networks. IEEE Communications Letters, 2017, 21(9): 2029-2032.

[21] Liao J, Wong K K, Khandaker R A M, et al. Optimizing cache placement for heterogeneous small cell networks. IEEE Communications Letters, 2017, 21(1): 120-123.

[22] Wang S, Zhang X, Yang K, et al. Distributed edge caching scheme considering the tradeoff between the diversity and redundancy of cached content. Proc. IEEE/CIC International Conference on Communications in China (ICCC). Shenzhen, 2015: 1-5.

[23] Li Q, Shi W, Ge X, et al. Cooperative edge caching in software defined hyper-cellular networks. IEEE Journal on Selected Areas in Communications, 2017, 35(11): 2596-2605.

[24] Yan Z, Chen S, Ou Y, et al. Energy efficiency analysis of cacheenabled two-tier HetNets under different spectrum deployment strategies. IEEE Access, 2017, 5: 6791-6800.

[25] Chen Y, Ding M, Li J, et al. Probabilistic small-cell caching: Performance analysis and optimization. IEEE Transactions on Vehicular Technology, 2017, 66(5): 4341-4354.

[26] Song J, Song H, Choi W. Optimal caching placement of caching system with helpers. Proc. IEEE International Conference on Communications (ICC), London, 2015. 1825-1830.

[27] Peng X, Shen J C, Zhang J, et al. Backhaul-aware caching placement for wireless networks. Proc. IEEE Global Communications Conference (GLOBECOM). San Diego, 2015. 1-6.

[28] Wen J, Huang K, Yang S, et al. Cache-enabled heterogeneous cellular networks: optimal tier-level content placement. IEEE Transactions on Wireless Communications, 2017, 16(9): 5939-5952.

[29] Breslau L, Cao P, Fan L, et al. Web caching and Zipf-like distributions: evidence and implications. Proc. 18th Annu. Joint Conf. IEEE International Conference on Computer Communications (INFOCOM), New York, 1999.

[30] Shanmugam K, Golrezaei N, Dimakis A G, et al. Femtocaching: Wireless content delivery through distributed caching helpers. IEEE Transactions on Information Theory, 2013, 59(12): 8402-8413.

[31] Zhu H L, Wang J Z. Chunk-based resource allocation in OFDMA systems—Part I: chunk allocation. IEEE Transactions on Communications, 2009, 57(9): 2734-2744.

[32] Zhu H L, Wang J Z. Chunk-based resource allocation in OFDMA systems—Part II: Joint chunk, power and bit allocation. IEEE Transactions on Communications, 2012, 60(2): 499-509.

[33] Zhu H L. Radio resource allocation for OFDMA systems in high speed environments. IEEE Journal on Selected Areas in Communications, 2012, 30(4): 748-759.

[34] Ehrgott M. Multicriteria Optimazation. 2nd ed. New York: Springer, 2005.

[35] Ye Z, Pan C, Zhu H, et al. Tradeoff caching strategy of the outage probability and fronthaul usage in a C-RAN. IEEE Transactions on Vehicular Technology, 2018, 67(7): 6383-6397.

[36] Wang J Y, Wang J B, Chen M, et al. System outage probability analysis of uplink distributed antenna systems over a composite channel. Proc. IEEE Vehicular Technology Conference (VTC), Yokohama, 2011. 1-5.

[37] Burden R L, Faires J D. Numerical Analysis. 9th ed. Boston: Cengage Learning, 2011.

[38] Srinivas M, Patnaik L M. Genetic algorithms: A survey. Computer, 1994, 27(6): 17-26.

[39] Mitchell M. An Introduction to Genetic Algorithms. Cambridge: MIT Press, 1998.

[40] Ahlehagh H, Dey S. Video-aware scheduling and caching in the radio access network. Transactions on Networking, 2014, 22(5): 1444-1462.

[41] Golrezaei N, Mansourifard P, Molisch A F, et al. Basestation assisted device-to-device communications for high-throughput wireless video networks. IEEE Transactions on Wireless Communications, 2014, 13(7): 3665-3676.

[42] Park E, Lee S R, Lee I. Antenna placement optimization for distributed antenna systems. IEEE Transactions on Wireless Communications, 2012, 11(7): 2468-2477.

[43] Kim H, Lee S R, Lee K J, et al. Transmission schemes based on sum rate analysis in distributed antenna systems. IEEE Trans. Wireless Commun., 2012, 11(3): 1201-1209.

[44] Zhang J, Andrews J G. Distributed antenna systems with randomness. IEEE Transactions on Wireless Communications, 2008, 7(9): 3636-3646.

[45] Alameer A, Sezgin A. Resource cost balancing with caching in C-RAN. Proc. IEEE Wireless Communications and Networking Conference (WCNC), San Francisco, 2017. 1-6.

第 7 章　分布式MIMO低复杂度无线传输技术

采用多用户协作传输是充分挖掘分布式 MIMO 系统空间复用增益的主要技术途径。但是，随着天线规模和用户规模的增加以及带宽的增加，一方面，用于获取信道信息的导频开销线性增加；另一方面，收发机的实现复杂度也随天线规模立方增加。如何尽可能地利用导频资源，并以较低的复杂度实现多用户分布式 MIMO 的收发机，是其应用难点。

针对这一问题，本章首先研究分布式 MIMO 与现有标准中广泛采纳的正交频分复用 (OFDM) 技术的相互结合问题，在此基础上给出分布式 MIMO 系统的多用户预编码和多用户接收机的低复杂度实现方法。接着，针对分布式 MIMO 信道的稀疏性，研究了导频复用方法，降低了导频开销，提高了系统的频谱效率。最后，充分利用信道的稀疏特性，研究了稀疏信道检测和稀疏预编码方法，进一步降低了系统实现的复杂度。

7.1　分布式 MIMO-OFDM 系统

7.1.1　MIMO-OFDM 分块传输

多径衰落是宽带无线通信信道的基本特征。以单天线系统为例，假设收发之间的多径信道可以建模为

$$h\left(\tau\right) = \sum_l h_l \delta\left(\tau - \tau_l\right)$$

式中，$\delta\left(\tau\right)$ 表示狄拉克函数；τ_l 表示第 l 径信道的时延；h_l 表示路径增益。为了对抗多径衰落引入的符号间干扰，接收机通常采用信道均衡技术。

　　分块传输是降低信道均衡复杂度的常用方法, 图 7.1 给出了加循环前缀的分块传输的示意图。在发射端, 将数据符号分成长度为 N_{fft} 的数据块, 然后将数据块后面的 L_{cp} 个样点拷贝到数据块前, 形成循环前缀。假设循环前缀的长度大于最大多径时延。接收信号是发送信号与信道响应的卷积。在接收端, 去除循环前缀后, 接收信号可以表示为发送信号与信道的循环卷积。即

$$y = Hs + z$$

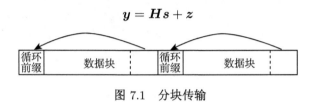

图 7.1　分块传输

式中, y 表示去除循环前缀后的接收信号; s 是发送信号; z 表示加性高斯白噪声; H 是 $N_{\text{fft}} \times N_{\text{fft}}$ 的循环矩阵, 其第一列为 $\begin{bmatrix} h_0 & \cdots & h_{L_{\text{cp}}-1} & 0 \end{bmatrix}^{\text{T}}$。循环矩阵具有很好的性质, 它的特征值分解可以表示为

$$H = F^{\text{H}} D F$$

式中, F 表示 FFT 矩阵, 其第 i 行 j 列的元素 $[F]_{ij}$ 表示为

$$[F]_{i,j} = \frac{1}{\sqrt{N_{\text{fft}}}} \exp\left(-\iota \frac{2\pi ij}{N_{\text{fft}}}\right) (i, j = 0, \cdots, N_{\text{fft}} - 1)$$

D 为对角阵, 其对角线元素为 H 第一列的非归一化 FFT 变换, 即信道的频域响应。由 H 的性质可以看出, 它的逆矩阵可以通过 FFT/IFFT 快速实现。因此, 采用循环前缀后, 信道均衡可使用 FFT/IFFT 和单点均衡实现。

　　基于上述原理的分块传输系统称之为单载波频域均衡系统, 它具有峰均比低、可获得频率分集等优点, 被应用于 IEEE 802.11ad 标准。

　　运用类似的原理, 还可进一步得到 OFDM 系统。如图 7.2 所示, 当发送端对数据块先进行 IFFT 变换, 然后再加循环前缀, 即为 OFDM 系统。在接收端, 去除循环前缀后, 所得到的信号为

$$y = HF^{\text{H}}s + z$$

对该信号进行 FFT 变换后, 得到

$$Fy = FHF^{\text{H}}s + Fz = Ds + Fz$$

这里可以看到，采用 OFDM 技术可以把频率选择性信道变为多个并行平坦信道，且不改变噪声的统计特性。

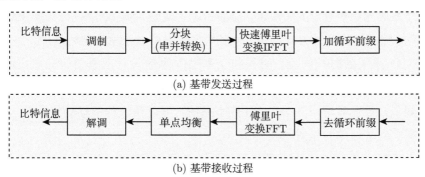

(a) 基带发送过程

(b) 基带接收过程

图 7.2　OFDM 发送和接收过程

OFDM 具有时频资源分配灵活、易于结合多天线技术、均衡的复杂度低等特点，被广泛应用于无线通信的标准中，例如 4G LTE、Wi-Fi 和 5G NR。

集中式 MIMO 和分布式 MIMO 是 5G NR 技术标准的两种多天线配置形式。对于集中式 MIMO 系统，假设有 N 根发送天线，K 根接收天线。在去除循环前缀并进行 FFT 变换后，其频域接收信号可以表示为

$$y = \begin{bmatrix} D_{1,1} & \cdots & D_{1,K} \\ \vdots & & \vdots \\ D_{N,1} & \cdots & D_{N,K} \end{bmatrix} \begin{bmatrix} s_1 \\ \vdots \\ s_K \end{bmatrix} + \begin{bmatrix} Fz_1 \\ \vdots \\ Fz_K \end{bmatrix}$$

此处的频域信道矩阵为分块对角阵。由此还可以看到，MIMO 技术和 OFDM 技术相结合，能够将具有多径时延扩展的频率选择性 MIMO 信道等效为每个子载波上平坦衰落的 MIMO 信道。因此，前述各章节的系统建模与分析方法仍然适用。

采用分布式天线部署时，根据接入点覆盖范围对应的最大多径时延和技术标准支持的循环前缀长度，合理地选取协作节点，可以形成分布式 MIMO-OFDM 系统。其数学模型与集中式 MIMO-OFDM 相类似。采用分布式 MIMO-OFDM 既可以对抗宽带传输中的多径干扰，将频率选择性信道变为平坦信道，又可以结合第 3 章的协作传输方法，对抗多用户干扰和多小区干扰。

7.1.2　分布式 MIMO-OFDM 系统设计问题

获知信道状态信息是无线通信系统中实现相干接收的前提。信道状态信息获取通常包括两个主要步骤：时频同步和信道参数估计。时频同步是信道信息获取

和接收机正常工作的第一步，相对于集中式 MIMO-OFDM，分布式 MIMO-OFDM
系统还需要建立不同 RAU 之间的时频同步机制。为获取信道参数估计，系统需要
周期性地发送导频信息。但需注意，随着带宽及发送天线数 (或空分用户数) 的增
加，所需导频开销以线性方式增加，且多用户收发机复杂度也急剧增加。

OFDM 系统的时频同步一直是 4G 和 5G 系统设计的重要研究点。集中式
MIMO-OFDM 系统易于实现共参考时钟，基于同步信号可方便地实现系统的时间
和频率同步。对于多用户 MIMO-OFDM 系统，可以通过调节移动终端发送时间，
将所有用户到基站的时延进行对齐。

对于分布式 MIMO，由于多个节点处于不同的物理位置，其时频同步比集中
式 MIMO 更具挑战性。为了实现协作传输，首先要求多个节点的时钟同步。额外
增加硬件或软件是实现时钟同步的常用方法，例如采用高精度的全球定位系统或
采用 IEEE 1588 v2 协议实现的时钟分发系统。为了降低成本，还可以通过设计节
点间的空口链路，实现多个节点的时钟同步 [1]。

在时钟同步的基础上，分布式 MIMO-OFDM 可以采用与集中式 MIMO-OFDM
相同的时频同步方法。但需注意，在分布式 MIMO 系统中，用户到多个接入点的
距离不尽相同，即使调节用户的发送时间，也无法保证信号在到达多个接入点时能
够相互对齐。

图 7.3(a) 给出具有两个用户和两个接入点的分布式多用户 MIMO-OFDM 系
统。这里，我们假设用户与接入点的时钟频率完全同步，且不考虑频率偏移。若用户
1 和用户 2 到接入点 1 和接入点 2 的距离各不相同，则信号到达接入点的时间也不
相同。如图 7.3(b) 所示，假设用户 1 的信号首先到达接入点 1，接入点 1 在去除循环

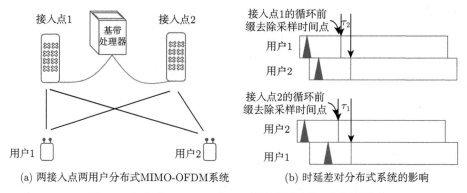

(a) 两接入点两用户分布式MIMO-OFDM系统 (b) 时延差对分布式系统的影响

图 7.3 分布式 MIMO-OFDM 系统及时延差对其的影响

前缀时，以用户 1 的信号到达时间为基准。那么，在对于用户 2 的 OFDM 符号，接入点 1 的采样偏移 τ_2 个样点。类似地，若用户 2 的信号首先到达接入点 2，则对于用户 1 的 OFDM 符号，接入点 2 的采样偏移了 τ_1 个样点。应注意，在去除 OFDM 的循环前缀后，符号采样偏移会造成频域的相位旋转。从频域上来看，相比集中式多用户 MIMO-OFDM，分布式多用户 MIMO-OFDM 所面临的信道频率选择性更严重。这将对收发机设计带来更严峻的挑战。

以下将从收发机的设计和导频复用两个方面，研究分布式 MIMO-OFDM 的低复杂度传输技术，并利用分布式 MIMO 的信道稀疏性特点降低信道估计的导频开销。

7.2　分布式 MIMO 的多用户收发方法

如前所述，OFDM 是降低宽带 MIMO 信道均衡和资源分配复杂性的有效手段。设计低复杂度的 MIMO-OFDM 多用户预编码和联合接收机，则是 4G 和 5G 系统的关键。

对于采用集中式 MIMO 的 4G LTE 和 5G NR 系统，通常采用宽带预编码降低 OFDM 系统的多用户预编码复杂度。其主要思路是：利用信道的统计信息，例如信道的相关矩阵，在波束域去除多用户之间的干扰。对于上述系统的接收机，同样可以采用类似的思路降低多用户检测的复杂性。

考虑到分布式 MIMO 信道的相关性较低，这里采用如图 7.4 所示的思路降低大规模分布式 MIMO 系统的复杂性 [2]。利用多用户的信道状态信息，采用大维矩阵运算得到多用户预编码和干扰抑制 (或解耦) 矩阵，在此基础上对解耦后的等效单用户信道进行单用户预编码或单用户接收机。为降低复杂度，信道状态信息的选取可以考虑以相干带宽和相干时间为参考，在 OFDM 的多个时频资源块中抽取一

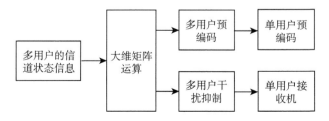

图 7.4　大规模分布式 MIMO 多用户低复杂度收发设计方法框图

个子载波的信道矩阵，或运用该时频资源内信道的相关矩阵。考虑到分布式 MIMO 的信道相关性小，本章采用前者方法。

以下分别针对多用户预编码和多用户检测介绍分布式 MIMO 的收发机设计。

7.2.1　多用户预编码

假设系统共有 K 个用户，基站端有 N 个 RAU。不失一般性，假设所有用户的天线数相同，且每个用户具有 L 根天线；所有的 RAU 天线数相同，且每个 RAU 具有 M 根天线。假设用户 k 收到的下行信号可以表示为

$$y_k = G_k W_{\mathrm{MU},k} E_k s_k + G_k \sum_{i \neq k} W_{\mathrm{MU},i} E_i s_i + z_k \tag{7.1}$$

式中，$W_{\mathrm{MU},k}$ 表示用户 k 的多用户预编码；E_k 表示用户 k 的单用户预编码；s_k 表示用户 k 的发送信号；z_k 表示噪声；G_k 表示所有 RAU 与第 k 个用户之间的信道，它是一个 $L \times MN$ 矩阵。假设基站已知下行链路的整个信道状态信息矩阵。

如前所述，多用户预编码矩阵 W_{MU} 的主要作用是消除用户之间的干扰，可以采用宽带、长时预编码降低大维矩阵处理的复杂性。W_{MU} 具有如下性质：

$$G_k W_{\mathrm{MU},i} = 0, k \neq i \tag{7.2}$$

在式 (7.2) 的约束下，可以采用块对角化和迫零预编码获得所需的多用户预编码。

1. 块对角化多用户预编码 [3]

块对角化 (block diagonalization，BD) 预编码的主要思想是，将目标用户的预编码矩阵设计映射到其他用户信道矩阵的零空间里。基于该思想，对于第 k 个用户，定义如下矩阵

$$G_{[k]} = \begin{bmatrix} G_1^{\mathrm{T}} & \cdots & G_{k-1}^{\mathrm{T}} & G_{k+1}^{\mathrm{T}} & \cdots & G_K^{\mathrm{T}} \end{bmatrix}^{\mathrm{T}}$$

它表示：在所有 RAU 到所有用户的下行信道矩阵中，去除到第 k 个用户的信道矩阵 G_k 所构成的 $(K-1)L \times MN$ 的信道矩阵。对 $G_{[k]}$ 进行奇异值分解 (singular value decomposition，SVD)

$$G_{[k]} = U_k \Gamma_k V_k^{\mathrm{H}}$$

取出 V_k 矩阵的最后 L 列，即为第 k 个用户的多用户预编码矩阵 $W_{\mathrm{MU},k}$。经过下行预编码后，第 k 个用户的等效信道可以表示为

$$\hat{G}_k = G_k W_{\mathrm{MU},k}$$

考虑到 $\boldsymbol{W}_{\mathrm{MU},k}$ 的宽带和长时特性，我们可以采用类似点到点 MIMO 预编码设计方法，针对等效信道 $\hat{\boldsymbol{G}}_k$ 进行短时预编码。典型的点到点预编码可以采用对 $\hat{\boldsymbol{G}}_k^{\mathrm{H}}\hat{\boldsymbol{G}}_k$ 进行特征值分解，然后针对信道的传输能力选择数据流的个数 N_k，取特征矩阵的前 N_k 列，即为用户 k 的预编码矩阵 $\boldsymbol{E}_k$。

2. 迫零多用户预编码

迫零预编码也是常见的用于消除用户间干扰的预编码方法之一。文献 [4] 提出了广义迫零逆矩阵 (generalized zero forcing inversion，GZI) 方法，可满足式 (7.2) 的约束要求，且复杂度低于块对角化预编码。

迫零预编码的主要思想是，首先针对整个下行信道求解其伪逆

$$\tilde{\boldsymbol{G}} = \boldsymbol{G}^{\mathrm{H}}\left(\boldsymbol{G}\boldsymbol{G}^{\mathrm{H}}\right)^{-1} = \left[\begin{array}{ccc} \tilde{\boldsymbol{G}}_1 & \cdots & \tilde{\boldsymbol{G}}_K \end{array}\right]$$

然后利用迫零矩阵的性质

$$\boldsymbol{G}_k\tilde{\boldsymbol{G}}_i = \left\{\begin{array}{ll} \boldsymbol{I}, & k = i \\ \boldsymbol{0}, & k \neq i \end{array}\right.$$

对 $\tilde{\boldsymbol{G}}_i$ 进行 QR 分解

$$\tilde{\boldsymbol{G}}_k = \boldsymbol{Q}_k\boldsymbol{R}_k$$

上式中 $\boldsymbol{Q}_k$ 是 $MN \times L$ 的酉矩阵；$\boldsymbol{R}_k$ 是 $L \times L$ 的上三角矩阵。如果 $\boldsymbol{R}_k$ 可逆，进而可以得到

$$\boldsymbol{G}_k\boldsymbol{Q}_i = \left\{\begin{array}{ll} \boldsymbol{R}_k^{-1}, & k = i \\ \boldsymbol{0}, & k \neq i \end{array}\right.$$

可知 $\boldsymbol{Q}_k$ 是满足条件式 (7.2) 的预编码矩阵。依次对 $\tilde{\boldsymbol{G}}_i$ 进行 QR 分解，可以得到下行链路的多用户预编码矩阵 $\boldsymbol{W}_{\mathrm{MU}}$。短时预编码的计算可以参考 BD 预编码中的方法。

需要注意的是，$\boldsymbol{W}_{\mathrm{MU}}$ 为宽带长时预编码，由于信道频域和时域的变化，$\boldsymbol{G}_k\boldsymbol{W}_{\mathrm{MU},i} \neq \boldsymbol{0}$，即存在残余多用户干扰。采用多用户正交的下行预编码导频，可以在用户侧估计出自身的信道 $\boldsymbol{G}_k\boldsymbol{W}_{\mathrm{MU},k}\boldsymbol{E}_k$，以及干扰用户的信道 $\boldsymbol{G}_k\boldsymbol{W}_{\mathrm{MU},i}\boldsymbol{E}_i$。下一节将详细介绍如何通过设计接收机算法，抑制残余干扰，从而提高检测的性能。

7.2.2　多用户干扰抑制和检测

假设基站接收到的上行信号可以表示为

$$y = HFs + z \tag{7.3}$$

式中，F 表示上行链路预编码矩阵；s 表示用户的发送信号；z 表示噪声。整个大规模分布式多用户 MIMO 系统的上行信道矩阵可以表示为一个 $MN \times KL$ 的矩阵，$H = [H_1 \ \cdots \ H_K]$。系统中第 k 个用户与所有 RAU 之间的上行信道可以表示为一个 $MN \times L$ 的矩阵，$H_k = \left[H_{1,k}^{\mathrm{T}} \ \cdots \ H_{N,k}^{\mathrm{T}} \right]^{\mathrm{T}}$，$H_{n,k}$ 表示第 k 个用户和第 n 个 RAU 之间的信道矩阵，维度为 $M \times L$。考虑宽带 OFDM 系统对每个子载波做多用户检测复杂度难以承受，可以针对多个子载波计算一个干扰抑制矩阵，然后再进行单用户检测。

假设用户间的干扰抑制矩阵可以表示为 $W_{\mathrm{IS}} = \left[W_{\mathrm{IS},1}^{\mathrm{T}} \ \cdots \ W_{\mathrm{IS},K}^{\mathrm{T}} \right]^{\mathrm{T}}$，它是一个 $KL \times MN$ 的矩阵。当接收机已知 H 时，采用 7.2.1 节的块对角化方法和 GZI 方法，可以得到 W_{IS}。

对于干扰抑制后的第 k 个用户，其接收信号可以表示为

$$W_{\mathrm{IS},k} y = W_{\mathrm{IS},k} H_k F_k s_k + \sum_{i \neq k} W_{\mathrm{IS},k} H_i F_i s_i + W_{\mathrm{IS},k} z \tag{7.4}$$

式中，F_k 表示第 k 个用户的 $L \times N_k$ 上行预编码矩阵；N_k 表示第 k 个用户发送的数据流个数。式 (7.4) 进一步可以简化表示为

$$\tilde{y}_k = \tilde{H}_k s_k + \tilde{z}_k \tag{7.5}$$

式中，$\tilde{y}_k = W_{\mathrm{IS},k} y$ 为用户 k 的干扰抑制后的等效接收信号；$\tilde{H}_k = W_{\mathrm{IS},k} H_k F_k$ 为干扰抑制后的等效信道，其等效的干扰加噪声的协方差矩阵可以表示为

$$\mathrm{cov}\,(\tilde{z}_k, \tilde{z}_k) = \Sigma_k = \sum_{i \neq k} W_{\mathrm{IS},i} H_i F_i F_i^{\mathrm{H}} H_i^{\mathrm{H}} W_{\mathrm{IS},i}^{\mathrm{H}} + \sigma^2 I_L$$

它是一个 $L \times L$ 矩阵。

可以看到，下行链路用户接收机的模型式 (7.1) 与上行链路经过干扰抑制后的模型式 (7.5) 相类似，是典型的有色噪声下的线性模型。为了提高单用户的检测性能，抑制用户的流间干扰和有色噪声，考虑采用文献 [5] 给出的软干扰抵消方法。

根据文献 [5]，在有发送符号的先验信息条件下，模型式 (7.5) 的检测可以表示为

$$\hat{s}_k = \Omega_k^{-1} \left(\tilde{H}_k^{\mathrm{H}} \Sigma_k^{-1} \tilde{H}_k V_k + I_{N_k} \right)^{-1} \tilde{H}_k^{\mathrm{H}} \Sigma_k^{-1} \left(\tilde{y}_k - \tilde{H}_k \bar{s}_k \right) + \bar{s}_k \tag{7.6}$$

式中，对角阵 V_k 表示发送信号 s_k 的先验协方差矩阵；$\bar{s}_k$ 表示 s_k 的先验均值向量；Ω_k 是一个 $N_k \times N_k$ 的对角阵，其对角线元素为

$$[\Omega_k]_{j,j} = \omega_{k,j} = e_j^{\mathrm{H}} \left(\tilde{H}_k^{\mathrm{H}} \Sigma_k^{-1} \tilde{H}_k V_k + I_{N_k} \right)^{-1} \tilde{H}_k^{\mathrm{H}} \Sigma_k^{-1} \tilde{H}_k e_j \tag{7.7}$$

式中，e_j 表示单位向量。容易验证，式 (7.6) 是无偏检测。在检测之后，对于第 k 个用户的第 j 个数据流，其发送符号 $s_{k,j}$ 的后验概率可以根据如下公式计算

$$\Pr(s_{k,j}|\hat{s}_{k,j}) = \frac{p(\hat{s}_{k,j}|s_{k,j})}{\sum\limits_{s_{k,j} \in \mathcal{S}} p(\hat{s}_{k,j}|s_{k,j})}$$

$$p(\hat{s}_{k,j}|s_{k,j}) \propto \exp\left(\frac{|\hat{s}_{k,j} - s_{k,j}|^2}{v_{k,j} - 1/\omega_{k,j}} \right)$$

式中，$\mathcal{S}$ 表示调制符号集合；$v_{k,j}$ 是 V_k 的第 j 个对角线元素，表示 $s_{k,j}$ 的先验方差。而后验概率可作为下一次迭代的先验信息，并通过以下两个公式分别计算出所需的先验均值和方差

$$\bar{s}_{k,j} = \sum_{s_{k,j} \in \mathcal{S}} s_{k,j} \Pr(s_{k,j}|\hat{s}_{k,j}) \tag{7.8}$$

$$v_{k,j} = \sum_{s_{k,j} \in \mathcal{S}} |s_{k,j}|^2 \Pr(s_{k,j}|\hat{s}_{k,j}) - |\bar{s}_{k,j}|^2 \tag{7.9}$$

考虑到初次检测时没有先验信息，也即，$V_k = I_{N_k}$，$\bar{s}_k = 0$，式 (7.6) 可以写为

$$\hat{s}_k = \Omega_k^{-1} \left(\tilde{H}_k^{\mathrm{H}} \Sigma_k^{-1} \tilde{H}_k + I_{N_k} \right)^{-1} \tilde{H}_k^{\mathrm{H}} \Sigma_k^{-1} \tilde{y}_k \tag{7.10}$$

式中，Ω_k 也根据式 (7.7) 做相应地简化。式 (7.10) 为模型式 (7.5) 的线性最小均方误差 (MMSE) 检测。

可以看到，式 (7.6) 和式 (7.10) 中涉及 $L \times L$ 的矩阵求逆运算和 $N_k \times N_k$ 的矩阵求逆运算。在实际实现时，根据上行预编码导频，可以估计出各个用户在每个子载波的复合信道 $H_k F_k$，以及与干扰抑制矩阵相乘后得到的等效信道 $\tilde{H}_k$。为降低计算复杂度，Σ_k 可采用多个子载波平均后得到，并对多个子带求解一次逆矩阵。

为降低式 (7.6) 中 $N_k \times N_k$ 的矩阵求逆运算复杂度, 根据文献 [6, 7], 进一步假设 $\boldsymbol{V}_k \approx \bar{v}_k \boldsymbol{I}_{N_k}$, 并对 $\tilde{\boldsymbol{H}}_k^{\mathrm{H}} \boldsymbol{\Sigma}_k^{-1} \tilde{\boldsymbol{H}}_k$ 特征值分解

$$\tilde{\boldsymbol{H}}_k^{\mathrm{H}} \boldsymbol{\Sigma}_k^{-1} \tilde{\boldsymbol{H}}_k = \boldsymbol{Q}_k \boldsymbol{\Delta}_k \boldsymbol{Q}_k^{\mathrm{H}} \tag{7.11}$$

将式 (7.11) 代入式 (7.6) 和式 (7.7)

$$\hat{\boldsymbol{s}}_k = \boldsymbol{\Omega}_k^{-1} \boldsymbol{Q}_k \left(\bar{\nu}_k \boldsymbol{\Delta}_k + \boldsymbol{I}_{N_k}\right)^{-1} \boldsymbol{Q}_k^{\mathrm{H}} \tilde{\boldsymbol{H}}_k^{\mathrm{H}} \boldsymbol{\Sigma}_k^{-1} \left(\tilde{\boldsymbol{y}}_k - \tilde{\boldsymbol{H}}_k \bar{\boldsymbol{s}}_k\right) + \bar{\boldsymbol{s}}_k \tag{7.12}$$

$$[\boldsymbol{\Omega}_k]_{j,j} = \boldsymbol{e}_j^{\mathrm{H}} \boldsymbol{Q}_k \left(\bar{\nu}_k \boldsymbol{\Delta}_k + \boldsymbol{I}_{N_k}\right)^{-1} \boldsymbol{\Delta}_k \boldsymbol{Q}_k^{\mathrm{H}} \boldsymbol{e}_j$$

因此, 只需要在第一次检测时, 针对式 (7.11) 进行一次特征值分解, 且迭代过程中仅需要对角阵求逆运算即可。

上述迭代软干扰抵消是在检测器中完成的。如果系统采用纠错编码, 则可以采用 Turbo 检测的思想 [8], 进一步提高系统的性能。区别仅在于检测器输出结果需进行软解调, 而先验均值和方差由解码反馈的比特似然比计算得到 [7]。

7.2.3　仿真分析

考虑到上下行的对偶性, 这里仅给出下行链路的仿真结果。假设系统中有 4 个 RAU 和 4 个终端, 每个 RAU 和终端均配置 8 根天线。信道模型采用相关瑞利衰落信道。收发两端的相关矩阵均为 $\boldsymbol{I} \otimes \boldsymbol{R}^{\frac{1}{2}}$, $\otimes$ 表示克罗内克积, $\boldsymbol{I}$ 表示单位阵, 其维度为 RAU 或终端数, $\boldsymbol{R}$ 的元素采用指数衰减模型, 即第 i 行 j 列的相关系数为 $\rho^{-|i-j|}$, ρ 为常数。用户与 RAU 之间的大尺度衰落建模也采用类似方法, 即 i 用户与第 j 个 RAU 之间信道的幅值为 $\eta^{|i-j|} (0 < \eta < 1)$。仿真中, 设定 ρ 为 0.5 或 0.9, 设置 η 为 0.5。

图 7.5 展示了相关系数为 0.5、调制为 QPSK 时的系统性能。此处对比了 ZF 预编码和 BD 预编码在非理想信道下的性能。考虑到 TDD 信道的互易性, 上下行导频信道与数据信道的功率均采用相同值。可以看到, 在高信噪比下, BD 预编码的性能要显著优于 ZF 预编码。相比于 ZF 预编码, 在没有采用迭代干扰抵消时, BD 预编码的性能增益约为 6dB。对于 ZF 预编码, 采用 2 次迭代干扰抵消时, 其性能增益超过 8dB。对于 BD 预编码, 采用 2 次迭代干扰抵消时, 其性能增益超过 10dB。采用迭代接收机后, 相比于 ZF 预编码, BD 预编码的性能增益超过 8dB。此处也同时对比了低复杂度迭代干扰抵消算法的性能。可以看到, 经过 2 次迭代, 在误码率为 0.01 条件下, 其性能损失为 1~2dB。

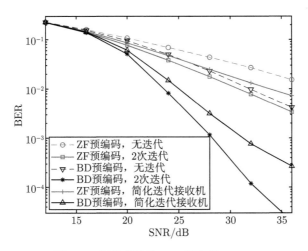

图 7.5 相关系数为 0.5, 调制为 QPSK

图 7.6 展示相关系数为 0.9、调制为 QPSK 时的系统性能。可以看到, 迭代接收机的性能增益约为 6dB, 且 BD 预编码的性能仍显著优于 ZF 预编码, 低复杂度迭代接收机的性能损失约 2dB。图 7.7 对比了相关系数为 0.5、调制为 16-QAM 时的系统性能。可以看到, 不采用迭代接收机时, BD 预编码相比于 ZF 预编码的性能增益仅为 2dB, 采用迭代接收机时则为 4dB。并且可以看到, 在 16-QAM 调制条件下, 低复杂度迭代接收机的性能损失超过 6dB。

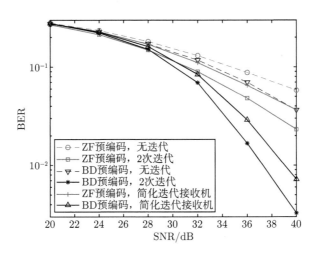

图 7.6 相关系数为 0.9, 调制为 QPSK

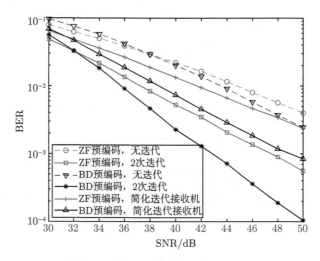

图 7.7 相关系数为 0.5，调制为 16-QAM

7.3 分布式 MIMO 的导频复用技术

随着天线数大量增加，集中式大规模 MIMO 的信道在角度域将呈现稀疏特性。利用这种稀疏特性，可进行导频复用，从而提高导频的利用效率[9]。在分布式 MIMO 系统中，由于无线信号随收发之间的距离指数衰减，每个用户所能连接的 RAU 的个数是有限的。这也意味着大规模分布式 MIMO 多用户信道矩阵在功率域是稀疏的。利用这种稀疏性，同样可以进行导频复用。

7.3.1 分布式 MIMO 信道的稀疏性

第 3 章已经考虑了采用随机导频复用的方法。为了展示信道的稀疏特性，此处给出具体的仿真结果。考虑如下仿真场景：仿真区域为圆形小区，半径为 375m，共有 720 个 RAU 和 720 个用户，系统中的导频个数为 24 个，用户到接入点最小距离为 2m，路径损耗采用如下公式：

$$PL = 140.7 + 36.7\log_{10}(d)$$

考虑上行链路，并对信道矩阵的每列进行信道增益的归一化处理。对于归一化处理后的信道矩阵，当其元素值小于某个阈值 (例如 −20dB) 时，我们可近似地认为相应的信道参数为 0。在此条件下，通过仿真考察信道的稀疏特性。图 7.8(a) 给出整个信道矩阵中被视为 0 的元素占比。可以看到，当阈值为 −20dB 时，整个信道矩阵中共有 99.5% 以上的元素被视为 0，这意味着对于每个用户，平均只有 4 个左右的 RAU 为其服务；当阈值为 −40dB 时，整个信道矩阵中有 97.15% 以上的元素被视为 0，这意味着对于每个用户，平均约有 20 个 RAU 为其服务。图 7.8(b) 给出信道稀疏化所带来的频谱效率损失。可以看到，当阈值分别为 −20dB 和 −40dB 时，频谱效率分别损失了 17.2% 和 5.56%。因此，当以用户为中心选取所服务的 RAU 个数时，应折中考虑实现复杂度和系统性能。

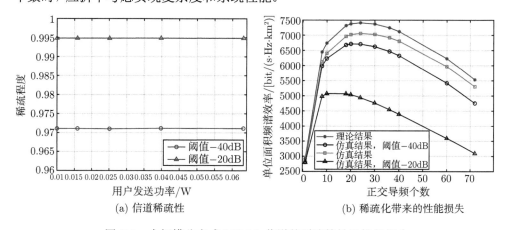

图 7.8　大规模分布式 MIMO 信道的稀疏特性及性能损失

充分利用分布式 MIMO 信道的功率域稀疏特性，可降低导频污染，进而提高系统的频谱效率。在已知分布式 MIMO 的统计信道信息时，例如信道的大尺度衰落信息，可以进一步优化导频复用，提高系统的频谱效率。

理论上，最优导频复用与最优频率复用类似，是一个 NP-hard 问题。我们采用贪婪算法给出两种导频复用方法[10]，即：基于容量最大化的导频复用方法和基于用户位置信息的导频复用方法。以下将详细讨论这两种导频复用方法。

7.3.2　基于容量最大化的导频复用方法

第 3 章给出导频复用条件下的系统和速率及其近似表达式。特别值得回顾的是，3.2.4 节中的式 (3.18) 给出系统和速率的简洁计算方法。我们将采用贪婪算法，以和速率最大化为目标选取导频资源，并将其分配给当前用户。

最大化遍历和速率的主要思想是：每个用户遍历使用所有当前可用的导频资源，并根据式 (3.18) 计算出使用该导频序列时系统的和速率。当遍历所有的导频资源后,选择使得系统和速率最大的那个导频序列,并将其分配给当前的用户。下面详细描述该算法。

算法所需的信道信息和系统信息:用户数 K、正交导频数 P、小区中用户的位置、小区中 RAU 的位置、数据和导频传输的信噪比。

初始化步骤:初始化所有用户的导频序列,最简单的方法是给所有的用户分配同样的导频,这时系统性能最差。初始化导频分配向量为 $\varphi = [\varphi_1 \ \cdots \ \varphi_K]$,其中 $\varphi_i = 1(i = 1, \cdots, K)$,代表本轮迭代中第 i 个用户分配到的导频号,并在迭代中记录本轮迭代的结果。初始化导频分配矢量 $\varphi' = [\varphi'_1 \ \cdots \ \varphi'_K]$ 为全0矢量,φ'_i 代表上一轮迭代中第 i 个用户分配到的导频号,并在迭代中记录上一轮迭代的结果。

优化步骤:每个用户遍历使用所有的导频资源,并逐个计算由式 (3.18) 所对应的和速率。定义 $C_{\mathrm{sum,inf}}(n)$ 为用户采用导频序号为 n 时的系统和速率,我们的优化目标是找到使得和速率最大的导频序号 n,即

$$C_{\mathrm{sum,max}} = \arg\max_n C_{\mathrm{sum,inf}}(n)$$

由此得到导频序号 n,并将其分配给当前用户。有关该算法详细步骤见算法 7.1。

算法 7.1 容量最大化的导频复用方法

1　while $\varphi' \neq \varphi$ 本轮导频分配的迭代结果与上一轮不同 do

2　　　$\varphi'_i = \varphi_i$ 保存上轮迭代结果

3　　for 用户从 k=1 to K do

4　　　　计算当前导频分配方案下的和速率作为 $C_{\max}$ 初始值。

5　　　　for 导频从 n=1 to P do

6　　　　　if 第 k 号用户使用 n 号导频时的和速率 $C_k(n) > C_{\max}$

7　　　　　　$C_{\max} = C_k(n), \psi_k = n$

8　　　　　end if

9　　　　end for

10　　end for

11　end while

基于贪婪算法的最大化和速率具有较好的性能,但复杂度较高。首先,它需要所有用户到所有 RAU 节点的大尺度衰落信息。其次,相比于式 (3.17),尽管其近

似表达式 (3.18) 的计算复杂度较低, 但仍需较多计算量。为此需要进一步研究低复杂度的导频复用方法。

7.3.3　基于用户位置信息的导频复用方法

当已知用户位置信息时, 可以采用干扰图方法进行导频分配。根据用户位置计算出用户之间的距离, 通过设定距离阈值进行稀疏化并构建干扰图。但是, 上述稀疏化过程存在阈值的设定问题。为解决此问题, 以下提出基于图论加权边的最小化最大干扰的导频分配算法 (min-max 算法)。

在干扰图中, 边的权值代表需要给相邻的两个顶点进行不同颜色着色的重要性。权值越大, 对这两个顶点进行不同颜色着色的优先级别越高。显而易见, 对于导频分配, 如果两个用户之间的地理位置间隔很远, 即使他们使用了相同的导频序列, 彼此造成的导频干扰通常也较小。因此, 我们定义边的权值, 使之与用户之间距离的平方成反比例。

基于加权边, 构建干扰图 $G = (V, E, W)$, 其中 V 表示用户位置 (顶点), E 表示用户之间的边, $W_{i,j}$ 代表顶点对 (V_i, V_j) 之间的边 $E_{i,j}$ 的权值。定义 $W_{i,j} = d_{i,j}^{-2}$, 其中 $d_{i,j}$ 代表用户 i 和用户 j 之间的距离。同时定义因子 Γ, 对于每条边, 如果连着这条边的两个用户使用同一个导频序列, 则令 $\Gamma = 1$, 表示这两个用户之间存在着导频干扰, 否则, 令 $\Gamma = 0$, 表示这两个用户使用的是正交导频, 用户之间不存在干扰。因此, 表达式 $W_{i,j} \times \Gamma_{i,j}$ 将会清楚地说明顶点对 (V_i, V_j) 之间是否存在导频干扰, 并且能够量化导频干扰的大小。以下给出最小化最大干扰导频分配算法具体实现。

算法所需的信道信息和系统参数为: 用户数 K, 正交导频数 P, 小区中用户的位置。

初始化步骤。定义导频分配向量 $\varphi = [\varphi_1 \quad \cdots \quad \varphi_K]$, 如果 $\varphi_i = \varphi_j$, 代表用户 i 和用户 j 使用相同的导频, 那它们之间必然会造成导频污染, 则 $\Gamma_{i,j} = 1$。假定初始化时所有用户均使用 1 号导频 ($\varphi_i = 1$, $i = 1, \cdots, K$), 这时导频污染必定是整个分配过程中最大的。再定义 $I_{\max}$ 为使用相同导频用户之间存在的最大的干扰。$I_{\max}$ 被初始化为: $\max\limits_{\varphi_i = \varphi_j = 1, j \neq 1} W_{1,j}$。同时, 为了叙述方便, 我们引入 $\varphi' = [\varphi_1' \quad \cdots \quad \varphi_K']$, 作为用户在某一轮导频分配过程中临时分配的导频向量。初始化时, $\varphi_i' = 0 (i = 1, \cdots, K)$。

优化步骤。对每一个用户，优化所使用的导频来降低干扰。对每个用户，遍历使用 P 个导频序列。不失一般性，先假设把第 p 个导频分配给用户 k。用户 k 使用第 p 个导频资源，其他任何使用第 p 个导频的用户，都会对用户 k 造成导频干扰，记录下该用户受到的最大干扰值，记为 $I_k(p)$。如果 $I_k(p) < I_{\max}$，把 $I_k(p)$ 赋值给 $I_{\max}$。在所有导频序列都遍历完后，使得最大干扰 $I_{\max}$ 最小的那个导频序列，即为分配给用户 k 的导频序列。

在上述迭代搜索过程中，由于仅需要对比距离并求最小值，算法 7.2 的复杂度较低。

算法 7.2   基于用户位置信息的导频复用方法

---

1   while $\varphi' \neq \varphi$ 本轮导频分配的迭代结果与上一轮不同 do

2        $\varphi'_i = \varphi_i$ 保存上轮迭代结果

3   for 用户从 k=1 to K do

4   for 导频从 n=1 to P do

6   if $I_k(p) < I_{\max}$

7                    $I_{\max} = I_k(p), \psi_k = n$

8   end if

9   end for

10   end for

11   end while

7.3.4   仿真结果

对大规模分布式 MIMO 导频复用算法的性能进行仿真对比。信道模型采用与 7.3.1 节相同的方法。仿真参数如下：覆盖半径为 375m，共有 360 个 RAU 和 360 个用户，且每个用户和 RAU 均为单天线配置，假设用户在小区中是随机分布的。

通过仿真，我们对比随机导频复用方法、基于容量最大化的导频分配方法以及基于用户位置的导频分配方法的性能。图 7.9(a) 仿真了平均频谱效率随着正交导频数的变化情况。这里，用户的发射功率保持不变。由图 7.9(a) 可见，随着正交导频数的增加，系统和速率先增后减。这是因为在导频数增加的情况下，系统用于传输导频资源的开销变大，导致可用于传输信息的资源减少，从而使系统和速率减小。从性能上看，基于用户位置信息的导频分配方法的性能优于随机导频分配算法,在导频个数为 30 时,性能增益超过 30%。在相同条件下,基于容量最大化的导频复用略优于基于用户位置的导频复用。

图 7.9(b) 仿真了导频个数为 30 时,平均频谱效率随着用户发射功率变化情况。可以看到,由于导频污染,系统是干扰受限的;通过引入导频复用可以改善系统的性能。同样的,min-max 算法的性能优于随机导频分配算法,可以显著提高系统容量。

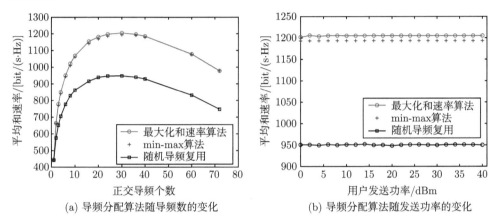

(a) 导频分配算法随导频数的变化   (b) 导频分配算法随发送功率的变化

图 7.9 导频分配算法性能对比

综合仿真结果可以看到,基于统计信道信息的导频复用方法可显著改善系统的频谱效率。此外,基于用户之间的距离构建稀疏干扰图并通过最小化最大干扰进行导频分配的方法,具有复杂度低、所需信道信息少的优点。

7.4　利用稀疏性的多用户收发方法

根据 7.3 节可知,大规模分布式 MIMO 的信道具有功率域稀疏性。利用这种稀疏特性,可以设计出更为有效的低复杂度联合接收机和发送多用户预编码。以下将利用典型的稀疏信号处理方法,设计大规模分布式 MIMO 的收发机。

7.4.1　上行联合接收

考虑上行链路的多用户联合接收。借鉴低密度奇偶校验码 (low density parity check codes, LDPC) 的处理方法,上行链路收发信号之间的关系可以用因子图 (factor graph,FG) 的形式加以描述 [11]。基于因子图的 MIMO 检测是降低 MIMO 复

杂度的有效途径 [12]，对于信道具有稀疏特性的分布式 MIMO 更是如此。

置信传播 (belief propagation，BP) 算法是一种经典的统计推断算法，其本质是条件概率统计和边缘概率统计的一种分布式计算方法。图 7.10 给出基于因子图置信传播的 MIMO 检测基本原理 [13,14]。对于传统 MIMO 系统，假设有 N_T 个发送天线，N_R 个接收天线。如图 7.10 所示，变量节点 (空心圆圈) 对应发送的符号变量 $s_1, s_2, \cdots, s_{N_T}$；观测节点 (空心方框) 表示接收信号 $y_1, y_2, \cdots, y_{N_R}$；$p$ 表示由变量节点向观测节点传递的消息；Λ 表示由观测节点传递到变量节点的消息；f 表示观测节点传递给变量节点的消息计算函数关系；g 表示变量节点传递给观测节点的消息计算函数关系。整个消息传递更新的过程是双向的，在传递过程中不断更新 p 和 Λ，经过有限次的迭代之后可根据 Λ 得到变量节点的估计值。

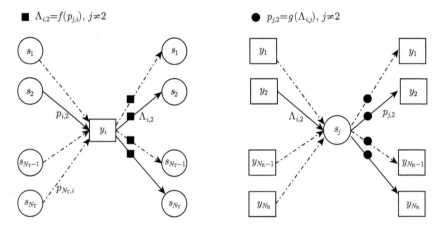

图 7.10　基于因子图置信传播的 MIMO 检测原理

假设第 i 根接收天线上的接收信号可以表示为

$$y_i = \sum_{j=1}^{N_T} h_{i,j} s_j + z_i \tag{7.13}$$

对于第 i 个观测节点，从第 j 个变量节点传递过来的消息可以表示为

$$y_i = h_{i,j} s_j + \tilde{z}_{i,j} \tag{7.14}$$

式中，$\tilde{z}_{i,j}$ 定义为干扰和噪声之和，即

$$\tilde{z}_{i,j} = \sum_{k=1, j\neq j}^{N_T} h_{i,k} s_k + n_i \tag{7.15}$$

假设 $\tilde{z}_{i,j} \in \mathcal{CN}\left(\mu_{\tilde{z}_{i,j}}, \sigma_{\tilde{z}_{i,j}}^2\right)$，则其均值和方差可以表示为

$$\mu_{\tilde{z}_{i,j}} = \sum_{k=1,k\neq j}^{N_T} h_{i,k}\mathbb{E}\left(s_k\right) \tag{7.16}$$

$$\sigma_{\tilde{z}_{i,j}}^2 = \sum_{k=1,k\neq j}^{N_T} |h_{i,k}|^2 \operatorname{var}\left(s_k\right) + \sigma^2 \tag{7.17}$$

对于双相移键控 (biphase-shift keying, BPSK) 调制，满足

$$\mathbb{E}\left(s_j\right) = 2p\left(s_j = 1\right) - 1 \tag{7.18}$$

$$\operatorname{var}\left(s_j\right) = 4p\left(s_j = 1\right)\left[1 - p\left(s_j = 1\right)\right] \tag{7.19}$$

对于其他调制方式，其结果可参考式 (7.8) 和 (7.9)。若采用对数似然 (LLR) 来进行消息传递，即

$$\Lambda_{i,j} = \ln \frac{\dfrac{1}{\pi\sigma_{\tilde{z}_{i,j}}^2}\exp\left(-\dfrac{\left|y_i - h_{i,j} - \mu_{\tilde{z}_{i,j}}\right|^2}{\sigma_{\tilde{z}_{i,j}}^2}\right)}{\dfrac{1}{\pi\sigma_{\tilde{z}_{i,j}}^2}\exp\left(-\dfrac{\left|y_i + h_{i,j} - \mu_{\tilde{z}_{i,j}}\right|^2}{\sigma_{\tilde{z}_{i,j}}^2}\right)}$$

则对于 BPSK 调制，经简化可得

$$\Lambda_{i,j} = \frac{4}{\sigma_{\tilde{z}_{i,j}}^2}\Re\left[h_{i,j}^*\left(y_i - \mu_{\tilde{z}_{i,j}}\right)\right] \tag{7.20}$$

根据式 (7.20) 更新边界概率

$$p_{i,j} = \frac{\exp\left(\Lambda_j - \Lambda_{i,j}\right)}{1 + \exp\left(\Lambda_j - \Lambda_{i,j}\right)}, \quad S_j = 1 \tag{7.21}$$

$$p_{i,j} = \frac{1}{1 + \exp\left(\Lambda_j - \Lambda_{i,j}\right)}, \quad S_j = -1 \tag{7.22}$$

式中，

$$\Lambda_j = \sum_{i=1}^{N_R} \Lambda_{i,j} \tag{7.23}$$

最终得到发送信号的估计值

$$\hat{s}_j = \operatorname{sgn}\left(\sum_{i=1}^{N_R} \Lambda_{i,j}\right)$$

具体实现如算法 7.3 所示。

算法 7.3　基于 FG-BP 的 MIMO 检测方法

1　对变量节点无任何信息状态下，初始化 $\underset{s_j \in \{\pm 1\}}{p}(s_j) = \dfrac{1}{2}$。

2　根据式（7.18）和式（7.19）计算所有变量节点的均值和方差。

3　计算式（7.16）和式（7.17）。

4　根据式（7.20）计算观测节点 y_i 向变量节点 s_j 传递的信息 $\Lambda_{i,j}$。

5　根据式（7.21）～式（7.23）计算变量节点 s_j 向观测节点 y_i 传递信息 $p_{i,j}$。

6　返回第 2 步到第 5 步，不断迭代计算 $\Lambda_{i,j}$ 和 $p_{i,j}$，最后计算得到 s_j 的概率。

对于稀疏化的大规模分布式 MIMO，它可以建模为

$$y = Hx + z = H^1 x + \underbrace{H^0 x + z}_{\tilde{z}} \tag{7.24}$$

式中，$H = H^1 + H^0$ 表示理想信道；H^1 表示信道矩阵中保留下来的非 0 元素，为稀疏矩阵；H^0 表示视为干扰的信道。考虑由稀疏化带来的干扰，上述方法可以推广到经过稀疏化的大规模分布式 MIMO 系统。

7.4.2　下行联合多用户预编码

与前所述相类似，对于多用户 MIMO 系统，若采用多用户下行预编码，则所有终端收到的信号可以表示为

$$\hat{s} = Hx + z \tag{7.25}$$

式中，x 表示下行预编码后的多用户信号；z 表示噪声；H 表示信道矩阵。那么下行预编码的问题变成如下数学问题：已知预编码前的多用户信号 s 和矩阵 A，求解如下方程，以便得到预编码后的信号：

$$Ax = s$$

当采用正则化迫零预编码时 [15]，

$$x = \alpha \left(H^{\mathrm{H}} H + \beta I_{N_{\mathrm{T}}} \right)^{-1} H^{\mathrm{H}} s \tag{7.26}$$

式中，α 是功率归一化因子；β 为正则化因子。当 $\beta \to \infty$ 时，上式即为匹配滤波（MF）波束成形；当 $\beta = 0$ 时，则上式即为 ZF 预编码。

文献 [16] 和文献 [17] 给出基于 GaBP(Gaussian BP) 的多用户检测算法，以避免复杂的求逆运算。同样，为降低复杂度，此处将运用 GaBP 算法构建下行多用户预编码方法。为计算正则化迫零 (RZF) 波束成形，运用以下计算技巧。定义

$$A = \begin{bmatrix} \frac{1}{\alpha} I_{N_T} & H^H \\ \frac{1}{\alpha} H & -\beta I_{N_R} \end{bmatrix}, \quad \tilde{x} = \begin{bmatrix} \hat{x} \\ a \end{bmatrix}, \quad \tilde{s} = \begin{bmatrix} 0 \\ s \end{bmatrix} \tag{7.27}$$

式中，a 为临时中间变量，则存在如下关系式：

$$\overbrace{\begin{bmatrix} \frac{1}{\alpha} I_{N_T} & H^H \\ \frac{1}{\alpha} H & -\beta I_{N_R} \end{bmatrix}}^{A} \overbrace{\begin{bmatrix} \hat{x} \\ a \end{bmatrix}}^{\tilde{x}} = \overbrace{\begin{bmatrix} 0 \\ s \end{bmatrix}}^{\tilde{s}}$$

可知 $\hat{x} = \alpha \left(H^H H + \beta I \right)^{-1} H^H s$。故只需运用 GaBP 算法，计算得出上式中的 $\tilde{x}$，便可得到预编码后的信号。

类似于上行链路，我们可将 GaBP 算法运用于下行稀疏信道，计算出预编码后的发送信号，此处不再赘述。

7.4.3 仿真分析

首先，针对传统多用户 MIMO 系统，研究对比 FG-BP 与 MMSE 接收机的性能。在仿真中，系统采用的发送天线和接收天线数均为 16，信道模型为瑞利衰落信道。采用 16 个数据流进行发送，每个流采用 BPSK 调制。由图 7.11 可见，基于 FG 模型的 BP 算法优于传统的 MMSE 检测，性能增益超过 6dB。

其次，研究对比传统多用户 MIMO 系统的预编码性能。假设发射端有 32 根天线，服务于 16 个单天线用户，信道模型仍采用瑞利衰落信道。此处，对比了文献 [18] 中提出的 AMP-RZF(approximated message passing，AMP) 和 GaBP-RZF 以及 RZF 的性能。从图 7.12 可以看出，GaBP-RZF 和 AMP-RZF 均能较好地逼近 RZF 算法的求解值，但由于 AMP-RZF 算法需要进行矩阵求逆，GaBP-RZF 具有更低的算法复杂度。

最后，研究对比大规模分布式 MIMO 系统的上行接收机和下行预编码器的性能。主要信道模型与 7.3.1 节相同。图 7.13 展示采用不同的稀疏化阈值时，FG-BP

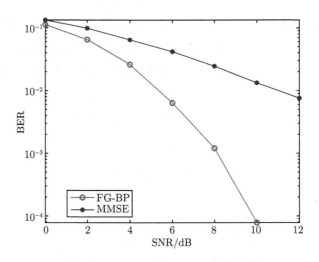

图 7.11　FG-BP 与 MMSE 性能对比

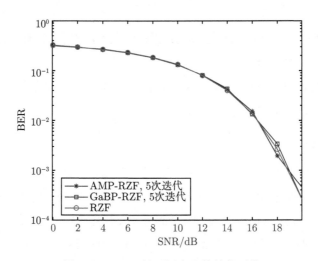

图 7.12　RZF 的不同实现的性能对比

与 MMSE 的性能对比。可以看到,FG-BP 仍有将近 5dB 的性能增益。还可以看到,当稀疏化阈值为 −20dB 时,两者均有较为明显的误码平层。图 7.14 展示没有稀疏化的 GaBP-RZF 和 RZF,以及采用稀疏化的 GaBP 和 RZF 的性能对比。可以看到,当稀疏化阈值为 −40dB 时,采用稀疏化的 GaBP 与未采用稀疏化的 RZF 基本相当。而当稀疏化阈值为 −20dB 时,GaBP 的性能损失约 4dB。

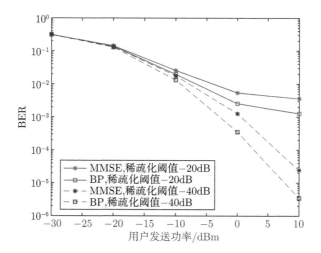

图 7.13 上行接收机性能对比

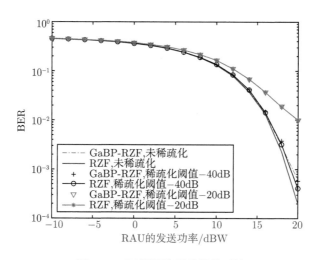

图 7.14 下行预编码的性能对比

7.5 本章小结

本章讨论了大规模分布式多用户 MIMO 的低复杂度无线传输方法。首先，给出了基于统计信道信息的多用户预编码和多用户检测方法，通过对多用户之间的干扰进行解耦，将多用户复合信道转化为多路并行的单用户信道，并采用迭代干扰抵消进一步消除残留干扰，提升系统和用户的性能。然后，提出了两种低复杂度的导频复用方法，可显著降低导频污染，并提高导频的使用效率。最后，针对大规模分布式 MIMO 信道的功率域稀疏性，分别采用 FG-BP 和 GaBP 算法，避免了大维求逆运算，以较低的复杂度实现了上行联合检测和下行联合预编码，从而较为完整地给出分布式 MIMO 无线传输的低复杂度实现方法。

参考文献

[1]　Hamed E, Rahul H, Partov B. Chorus: truly distributed distributed-MIMO. Proceedings of the 2018 Conference of the ACM Special Interest Group on Data Communication, 2018.

[2]　Wang D M, Zhang Y, Wei H, et al. An overview of transmission theory and techniques of large-scale antenna systems for 5G wireless communications. Science China Information Sciences, 2016, 59(8): 1-18.

[3]　Spencer Q H, Swindelhurst A L, Haardt M. Zero-forcing methods for downlink spatial multiplexing in multiuser MIMO channels. IEEE Transactions on Signal Processing, 2004, 52(2): 461-471.

[4]　Sung H, Lee S R, Lee I. Generalized channel inversion methods for multiuser MIMO systems. IEEE Transactions on Communications, 2009, 57(11): 3489-3499.

[5]　Wang D M, Jiang Y X, Hua J Y, et al. Low complexity soft decision equalization for block transmission systems. 2005 IEEE International Conference on Communications (ICC), Seoul, 2005, 4: 2372-2376.

[6]　Tuchler M, Singer A C, Koetter R. Minimum mean squared error equalization using a priori information. IEEE Transactions on Signal Processing, 2002, 50(3): 673-683.

[7]　Wang D M, Gao X Q, You X H. Low complexity turbo receiver for multiuser STBC block transmission systems. IEEE Transactions on Wireless Communications, 2006, 5(10): 2625-2632.

[8]　Wang X D, Poor H V. Iterative (turbo) soft interference cancellation and decoding for coded CDMA. IEEE Transactions on Communications, 1999, 47(7): 1046-1061.

[9]　You L, Gao X, Swindlehurst A L, et al. Channel acquisition for massive MIMO-OFDM with adjustable phase shift pilots. IEEE Transactions on Signal Processing, 2016, 64(6): 1461-1476.

[10]　Wang D M, Gu H P, Wei H, et al. Design of pilot assignment for large-scale distributed

antenna systems. IEICE Transactions on Fundamentals of Electronics, Communications and Computer Sciences, 2016, E99-A(9): 1674-1682.

[11] Kschischang F R, Frey B J, Loeliger H. Factor graphs and the sumproduct algorithm. IEEE Transactions on Information Theory, 2001, 47(2): 498-519.

[12] Montanari A, Prabhakar B, Tse D. Belief propagation based multi-user detection. Forty-third Allerton Conference on Communication, Control and Computing, 2005.

[13] Yoon S, Chae C B. Low-complexity MIMO detection based on belief propagation over pairwise graphs. IEEE Transactions on Vehicular Technology, 2014, 63(5): 2363-2377.

[14] Long F, Lv T, Cao R, et al. Single edge based belief propagation algorithms for MIMO detection. 34th IEEE Sarnoff Symposium, 2011.

[15] Peel C B, Hochwald B M, Swindlehurst A L. A vector-perturbation technique for near-capacity multiantenna multiuser communication-part I: channel inversion and regularization. IEEE Transactions on Communications, 2005, 53(1): 195-202.

[16] Bickson D, Dolev D, Shental O, et al. Gaussian belief propagation based multiuser detection. IEEE International Symposium on Information Theory, 2008.

[17] Bickson D. Gaussian belief propagation: theory and application. Jerusalem: The Hebrew University of Jerusalem.

[18] Wen C K, Chen J C, Wong K K, et al. Message passing algorithm for distributed downlink regularized zeroforcing beamforming with cooperative base stations. IEEE Transactions on Wireless Communications, 2014, 13(5): 2920-2930.

第 8 章　大规模分布式MIMO与无蜂窝网络辅助全双工

双工技术是移动通信系统实现双向数据传输的基本资源配置技术，频分双工 (FDD) 和时分双工 (TDD) 则是最为常见的双工技术。新型双工技术研究已得到业界广泛关注，5G 移动通信系统提出了灵活双工的基本概念，以适应上下行链路无线资源灵活的应用需求。本章将在无蜂窝 (cell-free) 系统架构下，提出一种具有普适意义的灵活双工方式——网络辅助全双工 (network assisted full duplex, NAFD)。

与传统正交型的双工技术不同，新型双工技术的上下行链路通常存在一定的耦合，且会导致严重的交叉链路干扰 (cross link interference, CLI) 问题。以近年来兴起的同频同时全双工 (co-frequency co-time full-duplex, CCFD) 组网为例，通常存在较为严重的下行链路对上行链路或上行链路对下行链路的 CLI 问题。5G 系统拟支持的灵活双工技术同样面临着严重的 CLI 问题。新型无蜂窝组网构架的发展，为引入更为有效的双工技术并解决 CLI 问题提供了可能。

本章的主要内容包含以下部分。首先，介绍了 5G 系统中采用的灵活双工技术和典型的全双工技术所面临的关键问题，在此基础上提出了基于无蜂窝系统构架的网络辅助全双工方法。其次，重点讨论了网络辅助全双工的上行链路和下行链路在非理想信道条件下的频谱效率，并给出它与传统双工技术的性能对比。再次，研究了网络辅助全双工中的多用户调度方法。最后，为解决网络辅助全双工面临的 CLI 问题，提出了波束成形和功率控制的联合优化方法。

8.1　无蜂窝网络辅助全双工

8.1.1　移动通信的双工方式

经典的蜂窝移动通信系统采用固定的双工方式。当上下行数据业务流量动态变化时，传统的固定双工方式难以灵活有效地使用上下行无线资源。为拓展差异化的垂直行业应用，5G NR 提出了灵活空中接口设计理念，其中灵活双工方式为其重要组成部分，它包括动态分配的 TDD 上下行时隙配比 (图 8.1) 和灵活分配的 FDD 上下行带宽 (图 8.2)。从图中可以看出，当基站 (base-station，BS)1 发送上行

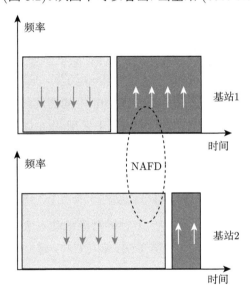

图 8.1　动态 TDD

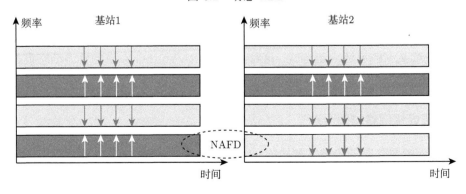

图 8.2　灵活 FDD

信号时, 若基站 2 同时发送下行信号, 则将引发下行链路对上行链路 (downlink-to-uplink, D2U) 和上行链路对下行链路 (uplink-to-downlink, U2D) 的交叉链路干扰 (CLI) 问题 [1]。

近年来, 带内全双工技术吸引了许多关注 [2]。通过采用先进的自干扰消除技术, 全双工无线收发机可以在同一频带内同时发送和接收, 故称为同频同时全双工 (CCFD)。对于点到点链路而言, CCFD 可以使系统的频谱效率加倍 [2]。但是在大规模组网时, CLI 的增大使得系统频谱效率的提升难以得到保证。基于统计几何学的分析表明, CLI 对 CCFD 系统有较严重的负面影响 [3]。

文献 [4] 从信息论的角度研究了基于云无线接入网 (cloud radio access network, C-RAN) 的 CCFD 性能, 其分析结果证实了该配置条件下 CCFD 的性能优势。文献 [5] 提出了带内全双工协作多点传输 (coordinated multi-point transmissions for in-band wireless full-duplex, CoMPflex) 方案, 它利用空间上分开的两个协作半双工基站模拟一个全双工基站。文献 [6] 中的仿真结果表明, 当 BS 密度增大时, CoMPflex 的上行和下行中断性能均优于采用 CCFD 基站的蜂窝系统。文献 [7-9] 提出了利用大规模 MIMO 和大规模分布式 MIMO 的空间域全双工方法, 其中, 文献 [8] 和文献 [9] 通过灵活调整接收和发送 RAU 的数量来提高上行和下行流量。但由于 CLI 的限制, 系统空间自由度并未得到完全的利用。

为满足未来 B5G 或 6G 系统中上下行链路流量动态变化的需求, 需要发展灵活的双工方式, 包括动态 TDD、灵活 FDD 和 CCFD 等, 并从网络架构和无线传输的角度重点解决 CLI 问题。

本章在无蜂窝大规模分布式 MIMO 网络架构 (以下简称为 "无蜂窝架构") 条件下, 提出了新型的网络辅助 (NAFD) 全双工技术新途径, 它以统一的方式实现了灵活双工、混合双工、全双工和其他双工方式, 并可同时解决 CLI 问题, 从而得到了真正意义上的灵活双工方式, 这对于 5G NR 乃至 6G 系统的资源动态调配至关重要 [10]。

8.1.2　无蜂窝网络辅助全双工

图 8.3 给出了基于无蜂窝架构的网络辅助全双工示意图, 它实现了真正意义上的灵活双工方式。其主要工作原理包括: 上下行无线链路在相同的频率资源上同时进行; 每个 RAU 通过回程链路连接到基站基带处理单元 (BBU), 并由 BBU 实现联

合基带处理；每个 RAU 由一个收发机来实现发送或接收或同时发送与接收，并由 BBU 根据整个网络的流量负载决定合适的双工方式。对于 CCFD RAU 而言，RAU 的收发自干扰可以在模拟域上消除，为此我们可以将其看作为两个 RAU，一个用于上行接收，另一个用于下行发送。另一方面，由于采用 BBU 集中处理，D2U 干扰 (包括 CCFD RAU 之间的干扰、半双工 RAU 之间的干扰) 可以在数字域上消除。因此在无蜂窝架构条件下，可由现有的半双工 RAU 实现带内全双工，这也是我们把这种双工方式称之为 NAFD 的原因。尽管用户终端可以采用 CCFD 收发机，但为降低用户终端 (UE) 的处理复杂度，以下仅考虑基于传统 FDD 或 TDD 双工方式的 UE。

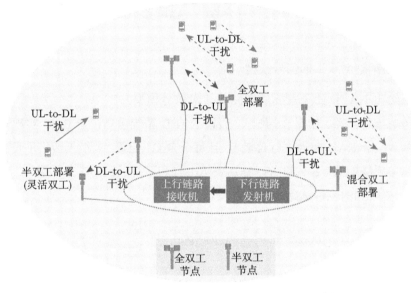

图 8.3　基于无蜂窝架构的网络辅助全双工示意图

由于 UE 无法感知整个系统的工作情况，NAFD 系统仍然存在 U2D 干扰。消除其干扰的主要途径包括以下 3 种：当下行用户能够估计出干扰用户的信道时，可通过干扰消除技术消除上行用户的干扰；在 BBU 中采用联合上下行用户调度和分组配对，可减轻 U2D 干扰；通过上行功率控制，也可减轻 U2D 干扰。

采用 NAFD 的无蜂窝架构还可以支持 5G NR 灵活双工。以图 8.1 所示的动态 TDD 为例，采用 NAFD 可以消除 D2U 干扰。更重要的是，在无蜂窝架构条件下，RAU 数量的扩展在理论上可以不加限制。图 8.2 展示了 NAFD 在灵活 FDD 中的应用。

由此可以得出结论：在消除 D2U 干扰并减轻 U2D 干扰后，采用 NAFD 的无蜂窝架构可以实现真正意义上的灵活双工方式，包括动态 TDD、灵活 FDD 和全双工，从而更加有效和灵活地利用无线资源。从这一点来讲，NAFD 可以被视为一种普适性的自由双工实现方法 [10]。

对于无蜂窝系统的上下行链路无线传输以及 NAFD 的 CLI 消除而言，信道状态信息 (CSI) 有效获取至关重要。文献 [11] 研究了 C-RAN 架构下 CCFD 大规模 MIMO 的导频设计和非理想 CSI 条件下的频谱效率分析。相对应地，本章将探讨非理想 CSI 条件下 NAFD 的性能。鉴于 NAFD 系统仍然存在 U2D 干扰以及 D2U 的残余干扰，本章还将研究上下行用户群的分组方法，以减轻 U2D 的干扰，并对下行预编码和上行功率控制进行联合设计，以降低 CLI 并满足上下行用户 QoS 需求。

8.1.3　网络辅助全双工的信号模型

以下给出 NAFD 上下行无线链路的传输信号模型。

先考虑上行链路。如图 8.3 所示，假设 NAFD 系统由 N_U 个 RAU 实现上行传输，并由 N_D 个 RAU 实现下行传输*，且每个 RAU 配置 M 根天线，并假设每个用户均为单天线配置。K_U 和 K_D 分别表示上行和下行活跃的 UE 数量。

BBU 接收到的上行链路信号可以表示为

$$\boldsymbol{y}_{\mathrm{ul}} = \sqrt{p_{\mathrm{ul},i}}\,\boldsymbol{g}_{\mathrm{ul},i}x_i + \sum_{j=1,j\neq i}^{K_\mathrm{U}} \sqrt{p_{\mathrm{ul},j}}\,\boldsymbol{g}_{\mathrm{ul},j}x_j + \sum_{k=1}^{K_\mathrm{D}} \boldsymbol{G}_\mathrm{I}\boldsymbol{w}_k s_k + \boldsymbol{z}_{\mathrm{ul}}, \tag{8.1}$$

式中，$p_{\mathrm{ul},i}$ 表示第 i 个上行活跃 UE 的发送功率；$\boldsymbol{g}_{\mathrm{ul},i} = \left[\boldsymbol{g}_{\mathrm{ul},i,1}^{\mathrm{T}}, \cdots, \boldsymbol{g}_{\mathrm{ul},i,N_\mathrm{U}}^{\mathrm{T}}\right]^{\mathrm{T}}$，$\boldsymbol{g}_{\mathrm{ul},i,n}$ 表示第 i 个 UE 和第 n 个接收 RAU 之间的 $M \times 1$ 信道矢量；定义 $\boldsymbol{G}_{\mathrm{ul}} = \left[\boldsymbol{g}_{\mathrm{ul},1}, \cdots, \boldsymbol{g}_{\mathrm{ul},K_\mathrm{U}}\right]$ 为上行信道矩阵，并用 x_i 表示第 i 个 UE 发送的数据符号，且 $\mathbb{E}\left(x_i x_i^{\mathrm{H}}\right) = 1$。

下行和上行传输的共同存在导致 D2U 干扰。以下将发送 RAU 与接收 RAU 之间的准静态信道表示为 $\boldsymbol{G}_\mathrm{I} = \left[\boldsymbol{g}_{\mathrm{I},1}, \cdots, \boldsymbol{g}_{\mathrm{I},MN_\mathrm{D}}\right]$，其中 $\boldsymbol{g}_{\mathrm{I},i} = \left[\boldsymbol{g}_{\mathrm{I},i,1}^{\mathrm{T}}, \cdots, \boldsymbol{g}_{\mathrm{I},i,N_\mathrm{U}}^{\mathrm{T}}\right]^{\mathrm{T}}$，且用 $\boldsymbol{g}_{\mathrm{I},i,j}$ 表示发送 RAU 的第 i 根天线至第 j 个接收 RAU 之间的信道矢量；$\boldsymbol{w}_k$ 表示发送 RAU 至第 k 个 UE 的预编码矢量；$\boldsymbol{W} = \left[\boldsymbol{w}_1, \cdots, \boldsymbol{w}_{K_\mathrm{D}}\right]$ 表示发送 RAU

---

* 以下将处于发送状态的 RAU 简称为发送 RAU；相应地，将处于接收状态的 RAU 简称为接收 RAU。

至所有下行活跃 UE 的预编码矩阵；s_k 表示下行发送至第 k 个活跃 UE 的数据符号，且 $\mathbb{E}\left(s_k s_k^{\mathrm{H}}\right) = 1$；并假设 $\boldsymbol{z}_{\mathrm{ul}} \sim \mathcal{CN}\left(\boldsymbol{0}, \sigma_{\mathrm{ul}}^2 \boldsymbol{I}_{MN_{\mathrm{U}}}\right)$ 为复加性高斯白噪声向量。

再考虑下行链路。其第 k 个 UE 的接收信号可以建模为

$$y_{\mathrm{dl},k} = \boldsymbol{g}_{\mathrm{dl},k}^{\mathrm{H}} \boldsymbol{w}_k s_k + \sum_{j=1, j\neq k}^{K_{\mathrm{D}}} \boldsymbol{g}_{\mathrm{dl},k}^{\mathrm{H}} \boldsymbol{w}_j s_j + \sum_{i=1}^{K_{\mathrm{U}}} \sqrt{p_{\mathrm{ul},i}} u_{k,i} x_i + z_{\mathrm{dl},k} \tag{8.2}$$

式中，$\boldsymbol{g}_{\mathrm{dl},k}^{\mathrm{H}} = \left[\boldsymbol{g}_{\mathrm{dl},k,1}^{\mathrm{H}} \quad \cdots \quad \boldsymbol{g}_{\mathrm{dl},k,N_{\mathrm{D}}}^{\mathrm{H}}\right]$，$\boldsymbol{g}_{\mathrm{dl},k,n}^{\mathrm{H}}$ 表示第 n 个发送 RAU 和第 k 个 UE 间的信道矢量；定义 $\boldsymbol{G}_{\mathrm{dl}} = \left[\boldsymbol{g}_{\mathrm{dl},1} \quad \cdots \quad \boldsymbol{g}_{\mathrm{dl},K_{\mathrm{D}}}\right]$，它表示发送 RAU 和所有下行活跃 UE 之间的信道矩阵；$u_{k,i}$ 表示第 i 个上行活跃 UE 和第 k 个下行活跃 UE 之间的 U2D 干扰信道；加性噪声建模为 $z_{\mathrm{dl},k} \sim \mathcal{CN}\left(0, \sigma_{\mathrm{dl}}^2\right)$。

将第 i 个发送 RAU 的预编码矩阵表示为 $\boldsymbol{W}_i = \left[\boldsymbol{w}_{1,i} \quad \cdots \quad \boldsymbol{w}_{K_{\mathrm{D}},i}\right]$。假设第 $i(i=1,\cdots,N_{\mathrm{D}})$ 个发送 RAU 满足以下发射功率限制

$$\mathrm{Tr}\left(\boldsymbol{W}_i \boldsymbol{W}_i^{\mathrm{H}}\right) = \mathrm{Tr}\left(\boldsymbol{E}_i \boldsymbol{W} \boldsymbol{W}^{\mathrm{H}} \boldsymbol{E}_i\right) \leqslant MP, \tag{8.3}$$

式中，$\boldsymbol{E}_i = \left(0,\cdots,0,\underbrace{1,\cdots,1}_{M},0,\cdots,0\right)$；$P > 0$，为每根天线的功率限制参数。这里应注意到，虽然利用总功率限制能够获得更好的性能，但是对每个 RAU 进行功率限制更符合实际情况。关于这两种功率限制的进一步讨论可以参考文献 [12]。

从式 (8.1) 和式 (8.2) 可以看出，基于无蜂窝架构的 NAFD 传输模型具有统一性，全双工大规模 MIMO、CoMPflex 和 CCFD C-RAN 均是其特殊情况。例如，文献 [13] 讨论的 CCFD 大规模 MIMO 对应于 NAFD 如下特例：系统包含一个 RAU(即 $N_{\mathrm{U}} = N_{\mathrm{D}} = 1$) 且接收 RAU 和发送 RAU 处于相同地理位置。再如，文献 [4] 研究的 CCFD C-RAN 则等同于 NAFD 如下特例：接收和发送 RAU 数量相等 (即 $N_{\mathrm{U}} = N_{\mathrm{D}}$)，且一个接收 RAU 和一个发送 RAU 配对，并处于相同的地理位置。

8.1.4　网络辅助全双工的信道模型

在实际 MIMO 应用中，由于天线间隔不足且角度扩展有限，需要考虑空间相关性的影响。为此，将第 i 个 UE 和接收 RAU 之间的信道矢量建模为

$$\boldsymbol{g}_{\mathrm{ul},i} = \boldsymbol{T}_{\mathrm{ul},i}^{\frac{1}{2}} \boldsymbol{h}_{\mathrm{ul},i} \tag{8.4}$$

式中，$\boldsymbol{h}_{\mathrm{ul},i} = \left[\boldsymbol{h}_{\mathrm{ul},i,1}^{\mathrm{T}}, \cdots, \boldsymbol{h}_{\mathrm{ul},i,N_{\mathrm{U}}}^{\mathrm{T}}\right]^{\mathrm{T}}$，并且 $\boldsymbol{h}_{\mathrm{ul},i,n} \sim \mathcal{CN}\left(0, \frac{1}{M}\boldsymbol{I}_M\right)$；$\boldsymbol{T}_{\mathrm{ul},i} =$

$\mathrm{diag}(\boldsymbol{T}_{\mathrm{ul},i,1},\cdots,\boldsymbol{T}_{\mathrm{ul},i,N_{\mathrm{U}}})$，$\boldsymbol{T}_{\mathrm{ul},i,n}$ 是确定的非负定矩阵，表示第 n 个接收 RAU 天线单元间传输信号的空间相关及路损。

与之相似，发送 RAU 和第 i 个下行活跃 UE 之间的信道、发送 RAU 的第 i 根天线和所有接收 RAU 之间的干扰信道，以及第 i 个上行活跃 UE 和第 k 个下行活跃 UE 之间的干扰信道分别建模为

$$\boldsymbol{g}_{\mathrm{dl},i} = \boldsymbol{T}_{\mathrm{dl},i}^{\frac{1}{2}}\boldsymbol{h}_{\mathrm{dl},i}, \boldsymbol{g}_{\mathrm{I},i} = \boldsymbol{T}_{\mathrm{I},i}^{\frac{1}{2}}\boldsymbol{h}_{\mathrm{I},i}, u_{k,i} = T_{k,i}^{\frac{1}{2}}h_{k,i}$$

假设接收机通过估计得到上行信道的非理想 CSI，它可建模为 [14]

$$\hat{\boldsymbol{g}}_{\mathrm{ul},i} = \boldsymbol{T}_{\mathrm{ul},i}^{\frac{1}{2}}\left(\boldsymbol{\Lambda}_{\mathrm{ul},i}\boldsymbol{h}_{\mathrm{ul},i} + \boldsymbol{\Omega}_{\mathrm{ul},i}\boldsymbol{z}_{\mathrm{ulp},i}\right) = \boldsymbol{T}_{\mathrm{ul},i}^{\frac{1}{2}}\hat{\boldsymbol{h}}_{\mathrm{ul},i} \tag{8.5}$$

式中，$\boldsymbol{z}_{\mathrm{ulp},i}$ 和 $\boldsymbol{h}_{\mathrm{ul},i}$ 的统计特性相同且独立于 $\boldsymbol{h}_{\mathrm{ul},i}$ 和 $\boldsymbol{z}_{\mathrm{ul}}$。定义：

$$\varphi_{\mathrm{ul},i,n} = \sqrt{1 - \tau_{\mathrm{ul},i,n}^2}$$

$$\boldsymbol{\Lambda}_{\mathrm{ul},i} = \mathrm{diag}\left(\varphi_{\mathrm{ul},i,1}\boldsymbol{I}_{\mathrm{M}},\cdots,\varphi_{\mathrm{ul},i,N_{\mathrm{U}}}\boldsymbol{I}_{\mathrm{M}}\right)$$

$$\boldsymbol{\Omega}_{\mathrm{ul},i} = \mathrm{diag}\left(\tau_{\mathrm{ul},i,1}\boldsymbol{I}_{\mathrm{M}},\cdots,\tau_{\mathrm{ul},i,N_{\mathrm{U}}}\boldsymbol{I}_{\mathrm{M}}\right)$$

式中，参数 $\tau_{\mathrm{ul},i,n} \in [0,1]$ 反映了信道估计的精确度或质量。具体来说，$\tau_{\mathrm{ul},i,n} = 0$ 对应完美 CSI，$\tau_{\mathrm{ul},i,n} = 1$ 表示估计的 CSI 和真实信道完全不相关。

类似地，下行信道、发送 RAU 至接收 RAU 之间的干扰信道的非理想估计分别可以建模为

$$\hat{\boldsymbol{g}}_{\mathrm{dl},i} = \boldsymbol{T}_{\mathrm{dl},i}^{\frac{1}{2}}\left(\boldsymbol{\Lambda}_{\mathrm{dl},i}\boldsymbol{h}_{\mathrm{dl},i} + \boldsymbol{\Omega}_{\mathrm{dl},i}\boldsymbol{z}_{\mathrm{dlp},i}\right) = \boldsymbol{T}_{\mathrm{dl},i}^{\frac{1}{2}}\hat{\boldsymbol{h}}_{\mathrm{dl},i} \tag{8.6}$$

$$\hat{\boldsymbol{g}}_{\mathrm{I},i} = \boldsymbol{T}_{\mathrm{I},i}^{\frac{1}{2}}\left(\boldsymbol{\Lambda}_{\mathrm{I},i}\boldsymbol{h}_{\mathrm{I},i} + \boldsymbol{\Omega}_{\mathrm{I},i}\boldsymbol{z}_{\mathrm{I},i}\right) = \boldsymbol{T}_{\mathrm{I},i}^{\frac{1}{2}}\hat{\boldsymbol{h}}_{\mathrm{I},i} \tag{8.7}$$

式 (8.7) 给出的信道模型包含了全双工 RAU 发送和接收天线之间的自干扰信道，以及 RAU 之间的信道。对于 RAU 间的 D2U 信道，由于链路的准静态特性，可通过非常低的导频信号开销估计得到。对于全双工的 RAU，可在模拟域上对自干扰进行处理。事实上，式 (8.7) 也对全双工 RAU 节点内的残余自干扰进行建模。

8.2　无蜂窝网络辅助全双工的频谱效率分析

8.2.1　下行总频谱效率

对于下行链路的多用户传输，我们考虑采用 RZF 预编码，它可以表示为 [15]

$$\boldsymbol{W}_{\mathrm{rzf}} = \xi\left(\hat{\boldsymbol{G}}_{\mathrm{dl}}\hat{\boldsymbol{G}}_{\mathrm{dl}}^{\mathrm{H}} + \alpha\boldsymbol{I}_{MN_{\mathrm{D}}}\right)^{-1}\hat{\boldsymbol{G}}_{\mathrm{dl}} = \xi\boldsymbol{C}_{\mathrm{dl}}^{-1}\hat{\boldsymbol{G}}_{\mathrm{dl}} \tag{8.8}$$

矩阵的第 k 列定义为

$$\boldsymbol{w}_{\mathrm{rzf},k} = \xi \boldsymbol{C}_{\mathrm{dl}}^{-1} \hat{\boldsymbol{g}}_{\mathrm{dl},k} \qquad (8.9)$$

式中，$\boldsymbol{C}_{\mathrm{dl}} = \hat{\boldsymbol{G}}_{\mathrm{dl}} \hat{\boldsymbol{G}}_{\mathrm{dl}}^{\mathrm{H}} + \alpha \boldsymbol{I}_{MN_{\mathrm{D}}}$；$\hat{\boldsymbol{G}}_{\mathrm{dl}} = [\hat{\boldsymbol{g}}_{\mathrm{dl},1}, \cdots, \hat{\boldsymbol{g}}_{\mathrm{dl},K_{\mathrm{D}}}]$ 表示下行信道矩阵的估计；$\alpha > 0$，为正则化因子；ξ 是使每个 RAU 发射功率满足式 (8.3) 约束条件的系数。

RZF 预编码是一种实用的线性预编码方案，它通过选择适当的 α 值可以控制用户间干扰并提高下行和速率 [15]，迫零预编码和匹配滤波预编码可以视为其特例，例如当 $\alpha=0$ 时，它等同于 ZF 预编码；当 $\alpha \to \infty$ 时，它演变为最大比发送预编码。

由式 (8.3)，我们得到关于 $\xi_i^2 (i=1,\cdots,N_{\mathrm{D}})$ 的表达式

$$\xi_i^2 = \frac{MP}{\mathrm{Tr}\left(\boldsymbol{W}_{\mathrm{rzf},i} \boldsymbol{W}_{\mathrm{rzf},i}^{\mathrm{H}}\right)} = \frac{P/N_{\mathrm{D}}}{\dfrac{1}{MN_{\mathrm{D}}}\mathrm{Tr}\left(\boldsymbol{E}_i \boldsymbol{C}_{\mathrm{dl}}^{-1} \hat{\boldsymbol{G}}_{\mathrm{dl}} \hat{\boldsymbol{G}}_{\mathrm{dl}}^{\mathrm{H}} \boldsymbol{C}_{\mathrm{dl}}^{-1} \boldsymbol{E}_i\right)}. \qquad (8.10)$$

为了满足式 (8.3)，我们令 $\xi^2 = \min_i \left\{\xi_i^2\right\}$ [16]。当采用 RZF 预编码时，第 k 个 UE 的 SINR 可以表示为

$$\gamma_{\mathrm{dl},\mathrm{rzf},k} = \frac{\left|\boldsymbol{g}_{\mathrm{dl},k}^{\mathrm{H}} \boldsymbol{C}_{\mathrm{dl}}^{-1} \hat{\boldsymbol{g}}_{\mathrm{dl},k}\right|^2}{\displaystyle\sum_{j=1,j\neq k}^{K_{\mathrm{D}}} \left|\boldsymbol{g}_{\mathrm{dl},k}^{\mathrm{H}} \boldsymbol{C}_{\mathrm{dl}}^{-1} \hat{\boldsymbol{g}}_{\mathrm{dl},j}\right|^2 + v_{\mathrm{dl}}}, \qquad (8.11)$$

式中，

$$\begin{aligned} v_{\mathrm{dl}} &= \frac{\displaystyle\sum_{j=1}^{K_{\mathrm{U}}} p_{\mathrm{ul},j} |u_{k,j}|^2 + \sigma_{\mathrm{dl}}^2}{\xi^2} \\ &= \left(\sum_{j=1}^{K_{\mathrm{U}}} p_{\mathrm{ul},j} |u_{k,j}|^2 + \sigma_{\mathrm{dl}}^2\right) \frac{N_{\mathrm{D}}}{P} \max_i \frac{1}{MN_{\mathrm{D}}} \mathrm{Tr}\left(\boldsymbol{E}_i \boldsymbol{C}_{\mathrm{dl}}^{-1} \hat{\boldsymbol{G}}_{\mathrm{dl}} \hat{\boldsymbol{G}}_{\mathrm{dl}}^{\mathrm{H}} \boldsymbol{C}_{\mathrm{dl}}^{-1} \boldsymbol{E}_i\right). \end{aligned} \qquad (8.12)$$

因此，RZF 预编码的下行遍历和速率可以定义为

$$R_{\mathrm{dl},\mathrm{rzf},\mathrm{sum}} = \sum_{k=1}^{K_{\mathrm{D}}} \mathbb{E}_{\hat{\boldsymbol{G}}_{\mathrm{dl}}} \left[\log_2 \left(1 + \gamma_{\mathrm{dl},\mathrm{rzf},k}\right)\right]. \qquad (8.13)$$

采用确定性等同方法可以得到式 (8.13) 的数值计算，详细推导内容可参见文献 [17]。

8.2.2　上行总频谱效率

对于上行链路，基站 BBU 采用 MMSE 接收机来检测式 (8.1) 中的上行数据流。无蜂窝架构下，由于上下行基带信号在 BBU 集中处理，因而可以预先获得下行预编码后所有用户的信号 $\boldsymbol{w}_{\text{rzf},k}s_k(k = 1,\cdots,K_{\text{D}})$，进而可以实现 D2U 干扰消除。但是，由于非理想 CSI，干扰并不能完美消除。

当 BBU 采取 D2U 干扰消除后，上行接收信号可以表示为

$$\hat{\boldsymbol{y}}_{\text{ul}} = \sqrt{p_{\text{ul},i}}\boldsymbol{g}_{\text{ul},i}x_i + \sum_{j=1,j\neq i}^{K_{\text{U}}} \sqrt{p_{\text{ul},j}}\boldsymbol{g}_{\text{ul},j}x_j + \sum_{k=1}^{K_{\text{D}}} \tilde{G}_{\text{I}}\boldsymbol{w}_{\text{rzf},k}s_k + \boldsymbol{z}_{\text{ul}} \tag{8.14}$$

式中，$\tilde{G}_{\text{I}} = G_{\text{I}} - \hat{G}_{\text{I}}$ 表示信道估计误差；$\tilde{G}_{\text{I}}^{\text{H}} = [\tilde{\boldsymbol{g}}_{\text{I},1}^{\text{H}} \quad \cdots \quad \tilde{\boldsymbol{g}}_{\text{I},MN_{\text{U}}}^{\text{H}}]$；等式右边第三项表示消除 D2U 干扰后的残余干扰。由于非理想的干扰消除，残余干扰和噪声的协方差矩阵为

$$\begin{aligned}\boldsymbol{\Sigma} &= \text{cov}\left(\sum_{k=1}^{K_{\text{D}}} \tilde{G}_{\text{I}}\boldsymbol{w}_{\text{rzf},k}s_k + \boldsymbol{z}_{\text{ul}}, \sum_{k=1}^{K_{\text{D}}} \tilde{G}_{\text{I}}\boldsymbol{w}_{\text{rzf},k}s_k + \boldsymbol{z}_{\text{ul}}\right)\\ &= \sum_{k=1}^{K_{\text{D}}} \mathbb{E}\left(\tilde{G}_{\text{I}}\boldsymbol{w}_{\text{rzf},k}\boldsymbol{w}_{\text{rzf},k}^{\text{H}}\tilde{G}_{\text{I}}^{\text{H}}\right) + \sigma_{\text{ul}}^2\boldsymbol{I}_{MN_{\text{U}}}.\end{aligned}$$

简单推导后可知 $\boldsymbol{\Sigma}$ 为主对角阵，且 $\boldsymbol{\Sigma} = \text{diag}\left(\boldsymbol{\Sigma}_1,\cdots,\boldsymbol{\Sigma}_{N_{\text{U}}}\right)$。$\boldsymbol{\Sigma}$ 的第 $n(n = 1,...,MN_{\text{U}})$ 个对角线元素可以表示为

$$[\boldsymbol{\Sigma}]_{n,n} = \sum_{k=1}^{K_{\text{D}}} \boldsymbol{w}_{\text{rzf},k}^{\text{H}}\boldsymbol{A}_n\boldsymbol{w}_{\text{rzf},k} + \sigma_{\text{ul}}^2, \tag{8.15}$$

式中，$\boldsymbol{A}_n = \mathbb{E}\left(\tilde{\boldsymbol{g}}_{\text{I},n}\tilde{\boldsymbol{g}}_{\text{I},n}^{\text{H}}\right)$。主对角矩阵 $\boldsymbol{A}_n = \text{diag}\left(\boldsymbol{A}_{n,1},\cdots,\boldsymbol{A}_{n,N_{\text{D}}}\right)$。值得注意的是，此处残余干扰和噪声矢量的每个元素相互独立，但分布特性不同。

因基站 BBU 采用 MMSE 接收机，故第 k 个上行信道的 SINR 可以表示为

$$\gamma_{\text{ul},k} = \frac{p_{\text{ul},k}\left|\hat{\boldsymbol{g}}_{\text{ul},i}^{\text{H}}\boldsymbol{C}_{\text{ul}}^{-1}\hat{\boldsymbol{g}}_{\text{ul},i}\right|^2}{\displaystyle\sum_{i=1,i\neq k}^{K_{\text{U}}} p_{\text{ul},i}\left|\hat{\boldsymbol{g}}_{\text{ul},i}^{\text{H}}\boldsymbol{C}_{\text{ul}}^{-1}\hat{\boldsymbol{g}}_{\text{ul},i}\right|^2 + \hat{\boldsymbol{g}}_{\text{ul},k}^{\text{H}}\boldsymbol{C}_{\text{ul}}^{-1}\boldsymbol{\Sigma}\boldsymbol{C}_{\text{ul}}^{-1}\hat{\boldsymbol{g}}_{\text{ul},i}^{\text{H}}} \tag{8.16}$$

式中，$\boldsymbol{C}_{\text{ul}} = \sum_{i=1}^{K_{\text{U}}} p_{\text{ul},i}\hat{\boldsymbol{g}}_{\text{ul},i}\hat{\boldsymbol{g}}_{\text{ul},i}^{\text{H}} + \boldsymbol{\Sigma}$。其上行遍历和速率可以定义为

$$R_{\text{ul,sum}} = \sum_{k=1}^{K_{\text{U}}} \mathbb{E}_{\hat{\boldsymbol{G}}_{\text{ul}}}\left[\log_2\left(1 + \gamma_{\text{ul},k}\right)\right]. \tag{8.17}$$

同样, 采用确定性等同方法可以得到式 (8.17) 的数值计算, 详细推导内容参见文献 [17]。

8.2.3　用户调度

本节提出一种新的用户调度策略, 以减轻 U2D 干扰并进一步提高 NAFD 的频谱效率。对于无蜂窝系统而言, 一个合理的假设是: 在队列中等待服务的用户总数远大于系统能够同时服务的用户总数。将等待上行和下行传输的 UE 总数表示为 $K_{\mathrm{U,ALL}}$ 和 $K_{\mathrm{D,ALL}}$, 分别满足 $K_{\mathrm{U,ALL}} > K_{\mathrm{U}}$ 和 $K_{\mathrm{D,ALL}} > K_{\mathrm{D}}$。为了简单起见, 假设 $K_{\mathrm{U,ALL}}/K_{\mathrm{U}}=K_{\mathrm{D,ALL}}/K_{\mathrm{D}}=L$, 其中 $L = 2,3,\cdots$。再令 $\mathcal{K}_{\mathrm{ALL}}$ 表示所有用户的集合且 $|\mathcal{K}_{\mathrm{ALL}}|=K_{\mathrm{U,ALL}}+K_{\mathrm{D,ALL}}$, 并用 Δ 来表示 $\mathcal{K}_{\mathrm{ALL}}$ 中各个组合的一个集合且 $\Delta = \{\mathcal{A}_1,\cdots,\mathcal{A}_L\}$, 其中 $\mathcal{A}_l$ 表示在上行和下行链路中等待服务的第 l 组 UE。

文献 [4] 指出, 为提高全双工系统的下行链路性能, U2D 干扰应该保持很小, 或者在 U2D 干扰较大时下行用户采用干扰抵消。因此, 一个合适的用户调度算法应该能确保满足上述两个条件之一。对于第二种情况, 当上行链路中的第 i 个用户与下行链路中的第 k 个用户之间的信道容量不小于第 i 个用户的上行数据速率时, 第 k 个用户可以消除来自第 i 个用户的干扰。因此, 若采用 RZF 预编码, 且当第 l 组中第 k 个用户在下行链路中处于激活状态时, 可定义在上行链路中活跃的第 i 个用户的 SINR 为

$$\gamma_{\mathrm{U,rzf},l,k,i} = \frac{p_{\mathrm{ul},l,i}\,|u_{l,k,i}|^2}{\xi^2 \sum\limits_{j=1}^{K_{\mathrm{D}}} \left| \boldsymbol{g}_{\mathrm{dl},l,k}^{\mathrm{H}} \boldsymbol{C}_{\mathrm{dl},l}^{-1} \hat{\boldsymbol{g}}_{\mathrm{dl},l,j} \right|^2 + \sum\limits_{j=1,j\neq i}^{K_{\mathrm{U}}} p_{\mathrm{ul},l,j}\,|u_{l,k,j}|^2 + \sigma_{\mathrm{dl},l}^2}. \tag{8.18}$$

第二种情况要求

$$\log_2(1 + \gamma_{\mathrm{U,rzf},l,k,i}) \geqslant \log_2(1 + \gamma_{\mathrm{ul},l,i}), \tag{8.19}$$

其中 $\gamma_{\mathrm{ul},l,i}$ 的表达式为

$$\gamma_{\mathrm{ul},l,i} = \frac{p_{\mathrm{ul},l,i} \left| \hat{\boldsymbol{g}}_{\mathrm{ul},l,i}^{\mathrm{H}} \boldsymbol{C}_{\mathrm{ul},l}^{-1} \boldsymbol{g}_{\mathrm{ul},l,i} \right|^2}{\sum\limits_{j=1,j\neq i}^{K_{\mathrm{U}}} p_{\mathrm{ul},l,j} \left| \hat{\boldsymbol{g}}_{\mathrm{ul},l,i}^{\mathrm{H}} \boldsymbol{C}_{\mathrm{ul},l}^{-1} \boldsymbol{g}_{\mathrm{ul},l,i} \right|^2 + \hat{\boldsymbol{g}}_{\mathrm{ul},l,i}^{\mathrm{H}} \boldsymbol{C}_{\mathrm{ul},l}^{-1} \boldsymbol{\Sigma}_l \boldsymbol{C}_{\mathrm{ul},l}^{-1} \hat{\boldsymbol{g}}_{\mathrm{ul},l,i}}. \tag{8.20}$$

为提高上下行链路总速率, 需要调度用户以使得上行链路对下行链路的干扰

最小化。为此, 我们将 NAFD 中的 U2D 干扰最小化问题表示为

$$\min_{\Delta} \mathrm{IUD}\,(\Delta) = \sum_{l=1}^{L} \sum_{k=1}^{K_\mathrm{D}} \sum_{i=1}^{K_\mathrm{U}} \delta_{l,k,i} \log_2 \left(1 + \gamma_{\mathrm{U,rzf},l,k,i}\right) \tag{8.21}$$

s.t

$$\delta_{l,k,i} \in \{0,1\}, \forall l \in [1, L], \quad \forall k \in [1, K_\mathrm{D}], \quad \forall i \in [1, K_\mathrm{U}] \tag{8.22}$$

$$\mathcal{A}_l \subseteq \mathcal{K}_\mathrm{ALL}, \quad \bigcup_{l=1}^{L} \mathcal{A}_l = \mathcal{K}_\mathrm{ALL}, \forall l \in [1, L], \tag{8.23}$$

$$\mathcal{A}_i \cap \mathcal{A}_j = \varnothing, \quad \forall i \neq j. \tag{8.24}$$

当下行链路用户 k 接收到的来自第 l 组中上行链路用户 i 的干扰存在时, 符号函数 $\delta_{l,k,i}$ 等于 1, 且当干扰被消除时 $\delta_{l,k,i}$ 等于 0。式 (8.22) 表明, 当满足式 (8.19) 时, 下行链路活跃用户 k 接收到的来自第 l 组中上行链路用户 i 的干扰可以被消除。式 (8.23) 说明所有 L 组用户的组合是合集 $\mathcal{K}_\mathrm{ALL}$。式 (8.24) 表明, 由于每个用户只需要服务一次, 因此不同的用户组相互独立。式 (8.21) 中的目标函数考虑了 $\mathcal{K}_\mathrm{ALL}$ 中的所有用户, 这使 U2D 干扰最小化求解问题变得非常复杂。找到最优 Δ 的直接方法是在整个搜索空间中进行穷举搜索。显然, 对于采用大规模分布式 MIMO 的无蜂窝系统而言, 对所有用户进行穷举搜索将导致极高的计算复杂度, 从而限制其实际应用。

在人工智能领域, 遗传算法是一种受自然选择过程启发的搜索算法, 它通常依靠变异、交叉、选择这类仿生操作来解决优化和搜索问题[18,19]。针对 NAFD 所涉及的上述 U2D 干扰最小化问题, 本节提出一种基于遗传算法的用户调度策略 (GAS)。与文献 [20] 相类似, GAS 包括以下 3 个步骤:

步骤 1: 初始化。$K_\mathrm{U,ALL}$ 个用户和 $K_\mathrm{D,ALL}$ 个用户随机分布在半径为 R 的圆形区域中。这里, 共有 N_U 个接收 RAU 和 N_D 个发送 RAU, 每个均配备有 M 根天线, 它们被交替放置在半径为 r 的圆上。适当地选择每次迭代的数量 S_P 和最大迭代次数 S_I 以确保算法快速收敛到最优解, 并且防止过早收敛到局部最优解。

步骤 2: 选择。随机创建 S_P 个候选解决方案。在每次连续迭代期间, 以与 $\mathrm{IUD}\,(\Delta)$ 成反比的概率, 从当前一代中选择目标函数式 (8.21) 的候选解 Δ。

步骤 3: 遗传算子。每个选定的 Δ 与其他被选择的解随机交换一部分元素。然后选择某些现有的 Δ, 并随机地在一个用户分组解决方案中交换一些用户的组。注意, 必须采用有效的调整以确保每个得到的 Δ 满足式 (8.23) 和式 (8.24)。

当 IUD (Δ) 达到一个满意的值并在可接受的范围内波动，或 S_I 达到最大迭代次数时算法终止。由此可获得整个系统 U2D 干扰最小化的最优用户分组方案。

8.2.4 仿真分析

本节比较了 NAFD 和 CCFD 系统的频谱效率，其中 NAFD 的 RAU 全部采用半双工，而 CCFD 又分别包含大规模 MIMO 和 C-RAN 两种情形。为了公平对比起见，我们考虑独立同分布的 Rayleigh 衰落，此时路径损耗和相关矩阵的复合矩阵采用如下方式建模：

$$\boldsymbol{T}_{\mathrm{ul},k,n} = c_{\mathrm{r}} d_{\mathrm{ul},k,n}^{-\eta} \boldsymbol{I}_M, \boldsymbol{T}_{\mathrm{dl},k,n} = c_{\mathrm{r}} d_{\mathrm{dl},k,n}^{-\eta} \boldsymbol{I}_M, \boldsymbol{T}_{\mathrm{I},k,n} = c_{\mathrm{r}} d_{\mathrm{I},k,n}^{-\eta} \boldsymbol{I}_M, T_{k,i} = c_{\mathrm{r}} d_{k,i}^{-\eta}$$

式中，c_{r} 是在 $d_{\mathrm{ul},k,n} = 1\mathrm{km}$ 下的平均路径增益；$d_{\mathrm{ul},k,n}$ 表示上行链路中第 k 个活跃的用户与第 n 个接收 RAU 之间的距离；η 是路径损耗；$d_{\mathrm{dl},k,n}$ 表示第 k 个用户与第 n 个发送 RAU 之间的距离；$d_{\mathrm{I},k,n}$ 表示第 k 个发送 RAU 与第 n 个接收 RAU 之间的距离；$d_{k,i}$ 表示上行链路中第 i 个活跃用户与下行链路中第 k 个活跃用户之间的距离。

假设用户随机分布在一个半径 $R = 1\mathrm{km}$ 的圆形区域内，且用户与 RAU 之间的最小距离设为 $r_0 = 30\mathrm{m}$。图 8.4 示出 3 种不同系统的 RAU 部署方案，其中，NAFD 系统的接收 RAU 与发送 RAU 交替放置在半径 $r = 500\mathrm{m}$ 的圆上，CCFD 大规模

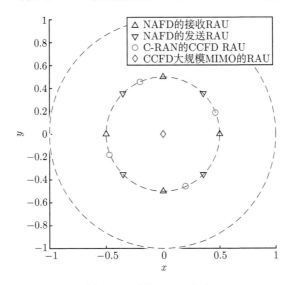

图 8.4 系统 RAU 分布

MIMO 系统的 RAU 均放置在区域的中心,而 CCFD C-RAN 系统的一个接收 RAU 与一个发送 RAU 配对放置在同一位置。对于 CCFD 系统,处于同一位置的发送 RAU 的第 k 个天线与接收 RAU 的第 i 个天线之间的自干扰符合复高斯分布,也即 $\mathcal{CN}\left(0, \sigma_{\mathrm{SI}}^2\right)$。路径损耗指数 $\eta = 3.7$。为了公平起见,这里不考虑 CCFD 系统的自干扰,并将 σ_{SI}^2 设置为 $1/M$。

图 8.5 描绘了当下行链路采用 RZF 预编码且上行链路采用 MMSE 接收机时,系统频谱效率随 RAU 配置天线数的变化曲线,共包含 NAFD、CCFD 大规模 MIMO 和 CCFD C-RAN 三种系统配置情形。可以看到,随着天线数 M 的增大,NAFD、CCFD 大规模 MIMO 和 CCFD C-RAN 系统的频谱效率均呈上升趋势。此外,与 CCFD 大规模 MIMO 和 CCFD C-RAN 系统相比,NAFD 系统具有更高的频谱效率。这与 NAFD 和 CCFD 之间的理论对比结果相一致,并与前几章中给出的集中式 MIMO 和分布式 MIMO 的性能比较相类似。其原因在于 RAU 具有特殊的地理位置分布特性,并可由此获得额外的宏分集增益。类似地,CCFD 大规模 MIMO 频谱效率很低的原因在于,RAU 全部位于小区的中心,从而导致小区边沿用户的信号质量较差。

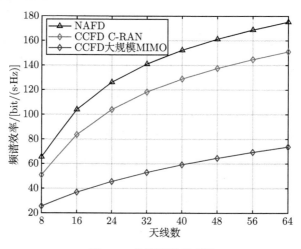

图 8.5　总频谱效率对比

以下针对无蜂窝 NAFD 系统,比较 GAS 算法和随机用户调度算法得到的下行链路传输速率。为了简便,我们考虑 $N_{\mathrm{U}} = N_{\mathrm{D}} = 2$,每个 RAU 配置 $M = 1$ 根天线,且 $K_{\mathrm{U}} = K_{\mathrm{D}} = 2$,共有 $K_{\mathrm{U,ALL}} = K_{\mathrm{D,ALL}} = 8$ 个等待服务的用户。因此所有用户可以被分为 $L = K_{\mathrm{U,ALL}}/K_{\mathrm{U}} = K_{\mathrm{D,ALL}}/K_{\mathrm{D}} = 4$ 组。当采用 GAS 时,所得到的用

户分组方案如图 8.6 所示。可以看出，同一个分组中的 UE 间距越远，上下行链路的干扰越小。同时，在某些特殊情况下，例如，在组 2 中，一个处于上行链路的 UE 在位置上十分接近另一个处于下行链路的 UE。这是因为上行链路的 UE 对两个下行链路的 UE 干扰足够大，使得两个下行 UE 可以执行干扰消除。

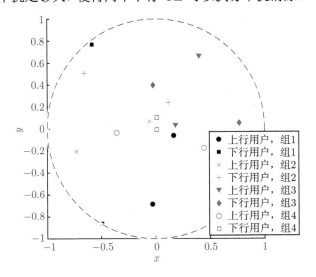

图 8.6　调度后 RAU 和用户分布

图 8.7 对比了 GAS 方案和随机用户调度方案所得到的下行链路传输速率。从图 8.7 中可见，所有下行链路的可达和速率均随着上行链路 SNR ρ_{ul} 的上升而下

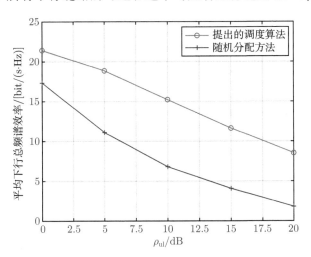

图 8.7　采用不同调度方案的频谱效率对比

降。且可以看到，与随机用户调度方案相比，GAS 用户调度方案的可达和速率要高出很多，从而验证了上述 GAS 算法的有效性。

8.3　无蜂窝网络辅助全双工的联合下行预编码和上行功率控制

根据 8.2 节的研究结果可知，上行发送功率对下行速率的影响非常明显。另外，若考虑发送 RAU 对接收 RAU 的干扰，下行多用户预编码对上行总速率也有显著影响。因此，我们需要对下行预编码和上行功率控制进行联合设计，以提高 NAFD 系统上下行链路的总吞吐率 [21−24]。

8.3.1　系统的优化问题建模

此处仍以图 8.3 的无蜂窝 NAFD 为研究对象。在该系统中，共有 K_U 个上行用户和 K_D 个下行用户，并含有 L 个发送 RAU 和 Z 个接收 RAU，且每个 RAU 配备 M 根天线。下行链路 UE 接收到的信号可表示为

$$y_{\mathrm{dl},k} = \boldsymbol{g}_{\mathrm{dl},k}^{\mathrm{H}} \boldsymbol{w}_k s_k + \sum_{k' \neq k}^{K_D} \boldsymbol{g}_{\mathrm{dl},k}^{\mathrm{H}} \boldsymbol{w}_{k'} s_{k'} + \sum_{j}^{K_U} g_{\mathrm{U},j,k} \sqrt{p_{\mathrm{ul},j}} x_j + z_{\mathrm{dl},k}$$

式中，s_k 和 x_j 分别表示下行链路发送给第 k 个用户的调制信号和上行链路第 j 个用户发送的调制信号；$\boldsymbol{w}_k$ 和 $p_{\mathrm{ul},j}$ 分别表示所有 RAU 发送给用户 k 的预编码向量和上行用户 j 的发射功率；$z_{\mathrm{dl},k}$ 表示方差为 σ_{dl}^2 的加性高斯白噪声；$g_{\mathrm{U},j,k}$ 表示发送用户 j 到接收用户 k 之间的干扰信道。在本小节中，假设 BBU 精确已知下行信道和用户之间的干扰信道。

对于上行链路，假设发送 RAU 与第 z 个接收 RAU 之间的信道信息可以通过估计而得到，且估计误差为 $\tilde{G}_{\mathrm{I},z}$。类似于 8.2.2 节，通过干扰抵消可以减小发送 RAU 对第 z 个接收 RAU 的干扰。在此情形下，接收 RAU 收到的信号可表示为

$$\boldsymbol{y}_{\mathrm{ul}} = \sum_{j}^{K_U} \boldsymbol{g}_{\mathrm{ul},j} \sqrt{p_{\mathrm{ul},j}} x_j + \tilde{\boldsymbol{G}}_{\mathrm{I}}^{\mathrm{H}} \sum_{k=1}^{K_D} \boldsymbol{w}_k s_k + \boldsymbol{z}_{\mathrm{ul}}$$

式中，$\boldsymbol{z}_{\mathrm{ul}}$ 表示加性高斯白噪声，其元素的方差为 σ_{ul}^2；$\tilde{\boldsymbol{G}}_{\mathrm{I}}$ 表示 RAU 之间信道的估计误差。为简化描述，假设 $\tilde{\boldsymbol{G}}_{\mathrm{I}}$ 的每个元素为 i.i.d. 复高斯随机变量，且方差为 σ_{I}^2。需注意的是，该误差导致发送 RAU 对接收 RAU 的干扰。

从上述讨论中可以看出，NAFD 系统的下行预编码和上行发送功率与上下行接收信号均存在相互关联。为获得更好的系统性能，需要联合设计下行链路预编码和上行链路发送功率。该问题可以描述为

$$\max_{\boldsymbol{w}_k, \boldsymbol{u}_j, p_{\mathrm{ul},j}} \sum_k^{K_{\mathrm{D}}} R_{\mathrm{dl},k} + \sum_j^{K_{\mathrm{U}}} R_{\mathrm{ul},j}$$

其优化目标是使系统的和速率最大化，并考虑用户的 QoS 需求和功率约束。具体约束如下：

$$\sum_{k=1}^{K_{\mathrm{D}}} \boldsymbol{w}_{l,k}^{\mathrm{H}} \boldsymbol{w}_{l,k} \leqslant \bar{P}_{\mathrm{dl},l}, \forall l \tag{8.25}$$

$$0 \leqslant p_{\mathrm{ul},j} \leqslant \bar{P}_{\mathrm{ul},j}, \forall j \tag{8.26}$$

$$R_{\mathrm{dl},k} \geqslant R_{\mathrm{dl,min},k} \tag{8.27}$$

$$R_{\mathrm{ul},j} \geqslant R_{\mathrm{ul,min},j} \tag{8.28}$$

式中，

$$R_{\mathrm{dl},k} = \log_2 \left(1 + \frac{\left| \boldsymbol{g}_{\mathrm{dl},k}^{\mathrm{H}} \boldsymbol{w}_k \right|^2}{\gamma_{\mathrm{dl},k}} \right)$$

$$\gamma_{\mathrm{dl},k} = \sum_{k' \neq k}^{K_{\mathrm{D}}} \left| \boldsymbol{g}_{\mathrm{dl},k}^{\mathrm{H}} \boldsymbol{w}_{k'} \right|^2 + \sum_j^{K_{\mathrm{U}}} p_{\mathrm{ul},j} \left| g_{\mathrm{U},j,k} \right|^2 + \sigma_{\mathrm{dl}}^2$$

$$R_{\mathrm{ul},j} = \log_2 \left(1 + \frac{p_{\mathrm{ul},j} \left| \boldsymbol{u}_j^{\mathrm{H}} \boldsymbol{g}_{\mathrm{ul},j} \right|^2}{\gamma_{\mathrm{ul},j}} \right)$$

$$\gamma_{\mathrm{ul},j} = \sum_{j' \neq j}^{K_{\mathrm{U}}} p_{\mathrm{ul},j'} \left| \boldsymbol{u}_j^{\mathrm{H}} \boldsymbol{g}_{\mathrm{ul},j'} \right|^2 + \sigma_{\mathrm{ul}}^2 \|\boldsymbol{u}_j\|^2 + \sigma_{\mathrm{I}}^2 \|\boldsymbol{u}_j\|^2 \sum_{k=1}^{K_{\mathrm{D}}} \|\boldsymbol{w}_k\|^2$$

式中，$\gamma_{\mathrm{dl},k}$ 表示下行用户 k 的接收机的干扰加噪声的功率；$R_{\mathrm{dl},k}$ 表示下行用户 k 的速率；$\gamma_{\mathrm{ul},j}$ 表示经过接收向量 $\boldsymbol{u}_j$ 合并后上行用户 j 的干扰与噪声功率之和；$R_{\mathrm{ul},j}$ 表示上行用户 j 的速率。上述约束中，式 (8.25) 表示每个发送 RAU 的功率约束，式 (8.26) 表示上行用户功率约束，式 (8.27) 为下行用户 k 的 QoS 约束，式 (8.28) 为上行用户 j 的 QoS 约束。

上述优化模型是非凸优化问题，其处理较复杂。在本章后的附录中，我们引入半正定松弛，将上述问题线性化，并采用块坐标下降以及交替优化迭代，最终求解出联合最优的上行发送功率值和下行预编码值 [25-27]。

8.3.2   仿真结果

图 8.8 示出发射 RAU 与接收 RAU 之间的信道矩阵存在估计误差时，NAFD、CCFD C-RAN 与传统 TDD 系统的性能对比。可以看出，NAFD 对信道估计误差相对不敏感，当其抑制水平在 −30dB 以下时，NAFD 的性能将超越传统 TDD 系统；而对于 CCFD C-RAN 系统，则需要 −35dB 以下的抑制水平，这时其性能才能超过传统的 TDD 系统。

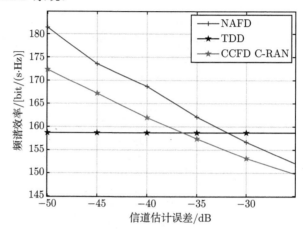

图 8.8   信道估计误差与系统频谱效率性能

图 8.9 示出本章后的附录中所给出算法的收敛性能。可以看到，在不同 RAU

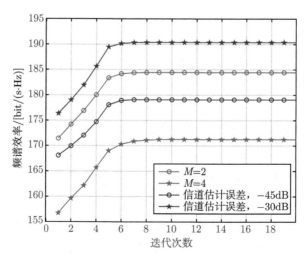

图 8.9   算法收敛性能

天线数以及干扰抑制水平情况下，所提算法在迭代次数不超过 6 次时均可达到收敛状态。

图 8.10 给出 RAU 天线数 M 增加时，NAFD 与传统 CCFD C-RAN 以及 TDD 系统的频谱效率对比。从图中可以看出，RAU 天线数的增加可以明显提升系统总的频谱效率，这 3 种系统配置的变化趋势相似。同时还可看出，在 RAU 天线配置数 $M=8$ 时，相比于传统的 CCFD C-RAN 和 TDD 系统，NAFD 总频谱效率的性能增益大约分别为 20% 和 5%。

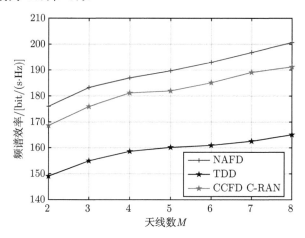

图 8.10　RAU 天线数与系统频谱效率的关系

8.4　本章小结

未来移动通信系统在提供增强宽带移动互联的同时，还将支持种类繁多的物联网应用，其上下行链路业务流量将呈现较大的动态变化，需要引入灵活的无线资源动态配置机制。从本章可以看到，基于无蜂窝大规模分布式 MIMO 系统架构，可以构建出更加灵活、更加自由的双工方式。本章提出的普适性网络辅助全双工方法——NAFD，可以较好地解决灵活双工、混合双工、全双工等应用场景下所面临的交叉链路干扰问题。本章给出的理论分析与计算机仿真结果表明，基于先进的用户调度技术，NAFD 比已有的双工技术提供更高的频谱效率。通过引入预编码和功率控制联合优化技术，可以消除下行对上行的干扰，并降低上行对下行的干扰，在保持上下行无线链路灵活配置的同时，进一步提高整个移动通信系统的性能。

参考文献

[1] LG Electronics. RP-182864 Revised WID on Cross Link Interference (CLI) Handling and Remote Interference Management (RIM) for NR (revision of RP-181652). 3GPP TSG RAN Meeting 82, Sorrento, 2018.

[2] Sabharwal A, Schniter P, Guo D, et al. In-band full-duplex wireless: challenges and opportunities. IEEE Journal on Selected Areas in Communications, 2014, 32(9): 1637-1652.

[3] AlAmmouri A, ElSawy H, Amin O, et al. In-band duplex scheme for cellular networks: a stochastic geometry approach. IEEE Transactions on Wireless Communications, 2016, 15(10): 6797-6812.

[4] Simeone O, Erkip E, Shamai S. Full-duplex cloud radio access networks: an information-theoretic viewpoint. IEEE Wireless Communications Letters, 2014, 3(4): 413-416.

[5] Thomsen H, Popovski P, de Carvalho E, et al. CoMPflex: CoMP for in-band wireless full duplex. IEEE Wireless Communications Letters, 2016, 5(2): 144-147.

[6] Thomsen H, Kim D M, Popovski P, et al. Full Duplex emulation via spatial separation of Half Duplex nodes in a planar cellular network. 2016 IEEE 17th International Workshop on Signal Processing Advances in Wireless Communications (SPAWC), Edinburgh, 2016. 1-5.

[7] Xia X C, Xu K, Zhang D M, et al. Beam-domain full-duplex massive MIMO: Realizing co-time co-frequency uplink and downlink transmission in the cellular system. IEEE Transactions on Vehicular Technology, 2017, 66(10): 8845-8862.

[8] Xin Y X, Yang L Q, Wang D M, et al. Bidirectional dynamic networks with massive MIMO: performance analysis. IET Communications, 2017, 11(4): 468-476.

[9] Xin Y X, Zhang R Q, Wang D M, et al. Antenna clustering for bidirectional dynamic network with large-scale distributed antenna systems. IEEE Access, 2017, 5: 4037-4047.

[10] 赵亚军, 郁光辉, 徐汉青. 6G 移动通信网络: 愿景、挑战与关键技术. 中国科学: 信息科学, 2019, 49(8): 963-987.

[11] Koh J, Lim Y G, Chae C B, et al. On the feasibility of full-duplex large-scale MIMO cellular systems. IEEE Transactions on Wireless Communications, 2018, 17(9): 6231-6250.

[12] Somekh O, Simeone O, Bar-Ness Y, et al. Cooperative multicell zero-forcing beamforming in cellular downlink channels. IEEE Transactions on Information Theory, 2009,

55(7): 3206-3219.

[13] Li Y, Fan P Z, Leukhin A, et al. On the spectral and energy efficiency of full-duplex small-cell wireless systems with massive MIMO. IEEE Transactions on Vehicular Technology, 2017, 66(3): 2339-2353.

[14] Wagner S, Couillet R, Debbah M, et al. Large system analysis of linear precoding in correlated MISO broadcast channels under limited feedback. IEEE Transactions on Information Theory, 2012, 58(7): 4509-4537.

[15] Peel C B, Hochwald B M, Swindlehurst A L. A vector-perturbation technique for near-capacity multiantenna multiuser communication-part I: channel inversion and regularization. IEEE Transactions on Communications, 2005, 53(1): 195-202.

[16] Zhang J, Wen C K, Jin S, et al. Large system analysis of cooperative multi-cell downlink transmission via regularized channel inversion with imperfect CSIT. IEEE Transactions on Wireless Communications, 2013, 12(10): 4801-4813.

[17] Wang D M, Wang M H, Zhu P C, et al. Performance of network-assisted full-duplex for cell-free massive MIMO. DOI 10.1109/TCOMM.2019.2962158, IEEE Transactions on Communications.

[18] Srinivas M, Patnaik L M. Adaptive probabilities of crossover and mutation in genetic algorithms. IEEE Transactions on Systems, Man, and Cybernetics, 1994, 24(4): 656-667.

[19] Zhang J, Chung H S, Lo W. Clustering-based adaptive crossover and mutation probabilities for genetic algorithms. IEEE Transactions on Evolutionary Computation, 2007, 11(3): 326-335.

[20] Melanie M. An Introduction to Genetic Algorithms. Cambridge, MA: MIT Press, 1996.

[21] Li X, He C, Zhang J. Spectral efficiency and energy efficiency of bidirectional distributed antenna systems with user centric virtual cells. IEEE Access, 2018, (6): 49886-49895.

[22] Chen L, Yu F R, Ji H, et al. Green full-duplex self-backhaul and energy harvesting small cell networks with massive MIMO. IEEE Journal on Selected Areas in Communications, 2016, 34(12): 3709-3724.

[23] Jiang Y X, Lau F C, Ho I W, et al. Max-min weighted downlink SINR with uplink SINR constraints for full-duplex MIMO systems. IEEE Transactions on Signal Processing, 2017, 65(12): 3277-3292.

[24] Tan Z Y, Yu F R, Li X, et al. Virtual resource allocation for heterogeneous services in full duplex-enabled SCNs with mobile edge computing and caching. IEEE Transactions

on Vehicular Technology, 2018, 67(2): 1794-1808.

[25] Vucic N, Shi S, Schubert M. Dc programming approach for resource allocation in wireless networks. Modeling and Optimization in Mobile, Ad Hoc and Wireless Networks (WiOpt). 2010 Proceedings of the 8th International Symposium on. IEEE, 2010. 380-386.

[26] Kha H H, Tuan H D, Nguyen H H. Fast global optimal power allocation in wireless networks by local DC programming. IEEE Transactions on Wireless Communications, 2012, 11(2): 510-515.

[27] Lin X, Huang L, Guo C, et al. Energy-efficient resource allocation in TDMS-based wireless powered communication networks. IEEE Communications Letters, 2017, 21(4): 861-864.

附录　NAFD 上行发送功率和下行预编码联合优化求解

为了对原问题进行半正定松弛，引入 $\boldsymbol{Q}_k = \boldsymbol{w}_k \boldsymbol{w}_k^{\mathrm{H}}$。因此，原问题可以表示为

$$\max_{\boldsymbol{Q}_k, p_{\mathrm{ul},j}} \sum_{k}^{K_{\mathrm{D}}} R_{\mathrm{dl},k} + \sum_{j}^{K_{\mathrm{U}}} R_{\mathrm{ul},j} \tag{附 1}$$

相应的约束条件包括式 (8.26) 以及

$$\sum_{k=1}^{K_{\mathrm{D}}} \mathrm{Tr}\left(\boldsymbol{Q}_k \boldsymbol{T}_l\right) \leqslant \bar{P}_{\mathrm{dl},l}, \forall l \tag{附 2}$$

$$\boldsymbol{Q}_k \geqslant 0, \forall l \tag{附 3}$$

$$\left(2^{R_{\mathrm{dl,min},k}} - 1\right) \tilde{\gamma}_{\mathrm{dl},k} - \boldsymbol{g}_{\mathrm{dl},k}^{\mathrm{H}} \boldsymbol{Q}_k \boldsymbol{g}_{\mathrm{dl},k} \leqslant 0 \tag{附 4}$$

$$\left(2^{R_{\mathrm{ul,min},j}} - 1\right) \tilde{\gamma}_{\mathrm{ul},j} - p_{\mathrm{ul},j} \left|\boldsymbol{u}_j^{\mathrm{H}} \boldsymbol{g}_{\mathrm{ul},j}\right|^2 \leqslant 0 \tag{附 5}$$

上述公式中，

$$\boldsymbol{T}_l = \mathrm{diag}\left[\ \boldsymbol{0}_{(l-1)M} \quad \boldsymbol{1}_M \quad \boldsymbol{0}_{(L-l)M}\ \right]$$

$$\tilde{\gamma}_{\mathrm{dl},k} = \sum_{k' \neq k}^{K_{\mathrm{D}}} \boldsymbol{g}_{\mathrm{dl},k}^{\mathrm{H}} \boldsymbol{Q}_{k'} \boldsymbol{g}_{\mathrm{dl},k} + \sum_{j}^{K_{\mathrm{U}}} p_{\mathrm{ul},j} \left|g_{\mathrm{U},j,k}\right|^2 + \sigma_{\mathrm{dl}}^2$$

$$\tilde{\gamma}_{\mathrm{ul},j} = \sum_{j' \neq j}^{K_{\mathrm{U}}} p_{\mathrm{ul},j'} \left|\boldsymbol{u}_j^{\mathrm{H}} \boldsymbol{g}_{\mathrm{ul},j'}\right|^2 + \sigma_{\mathrm{ul}}^2 \|\boldsymbol{u}_j\|^2 + \delta_{\mathrm{I}}^2 \|\boldsymbol{u}_j\|^2 \sum_{k=1}^{K_{\mathrm{D}}} \sum_{l=1}^{L} \mathrm{Tr}\left(\boldsymbol{Q}_k \boldsymbol{T}_l\right)$$

以下利用块坐标下降法求解上述优化问题。对于固定的上行接收机,可将目标函数转化为两个凹函数的差,即

$$\sum_k^{K_\mathrm{D}} R_{\mathrm{dl},k} + \sum_j^{K_\mathrm{U}} R_{\mathrm{ul},j} = f\left(\boldsymbol{Q}, \boldsymbol{p}\right) - h\left(\boldsymbol{Q}, \boldsymbol{p}\right)$$

式中,

$$f\left(\boldsymbol{Q}, \boldsymbol{p}\right) = \sum_k^{K_\mathrm{D}} \log_2 \left(\boldsymbol{g}_{\mathrm{dl},k}^\mathrm{H} \boldsymbol{Q}_k \boldsymbol{g}_{\mathrm{dl},k} + \tilde{\gamma}_{\mathrm{dl},k}\right) + \sum_j^{K_\mathrm{U}} \log_2 \left(p_{\mathrm{ul},j} \left|\boldsymbol{u}_j^\mathrm{H} \boldsymbol{g}_{\mathrm{ul},j}\right|^2 + \tilde{\gamma}_{\mathrm{ul},j}\right);$$

$$h\left(\boldsymbol{Q}, \boldsymbol{p}\right) = \sum_k^{K_\mathrm{D}} \log_2 \tilde{\gamma}_{\mathrm{dl},k} + \sum_j^{K_\mathrm{U}} \log_2 \tilde{\gamma}_{\mathrm{ul},j}$$

因上述目标函数仍然是非凸的,故需要对 $h\left(\boldsymbol{Q}, \boldsymbol{p}\right)$ 进一步线性化。根据对数函数的一阶泰勒展开,可知如下性质成立:

$$\log_2\left(b + cz\right) \leqslant \log_2\left(b + cz_0\right) + c\frac{1}{\ln 2}\left(b + cz_0\right)^{-1}\left(z - z_0\right)$$

基于该性质,可将目标函数中的 $h\left(\boldsymbol{Q}, \boldsymbol{p}\right)$ 转换为

$$\begin{aligned}
h^{(m)}\left(\boldsymbol{Q}, \boldsymbol{p}\right) = {} & h\left(\boldsymbol{Q}^{(m)}, \boldsymbol{p}^{(m)}\right) + \frac{\varphi_{\mathrm{dl}}^{(m)}}{\ln 2} \sum_k^{K_\mathrm{D}} \sum_j^{K_\mathrm{U}} \left(p_{\mathrm{ul},j} - p_{\mathrm{ul},j}^{(m)}\right) |g_{\mathrm{U},j,k}|^2 \\
& + \frac{\varphi_{\mathrm{dl}}^{(m)}}{\ln 2} \sum_k^{K_\mathrm{D}} \sum_{k'=1, k'\neq k}^{K_\mathrm{D}} \boldsymbol{g}_{\mathrm{dl},k}^\mathrm{H} \left(\boldsymbol{Q}_{k'} - \boldsymbol{Q}_{k'}^{(m)}\right) \boldsymbol{g}_{\mathrm{dl},k} \\
& + \frac{\varphi_{\mathrm{ul}}^{(m)}}{\ln 2} \sum_j^{K_\mathrm{U}} \sum_{j'\neq j}^{K_\mathrm{U}} \left(p_{\mathrm{ul},j'} - p_{\mathrm{ul},j'}^{(m)}\right) \left|\boldsymbol{u}_j^\mathrm{H} \boldsymbol{g}_{\mathrm{ul},j'}\right|^2 \\
& + \frac{\varphi_{\mathrm{ul}}^{(m)}}{\ln 2} \sum_j^{K_\mathrm{U}} \sum_{i=1}^{K_\mathrm{D}} \left[\sum_{l=1}^L \sigma_\mathrm{I}^2 \mathrm{Tr}\left(\boldsymbol{Q}_i \boldsymbol{T}_l - \boldsymbol{Q}_i^{(m)} \boldsymbol{T}_l\right)\right] \|\boldsymbol{u}_j\|^2
\end{aligned}$$

式中,

$$\varphi_{\mathrm{dl}}^{(m)} = \left(\sum_{k'\neq k}^{K_\mathrm{D}} \boldsymbol{g}_{\mathrm{dl},k}^\mathrm{H} \boldsymbol{Q}_{k'}^{(m)} \boldsymbol{g}_{\mathrm{dl},k} + \sum_j^{K_\mathrm{U}} p_{\mathrm{ul},j}^{(m)} |g_{\mathrm{U},j,k}|^2 + \sigma_{\mathrm{dl}}^2\right)^{-1};$$

$$\varphi_{\mathrm{ul}}^{(m)} = \left(\sum_{j'\neq j}^{K_\mathrm{U}} p_{\mathrm{ul},j'}^{(m)} \left|\boldsymbol{u}_j^\mathrm{H} \boldsymbol{g}_{\mathrm{ul},j'}\right|^2 + \sigma_{\mathrm{ul}}^2 \|\boldsymbol{u}_j\|^2 + \delta_\mathrm{I}^2 \|\boldsymbol{u}_j\|^2 \sum_{k=1}^{K_\mathrm{D}} \sum_{l=1}^L \mathrm{Tr}\left(\boldsymbol{Q}_k^{(m)} \boldsymbol{T}_l\right)\right)^{-1}$$

根据上述步骤, 得到第 $(m+1)$ 次迭代后的表达式如下:

$$\max_{\boldsymbol{Q}_k, p_{\mathrm{ul},j}} f(\boldsymbol{Q}, \boldsymbol{p}) - h^{(m)}(\boldsymbol{Q}, \boldsymbol{p}) \tag{附 6}$$

其约束条件为式 (8.26)、式 (附 2)、式 (附 3)、式 (附 4) 和式 (附 5)。

在得到式 (附 6) 的解之后, 进一步固定 $\boldsymbol{Q}_{\mathrm{dl},k}$ 和 $p_{\mathrm{ul},j}$, 可以求得上行用户 j 的最小均方误差接收机为

$$\boldsymbol{u}_j = \boldsymbol{\Sigma}_{\mathrm{ul},j}^{-1} \boldsymbol{g}_{\mathrm{ul},j} \sqrt{p_{\mathrm{ul},j}} \tag{附 7}$$

式中,

$$\boldsymbol{\Sigma}_{\mathrm{ul},j} = \sum_{j'=1}^{K_{\mathrm{U}}} p_{\mathrm{ul},j'} \boldsymbol{g}_{\mathrm{ul},j'} \boldsymbol{g}_{\mathrm{ul},j'}^{\mathrm{H}} + \left(\sum_{k'=1}^{K_{\mathrm{D}}} \sum_{l=1}^{L} \sigma_{\mathrm{I}}^2 \mathrm{Tr}(\boldsymbol{Q}_{k'} \boldsymbol{T}_l) + \sigma_{\mathrm{ul}}^2 \right) \boldsymbol{I}_{ML}$$

重复式 (附 6) 与式 (附 7), 即可得到问题的最终解。

第 9 章　基于云构架的分布式MIMO与无蜂窝系统实现

本章将介绍基于云基带处理构架的大规模分布式 MIMO 系统实现技术。该系统具有以下特点: 采用无蜂窝 (cell-free) 系统构架, 基于 5G NR 的 TDD 宽带 OFDM 无线传输格式, 支持多用户分布式 MIMO, 系统带宽及频点为 100 MHz@3.5GHz, 频谱利用率可达 100bit/(s·Hz)。为了进行快速试验验证, 采用全新的云基带处理方式, 使用通用众核 CPU 实现大规模分布式 MIMO 所涉及的基带信号处理。考虑到试验系统的通用性及易扩展性, 采用了更为灵活的光纤以太网作为 RAU 与 BPU(baseband processing unit) 之间的连接接口。

上述大规模分布式 MIMO 在系统实现方面存在以下技术难点: ① 需要以实时方式实现大带宽条件下的多用户联合处理; ② 处于不同物理位置的 RAU 联合发送与接收需要较高的同步精度; ③ 需要利用 TDD 系统的上下行链路互易性, 以节约下行导频训练所需的开销。此外, 与大规模集中式 MIMO 不同, 大规模分布式 MIMO 还需要引入空中校准技术, 以消除射频 (RF) 收发通道的不一致性。

本章主要内容包含以下几个部分。首先, 介绍大规模分布式 MIMO 试验系统的实现架构, 包括系统参数、硬件架构和软件架构。其次, 将重点讨论如何有效利用通用众核 CPU, 提高数据吞吐率及并行计算能力, 以实时方式实现大规模分布式 MIMO TDD 系统。第三, 介绍分布式 MIMO 系统的同步方法, 针对上下行链路互易性问题, 给出了 TDD 系统的校准方案。第四, 针对第 7 章提出的无线传输算法, 给出了具体的实现方式。最后, 讨论了大规模分布式 MIMO 试验系统的吞吐率测试结果以及无线传输性能测试结果。

9.1 试验系统架构

9.1.1 系统总体架构

随着软件无线电技术的发展以及通用处理器能力的提高,用软件定义方式实时实现无线通信系统,进而完成系统试验验证,已成为 4G 及 5G 技术研发的一种重要途径。文献 [1] 和文献 [2] 分别构建了基于 USRP(universal software radio peripheral)和通用处理器的 4G 和 5G 系统。文献 [3] 介绍了采用 USRP 构建的 128 天线 TDD 集中式大规模 MIMO 试验系统。在国家 863 计划重大项目的支持下,东南大学移动通信国家重点实验室的研究人员与英特尔 (Intel) 公司、华为 (Huawei) 公司合作,构建了基于云基带处理的通用无线通信试验平台,支持 128×128 天线的大规模分布式 MIMO 系统,实现多用户联合通信 (MU-MIMO)[4-6],可快速完成 5G 及其他类型的无线新技术测试,对典型的无蜂窝系统 [7,8] 构架进行测试验证,并可根据应用规模,以模块化方式对系统不断进行扩展 [9]。

以 4 个 RAU 和 4 个用户为例,图 9.1 给出大规模分布式 MIMO 系统实现示意图。其中,所有 RAU 和用户终端 (user equipment,UE) 均配置 8 天线。RAU 的基带信号通过交换机连接至 8 台高配置 Huawei 通用服务器 E9000。每台服务器配置 4

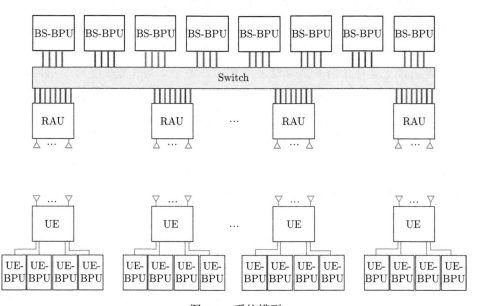

图 9.1 系统模型

个 Intel Xeon E7-8867 v4 CPU，每个 CPU 含 18 个并行处理核，完成 BS-BPU(base station baseband processing unit) 处理功能。每个 UE 的基带处理采用 4 台 Huawei RH2288 h v2 服务器，每台服务器配置 2 个 Intel Xeon E5-2680 v2 CPU，每个 CPU 含 10 个并行处理核，完成 UE-BPU 功能。

系统工作在 3.5GHz 频段，载波带宽为 100MHz。上行和下行均采用 OFDM 无线传输格式，具体参数如表 9.1 所示。基于 5G NR 系统的典型配置，采用 4096 点 FFT/IFFT，子载波间隔为 30kHz，其中数据占用 3200 个子载波，系统有效带宽为 96MHz。

表 9.1　系统参数

系统参数	具体数值
子载波间隔 Δf	$\Delta f = 30\text{kHz}$
子载波总数 FFT/(IFFT 点数)N_{FFT}	$N_{\text{FFT}} = 4096$
占用带宽子载波数 N_{D}	$N_{\text{D}} = 3200$
系统有效带宽 f_{B}	$f_{\text{B}} = N_{\text{D}} \times \Delta f = 96\text{MHz}$
采样时钟频率 f_{s}	$f_{\text{s}} = N_{\text{FFT}} \times \Delta f = 122.88\text{MHz}$
IFFT/FFT 周期 T_{FFT}	$T_{\text{FFT}} = 1/\Delta f = 33.333\mu\text{s}$
循环前缀长度 T_{CP}	$T_{\text{CP}} = T_{\text{FFT}}/8 = 4.167\mu\text{s}$
OFDM 符号长度 T_{SYN}	$T_{\text{SYN}} = T_{\text{FFT}} + T_{\text{CP}} = 37.5\mu\text{s}$

试验系统采用 TDD 工作模式，无线传输帧结构如图 9.2 所示。上行和下行帧长度均为 10ms；除上下行切换所需的保护时间外，每帧包含 265 个 OFDM 符号，其中 1 个 OFDM 符号用于定时同步，4 个 OFDM 符号预留为信令和多用户频偏估计，32 个 OFDM 符号用于全向信道状态信息 CSI 估计。其他 OFDM 符号被分为 3 个子帧，每个子帧的前 16 个 OFDM 符号用于多用户解调导频，后面 60 个 OFDM 符号用于有效载荷 (数据) 的传输。

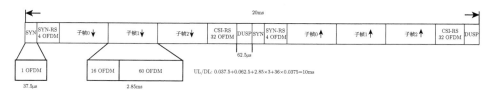

图 9.2　帧结构

9.1.2　系统硬件架构

　　基站侧的系统实现架构如图 9.3 所示。每个 RAU 通过 4 个 10Gb/s 光接口连接至高速以太交换机，并通过交换机最终连接到基带云计算平台，进行 BS-BPU 收发信号处理。所有 RAU 的时钟由高精度时钟源提供。

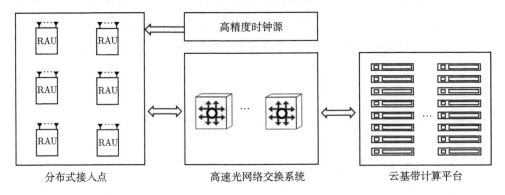

分布式接入点　　　　　　　高速光网络交换系统　　　　　云基带计算平台

图 9.3　基站侧的实现架构

　　图 9.4 示出 RAU 子系统构成。每个 RAU 由 8 根全向天线、射频模块 (radio frequency module，RFM)、基带处理板构成。因需要多个 RAU 联合发送或接收，必须保证所有 RAU 时间同步，为此，采用高精度时钟源，并采用 IEEE-1588 v2 精准定时协议，通过以太光纤网络为所有 RAU 提供时钟信号。

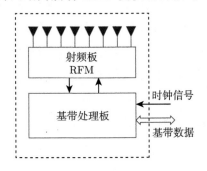

图 9.4　RAU 端硬件结构

　　图 9.5 示出 UE 子系统构成。UE 由 8 根全向天线、射频模块、基带收发板和时钟板构成。每个 UE 通过 4 个 10Gb/s 光接口连接到本地服务器，完成 UE-BPU 信号处理。UE 采用本地高精度时钟板为基带和射频产生时钟信号。

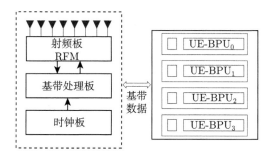

图 9.5 UE 端硬件结构

UE 和 RAU 的基带板和射频板实现框图如图 9.6 所示。其中，FPGA 采用 Xilinx Virtex-7 XC7VX485T。

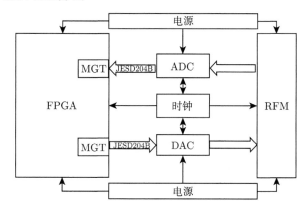

图 9.6 UE(RAU) 的硬件实现框图

UE 和 RAU 基带板 FPGA 主要功能包括：实现接收机 OFDM 定时同步、去循环前缀并完成 FFT；实现发射机 IFFT、添加循环前缀以及同步信号；为服务器 (UE) 或交换机 (RAU) 收发数据提供接口连接。

从上述功能划分可以看到，通用服务器负责处理 FFT 变换后的频域信号，因此可方便地把不同的子载波信号送入不同的 CPU 内核平行处理。对于每个 10ms 无线帧信号，在去除同步 OFDM 符号之后，每根天线包含 264 个 OFDM 符号，而每个 OFDM 符号有 3200 个子载波。若频域信号的实部和虚部均采用 24 比特量化，则对应于 8 个天线的基带信号输入或输出速率要求为

$$264 \times 8 \times 3200 \times 48/0.01 \approx 32.44 \mathrm{Gb/s}$$

考虑到平台的通用性和易扩展性，试验系统首次采用更为广泛适用的光纤以太

网 (Ethernet over fiber) 接口，连接 RAU 与 BPU，取代传统意义上的 CPRI 接口。为提升系统效率，接口以太帧包含 1256 字节，其中基带信号占用 1200 字节，用于承载来自 8 根天线上的 25 个复数采样点；以太帧还包括其他信息，如地址、OFDM 序号、子带序号等。RAU/UE 的基带输入/输出总吞吐量为 40Gb/s，采用 QSFP 光模块连接至 BPU 服务器 (UE 侧) 或交换机 (BS 侧)。

9.1.3 系统软件架构

现有 4G LTE 的软件无线电平台 (srs LTE[1] 和 open air interface[2])，通常最多支持 8 天线 MIMO，系统最大带宽为 20MHz。此处考虑实现的大规模分布式 MIMO 系统，其带宽为 100MHz，且基站侧和用户侧天线总数多达 128 根或更多。对于 OFDM 无线传输，可近似地认为其计算复杂度随信号带宽增加而线性增加。但 MIMO-OFDM 多用户联合检测和预编码的计算复杂度将以天线个数的平方或三次方的方式增长。以保守方式估算，当信号带宽和天线规模分别增加 5 倍和 16 倍时，基站侧计算复杂度至少是 LTE 的千倍以上。因此，采用有效的软件构架及底层支撑技术，以实时方式实现多用户大规模 MIMO 基带处理极具挑战性。

图 9.7 示出大规模分布式 MIMO 基带处理在众核 CPU 上的功能划分和软件整体架构。以 BS 侧为例，每台服务器总包含 72 个 CPU 核，可支持吞吐率为

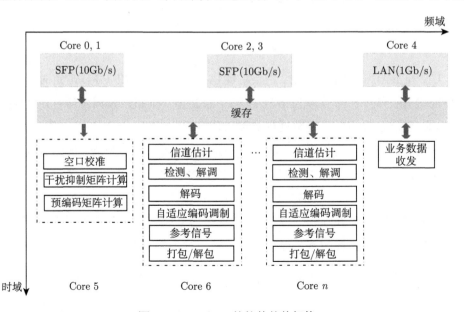

图 9.7 BS-BPU 的软件整体架构

20Gb/s(两个 SFP 端口) 的基带信号处理。为完成 20Gb/s 数据收发，需占用 2 个 CPU 核，并需占用 1 个额外的 CPU 核用于业务数据搬移。另外，为完成 OTA 互易性校准、CSI 统计处理、上行干扰抑制矩阵计算以及下行多用户预编码计算 (可参考第 7 章论述的多用户联合发送和联合接收方法)，还需专门占用 1 个 CPU 核；主线程和系统调度管理各需占用 1 个 CPU 核。扣除以上需求，该服务器剩余的 64 个 CPU 核可用于并行处理各 OFDM 子载波其余的基带信号处理。

UE 侧的软件实现采用类似于图 9.7 的结构。不同之处在于，UE 侧每台服务器分别均分配 2 个 CPU 核，用于 1 个 10Gb/s 光接口数据的搬移；主线程及系统管理各占用 1 个 CPU 核，其余 16 个 CPU 核用于 UE 侧基带信号处理及业务数据收发。

以下将详细介绍系统实时实现所需的软件关键技术。

9.2　高性能软件支撑技术

为满足实时性处理，本系统主要采用如下 5 项关键技术：基于 DPDK 的高吞吐量数据收发技术、高效并行多核多线程技术、基于 MKL 的矢量化信号处理技术、基于 SSE/AVX 的并行 LDPC 编解码技术以及免线程同步 (non-thread-synchronization) 技术。

9.2.1　DPDK 技术

为了解决通用处理器在面对网口大量数据报文转发时，难以满足处理实时性的问题，Intel 联合多家公司开发了数据平面开发套件 (data plane development kit，DPDK)[10]，利用大页、非一致性内存访问架构 (NUMA)、线程独占等技术，使数据处理尽量运行在用户态而不是内核态，避开传统数据报文要经过中断、上下文切换、系统调用等行为，极大地提升了系统吞吐量；针对内部嵌入线程技术，DPDK 对多线程问题也提供有效的解决方法。系统的底层接口、内存分配以及多线程技术等均基于 DPDK 库开发。

1. 大页技术

在 Linux 系统中，内存管理常采用段页式虚拟存储地址。例如，一条 32 位虚拟地址被划分为 3 个部分，分别对应 3 个偏移地址；这意味着从虚拟地址到获得实际物理地址所对应的数据，需要进行 3 次内存读取，导致通信系统的实时性难以得到满足。为建立快速虚拟地址与实际物理地址间的转换，变换旁查缓冲器 (translation lookaside buffer, TLB) 技术应运而生，它能够快速把虚拟地址的前两个偏移地址与内容页物理地址的起始地址进行对应，从而直接与最后一个偏移地址相加获得真正的物理地址。由于 TLB 表项小，一旦没有匹配到前两位虚拟地址，则需要通过段页式查找 TLB 表项，进而获取真正的物理地址。当内容页较小时，如果某个程序所需要的内存较大，则需要较多的内容页，而 TLB 中表项不足以存储这么多对应关系，造成一段时间内 TLB 失匹配而频繁读取内存，系统的实时性能受到严重影响。

大页内存在此方面存在明显的技术优势。它采用 2MB 或更大的内存页，而不是传统的 4KB 内存页，具有如下优点：页面不受虚拟内存管理影响，不会被替换出内存，与此相比，普通的 4KB 内存页如果物理内存不够可能会被虚拟内存管理模块替换到交换区；同样的内存大小，大页产生的页表项数目远少于 4KB 内存页，进而降低页表的开销并且降低了 TLB 失配概率。

在内存的使用方面，考虑到系统的实时性要求，应尽可能避免动态内存的分配和释放。为此，需要为每个线程在初始化时便开辟好内存空间，线程中使用的临时向量和矩阵可以在保证不冲突的情况下，使用这些已经开辟的存储空间。

2. 线程独占

一个多核处理器中有着多个逻辑运算核，每一个核均能执行一个线程任务。但当其执行完一次任务时，是否应切换任务，是系统资源调配的关键问题。在 Linux 系统中，其默认操作是执行 CPU 的软亲和性，也即某一个 CPU 应该尽可能地运行一个线程而不进行线程切换，从而防止线程切换所带来的潜在问题。在 DPDK 中采用 CPU 硬亲和性，利用 set_affinity() 函数，使得某一个线程只能在一个逻辑核上一直运行，即线程独占，从而充分发挥众核处理器的性能。一般说来，主核负责线程的创建、管理和销毁，并按照 CPU 硬亲和性绑定在不同的从属核上。下一小节将详细介绍本试验系统的多线程数据架构。

CPU 与内存之间的互联是限制多 CPU 服务器访问内存速度的一个瓶颈。现有多 CPU 服务器中的每个 CPU 均有其对应的内存插槽，而一个 CPU 访问其他 CPU 对应的内存时，如果没有直接的快速通道互联 (quick path interconnect, QPI)

总线时，访问速度会急剧下降。因此，当多个 CPU 两两之间没有 QPI 总线时，还需要将每个线程初始化的内存分配与 CPU 建立对应关系，以提高内存访问速度。例如，在初始化时，可以将某个线程访问的内存，分配在执行该线程的 CPU 所对应的内存芯片中，从而可以进一步提高内存存取速度。

3. 数据结构

在内存使用上，使用 DPDK 提供的几个关键数据结构，可以提高线程间通信和内存访问速度。这几个关键数据结构包括 ring、mempool 和 mbuf 等。

ring 是一种无锁队列数据结构。它避免了加锁性能开销，通过利用单 (多) 消费者对单 (多) 生产者模型，能够高效地实现多线程之间的通信。

mempool 是一个大小固定的对象分配器，主要给 mbuf 使用。内部存储对象常常以 mbuf 的结构体形式存放，在网络帧被网卡接收后，DPDK 便在 mbuf 的环形缓冲区创建一个 mbuf 对象，并与实际网络帧逻辑上相连；用户能够把对象分析全部集中于 mbuf 对象上，实现用户态处理网络报文功能。

mbuf 是一种 DPDK 自我定义的数据结构，用于存储消息或者报文信息，并有着很好的扩展能力。例如，对于巨大的网络帧数据，它能够以多级链表的形式将其存储下来。

9.2.2 多线程技术

图 9.8 给出基站侧程序多线程组织结构。CPU 核分为主核和从属核。主核负责线程创建、绑定和管理；从属核负责网口数据的收发和基带数据处理。从属核又分为四类：A 类负责从内存中获取报文地址，并放入与 B 类相互通信的管道中；B 类负责给 D 类传递数据报文地址与接口参数，同时还给 C 类传递数据报文地址；C 类根据时间戳发送数据包；D 类是属于从事基带处理的一类核，它们在获取到报文地址和接口参数之后对数据报文进行解包、接收机处理、发送信号处理、打包等操作，然后将处理完的数据重新放回内存。

在把程序所需要的内存空间和不同 CPU 核之间的通信管道统一开辟好后，由主核在不同从属核上启动函数，从属核再根据分类分别执行自己的任务。

主核和从属核的工作过程如图 9.9 所示。主核进行初始化、网卡配置、开辟内存空间、核间通信管道创建和远程启动从属核线程函数等工作，最后进入主核 while(1) 循环中，并执行两个任务：监控键盘输入并做出相关反应和周期性输出系

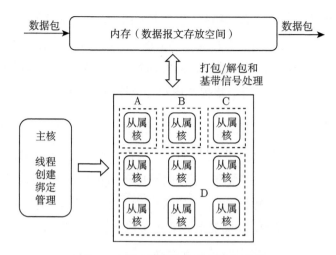

图 9.8 基站侧程序多线程组织结构

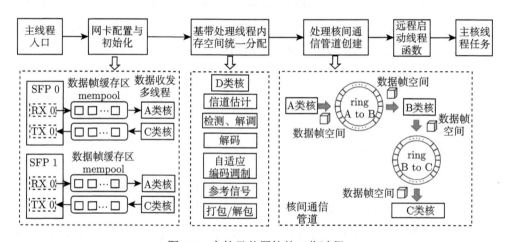

图 9.9 主核及从属核的工作过程

统工作状态信息。

基站侧服务器有两个光接口接收网络数据帧, 每个光接口均配有一个接收队列, 以 mbuf 的形式存放在创建好的 mempool 中。如图 9.9 左下角部分所示, A 类核负责管理接收队列, C 类核负责管理发送队列。

由于系统分为 A、B、C 和 D 四类核, 故需要在不同类别的核之间建立通信管道, 实现数据传递。不同类别的核之间的通信管道是通过 ring 队列实现的, 利用单生产者单消费者的形式进行数据的入队和出队, 其具体实现如图 9.9 所示。当网卡不断接收报文时, A 类核将报文存储在自己的缓存中, 并将指针通过 ring 传递给 B 类核; B 类核将数据报文交由 D 类核进行处理; C 类核通过 ring 获得 B 类核传递的数据地址, 其地址空间下所存放的数据则为 D 类核已经完成打包的发送数据, 然后 C 类核将数据发送给网卡。

然而, 由于数据处理引入的时延, 在接收处理时, B 类核不能立即把接收报文缓存传递给 D 类核; 在发送处理时, B 类核也不能立即把当前数据报文的缓存空间地址, 通过 ring 传递给 C 类核进行发送。为了解决这个问题, 我们对收发处理分别各自指定两片内存空间, 并采用指针交换的方式对收发数据进行管理。具体实现时, B 类核和 D 类核之间的数据包通过一个公共结构体进行交互, 其中 B 类核使用 4 个指针, 分别为 unpack_out, unpack_fix, pack_fix 和 pack_out; 该结构体还包含另外 4 个指针 pack_A, pack_B, unpack_A, unpack_B, 用于指向真正开辟的内存空间。而前 4 个指针通过获得后 4 个指针的地址, 来实现内存空间的指向。

Unpack_out 和 pack_out 是与 B 类核直接进行数据交换的数据结构。在 B 类核的线程开始时, 首先将 unpack_fix 和 unpack_out 的指针互换; pack_fix 和 pack_out 也做同样的处理。然后将数据帧空间的数据向 unpack_out 地址所指向的内存空间复制, 将 pack_out 地址所指向的数据复制到数据帧空间, 这样就能直接将数据帧的数据递送给 C 类核并进行发送。而 unpack_fix, pack_fix 和局部变量空间, 即图 9.10 中所用到的地址空间, 被用于 D 类核处理数据。

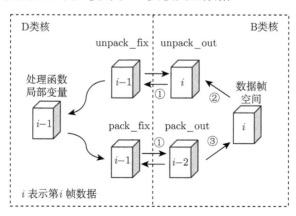

图 9.10 B 类核和 D 类核之间的数据交互

9.2.3 基于 SSE/AVX 的 LDPC 编解码技术

为了支持自适应传输, 本系统采用基于 LDPC 的自适应编码调制 (adaptive

modulation and coding, AMC)。根据当前信道质量指示 (channel quality indicator, CQI) 选择不同的数据流个数、调制阶数以及编码方式。本系统采用的 AMC 方案，如表 9.2 所示。

表 9.2 CQI 和自适应编码调制

CQI	数据流个数	调制阶数 (QAM 调制)	信息比特数 (含 24 位 CRC)
0	2	2	2000
1	4	2	4000
2	4	2	6000
3	4	2	8000
4	4	4	12000
5	4	4	16000
6	4	4	18000
7	4	6	24000

纠错编解码是通信系统中的一个关键模块。在采用软件实现时，纠错编解码通常是限制系统实时性的一个技术瓶颈。相比于 FPGA，基于 CPU 实现的纠错编解码效率要低很多。为了加快编译码速度，通常需要采用定点算法。此外，当前的主流 CPU 中均采用长位宽的寄存器，利用 CPU 提供的并行指令可进一步加快纠错编解码的执行速度。

现有的主流 CPU 均提供了指令级的并行加速运算功能，相应的指令称作单指令多数据流 (single-instruction multiple-data，SIMD)。在执行向量操作时，一条指令可以同时对多个数据进行运算来实现时间上的并行性。当前多数处理器均对 SIMD 指令集进行延展，增加 SIMD 寄存器，专门用于执行 SIMD 指令。这些寄存器的宽度通常为 64 位、128 位、256 位，甚至最新的 512 位。SIMD 指令的作用是对相互独立的单元执行相同的操作，这些单元存在于 SIMD 寄存器中。例如，利用 SIMD 指令，处理器可在短时间内，在一个 128 位的寄存器中同时实现 4 个 32 位单精度浮点乘法运算，或者 2 个 64 位双精度浮点乘法运算。

本系统基于 Intel SSE(streaming SIMD extensions，单指令多数据流技术扩展) 指令集实现低密度奇偶校验 (low density parity check，LDPC) 编解码。SSE 支持 128 位寄存器，可以同时对 16 个码块进行编码或译码。在发送端，信息比特经过 24 位的 CRC 校验，然后分成 16 个数据块，送至 LDPC 编码器。编码器对 16 个码字并行编码，每个编码器内部采用分块累加编码，从而实现快速编码。

为了提高缓存效率，解码器采用定点译码。现有研究表明，解调采用 6 比特量化，解码器内部采用 8 比特量化，与浮点译码相比，解码性能损失可以接受。因此，采用 128 比特的 SSE 指令，可以同时对 16 个码字并行译码，提高解码器吞吐率。为进一步提升译码器收敛速度并且降低内存占用率，解码器选用分层译码算法。为了适用于分层译码算法，采用离线方式，对校验矩阵按照行重进行排序，可以大幅提高缓存的利用率。

除上述优化策略以外，其他的优化方式还包括循环展开，以及使用 SIMD 指令集中的饱和加法等指令，提高解码器效率。同时，在程序的初始化阶段，预先进行内存分配，避免在程序的执行阶段进行内存分配。我们选择以存储复杂度为代价降低计算复杂度。由于分层译码算法是对校验矩阵中的数据依次访问的，且内存是预先分配的，程序引入指针变量数组，预先依次访问变量的内存地址，使得程序具有良好的空间局部性。

下面对 LDPC 码的编解码的实时性进行评估。其中，解码器采用固定 10 次迭代方式，测试 CPU 为 Intel® Xeon® CPU E7-8867 v4 @ 2.40 GHz。表 9.3 中的测试结果给出在单核情况下，对不同 CQI 数据进行一次编码和解码的时间；编码时延定义为数据送入编码器至编码器输出的时间间隔，解码时延定义为从定点量化到解码输出的时间间隔。系统使用 Intel 编译器和 O3 优化参数。可以看到，编码吞吐率最高可达 527.8Mb/s，解码吞吐率将近 60Mb/s。受复杂度的约束，并非码长越长吞吐量越大。

表 9.3　单核编码和解码时延及吞吐率

CQI	信息长度 (含 CRC)	编码时延/μs	编码吞吐率/(Mb/s)	解码时延/ms	解码吞吐率/(Mb/s)
0	2000	7.13	280.5	0.079	25.2
1	4000	13.89	288.0	0.153	26.1
2	6000	14.65	409.6	0.15	40
3	8000	15.31	522.5	0.135	58.9
4	12000	29.5	406.8	0.30	40
5	16000	31.1	514	0.27	59.3
6	18000	34.1	527.8	0.30	60
7	24000	46.5	516.1	0.41	58.5

9.2.4　基于 MKL 的矢量运算

大规模多用户系统的基带信号处理中涉及大量的矢量运算。使用 SIMD 指令可以加快矢量运算的执行速度，例如，volk 就是一个开源的矢量运算库[11]。考虑到系统涉及大规模矩阵和向量运算，且需要保持程序的灵活性，我们采用 Intel 开发的 MKL(math kernel library) 库 [12]。

MKL 能以最小的运算代价和时间成本为 Intel 处理器优化代码，它能很好地实现用户开发环境兼容，包括编译器、编程语言、操作系统、链接和线程模型等。

MKL 函数库不仅提供了常用的矩阵和向量数学运算，还包括快速傅里叶变换、向量统计等。本系统的信号处理涉及内存拷贝、高维矩阵相乘、求逆以及分解和向量运算等。由于 MKL 库函数已经针对 Intel 处理器进行算法上的优化，相比于 volk，MKL 库函数不仅灵活性强，而且性能优异。另一方面，MKL 提供的库函数，可以灵活处理不同的数据精度和数据类型，具有很强的适应性。

MKL 的基本线性代数子程序包括矩阵相乘、向量相乘、向量与标量相乘以及矩阵的拷贝，一些子程序还附带矩阵或向量的切片功能。例如，矩阵相乘子程序 cblas_cgemm，可以完成大维矩阵中的子矩阵与另一个子矩阵的相乘。MKL 函数库提供了高效快速的矩阵求逆运算、特征值分解和奇异值分解等运算。MKL 还支持对向量每个元素进行函数操作，尽可能地使用向量操作，以有效提高编程的运算效率。

9.2.5 免线程同步技术

线程同步开销是限制多线程执行效率的一个重要因素。为了提升并行处理的效率，多个线程尽可能分配不同的数据处理任务，它们可以访问相同的内存，但可能产生写内存冲突。解决此问题的可能方法是线程同步，但其效率低下。因此，如何尽可能地提高并行效率，又避免线程同步，是提升系统实时性的一个关键问题。

为此，需要综合考虑基带算法模块时序的设计与并行计算任务的分配。在充分评估各基带模块实时性的基础上，通过合理地安排基带算法各个模块的执行时序，可以做到免线程同步。如图 9.11 所示，线程 1 和线程 2 均执行任务 1，但需存取不同内存区。注意到在执行任务 n 之前，内存 1 和内存 2 均已就绪，它们可以被使用。这种方法存在一定的风险，但在各个模块执行时间为固定值的条件下，可以做到内存不冲突。

基站侧下行多用户预编码就是使用免线程同步的一个典型例子。在实际实现时，它涉及预编码矩阵与所有用户发送信号的相乘运算，这要求所有用户的调制符号必须预先准备好。在产生用户信号时，不同的线程把用户信息进行自适应编码调制，放到相应的内存区。执行预编码运算时，把预编码矩阵拆分成若干行，不同的线程产生不同 RAU 上的发送信号，从而充分利用多核并行处理能力。

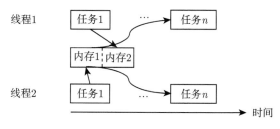

图 9.11 基带算法模块的执行时序

9.3 同步和互易性校准技术

9.3.1 大规模分布式 MIMO 的同步

高精度节点间同步是分布式 MIMO 获得联合处理增益的前提。在本试验系统中，基站侧采用以太网络 IEEE-1588 v2 精准定时协议保证节点间的时钟同步，实际应用中也可以采用全球定位系统获得更为精准的时钟同步。

在不具备全球定位系统或节点间有线网络同步时，通过节点间的空口链路进行同步是近年来分布式 MIMO 的一个重要研究方向 [13,14]。一种较为常见的节点间同步方法是主从节点同步法 [13]。图 9.12 给出其基本原理：主节点依次发送导频信号，供其他从属节点估计相应的时钟频偏；从属节点根据其估计得到的时钟频偏，计算出本从属节点相对于主节点的同步偏差。利用上述链路同步技术还可以对节点的收发互易性进行校正 [14]，具体过程将在 9.3.2 节中给出。

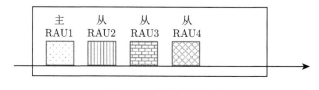

图 9.12 主从节点同步

9.3.2 分布式 MIMO 的互易性校准

为完成下行链路联合多用户预编码，需要基站侧已知下行链路的信道状态信息 CSI。对于 TDD 系统，如果上下行通信时间间隔远小于信号相干时间，则可近似地认为上下行传输所经历的衰落也相同。考虑到现有的宽带移动通信系统均采用较短的时隙结构，因此可近似地认为 TDD 系统满足上下行信道互易性。在此条件下，基站只需要利用上行链路的 CSI 估计值和信道互易性，就能得到其下行链路的 CSI，并进行下行联合预编码，从而大大节省系统开销。

但需注意的是，影响上下行链路互易性的因素除了电波传播特性外，还涉及接收机与发射机的射频硬件电路之间的差异。所幸的是，这种射频收发通道差异性的变化非常缓慢 (例如，以小时级发生变化)，可以通过进一步的校准实现上下行链路总体复合信道的互易性。

对于集中式大规模 MIMO，由于天线集中放置，可以采用附加电路进行收发通道的互易性校准。对于分布式天线系统，由于节点处于不同的物理位置，无法采用类似的校准方法。因此，TDD 模式的分布式天线系统校准必须引入其独有的空中校准方法。

根据终端是否参与校准，可以把校准方法分为全校准和部分校准两种 [15]。以下分别加以论述。

1. 全校准

当终端 (UE) 把下行信道 CSI 反馈给基站 (BS) 时，BS 根据上行 CSI 矩阵和下行 CSI 矩阵，可以计算出 BS 侧和 UE 侧的失配矩阵。这种需要 UE 参与，并可以计算出 BS 和 UE 失配矩阵的方法称为全校准。

考虑到实际信道中包含有 RF 增益，其上下行实际信道的 CSI 可分别表示为

$$G_{\mathrm{ul}} = R_{\mathrm{bs}} H T_{\mathrm{ue}},$$

$$G_{\mathrm{dl}} = R_{\mathrm{ue}} H^{\mathrm{T}} T_{\mathrm{bs}}$$

式中，R_{bs}，R_{ue} 分别表示基站和终端接收的失配矩阵；T_{bs}，T_{ue} 分别表示基站和终端发射的失配矩阵，它们均为对角阵；H 表示空中信道，它具有互易性。假设基站侧所有 RAU 总天线数为 M，终端侧总天线数为 K。理想情况下，有如下等式：

$$G_{\mathrm{ul}} T_{\mathrm{ue}}^{-1} R_{\mathrm{ue}} = R_{\mathrm{bs}} T_{\mathrm{bs}}^{-1} G_{\mathrm{dl}}^{\mathrm{T}}$$

式中，$T_{\mathrm{ue}}^{-1} R_{\mathrm{ue}}$ 和 $R_{\mathrm{bs}} T_{\mathrm{bs}}^{-1}$ 分别为终端和基站的校准系数。受上式启发，为得到终端和基站侧的校准系数，可建立如下总体最小二乘模型 [16]

$$\min \left\| G_{\mathrm{ul}} C_{\mathrm{ue}} - C_{\mathrm{bs}} G_{\mathrm{dl}}^{\mathrm{T}} \right\|^2$$

式中，C_{ue} 和 C_{bs} 分别为终端和基站侧的校准系数，它们都是对角阵。根据如下等式 [16]

$$\left\| G_{\mathrm{ul}} C_{\mathrm{ue}} - C_{\mathrm{bs}} G_{\mathrm{dl}}^{\mathrm{T}} \right\|^2 = c^{\mathrm{H}} \Theta c$$

式中，

$$c_{\mathrm{ue}} = \mathrm{diag}\left(C_{\mathrm{ue}} \right); \ c_{\mathrm{bs}} = \mathrm{diag}\left(C_{\mathrm{bs}} \right); \ c = \begin{bmatrix} c_{\mathrm{ue}}^{\mathrm{T}} & c_{\mathrm{bs}}^{\mathrm{T}} \end{bmatrix}^{\mathrm{T}};$$

$$\Theta = \begin{bmatrix} \Theta_{1,1} & \Theta_{1,2} \\ \Theta_{2,1} & \Theta_{2,2} \end{bmatrix};$$

$$\Theta_{1,1} = \mathrm{diag}\left(\begin{bmatrix} \left\| g_{\mathrm{ul},1} \right\|^2 & \cdots & \left\| g_{\mathrm{ul},K} \right\|^2 \end{bmatrix} \right),$$

$$\Theta_{2,2} = \mathrm{diag}\left(\begin{bmatrix} \left\| g_{\mathrm{dl},1} \right\|^2 & \cdots & \left\| g_{\mathrm{dl},M} \right\|^2 \end{bmatrix} \right),$$

$$\Theta_{1,2} = -G_{\mathrm{dl}} \odot G_{\mathrm{ul}}^{\mathrm{H}}, \ \Theta_{2,1} = \Theta_{1,2}^{\mathrm{H}}$$

$g_{\mathrm{ul},k}$ 和 $g_{\mathrm{dl},m}$ 分别是 G_{ul} 和 G_{dl} 的列；$\odot$ 表示矩阵的 Hadamard 乘。若约束条件为 $\left\| c \right\|^2 = 1$，则优化模型可以重新写为 [17]

$$\min \frac{c^{\mathrm{H}} \Theta c}{c^{\mathrm{H}} c}$$

上述优化的形式为瑞利商 (Rayleigh quotient) 模型，其最优解为 Θ 的最小特征值对应的特征向量。

2. 部分校准

实际应用中，终端侧的失配矩阵对系统性能影响很小，仅需要计算出基站侧的失配矩阵，即可实现多用户干扰抑制。如前一小节所述，校准信号设计可以与节点间时钟同步链路设计一并进行。

在校准基站侧的失配时，需要所有 RAU 的天线之间互相发送校准信号 (导频信号)，这时其接收信号可表示为

$$Y = R_{\mathrm{bs}} H T_{\mathrm{bs}} + N$$

设与 M 根天线对应的校准系数向量为 $c = [c_1, \cdots, c_m, \cdots, c_M]^{\mathrm{T}}$，则可以通过求解如下总体最小二乘模型得到 [18]

$$\min \sum_{m,n=1}^{M} \left| c_m \left[Y \right]_{n,m} - c_n \left[Y \right]_{m,n} \right|^2$$

上述目标函数可写为如下向量形式

$$\sum_{m,n=1}^{M} \left| c_m \left[\boldsymbol{Y}\right]_{n,m} - c_n \left[\boldsymbol{Y}\right]_{m,n} \right|^2 = \boldsymbol{c}^{\mathrm{H}} \boldsymbol{\Psi} \boldsymbol{c}$$

式中，$\boldsymbol{\Psi}$ 为由校准信号构成的 Hermite 矩阵，可以表示为

$$[\boldsymbol{\Psi}]_{u,v} = \begin{cases} \sum_{i=1,i\neq u}^{M} \left| [\boldsymbol{Y}]_{i,u} \right|^2, & u = v \\ -[\boldsymbol{Y}]_{v,u}^* [\boldsymbol{Y}]_{u,v}, & u \neq v \end{cases}$$

类似全校准，如果约束 $\|\boldsymbol{c}\|^2 = 1$，则上述优化可以写为如下形式 [18]

$$\min \frac{\boldsymbol{c}^{\mathrm{H}} \boldsymbol{\Psi} \boldsymbol{c}}{\boldsymbol{c}^{\mathrm{H}} \boldsymbol{c}}$$

同样，矩阵 $\boldsymbol{\Psi}$ 最小特征值对应的特征向量即为 $\boldsymbol{c}$ 的解。

上述两种校准方法均各有优缺点：全校准可以得到基站 (BS) 和终端 (UE) 侧的校准系数，但是需要 UE 反馈；部分校准仅需 BS 侧节点间互发校准信号，但需设计节点间的无线链路，这可以与 9.3.1 节中提到的节点间链路同步一并考虑。

9.4 无线链路设计

针对 9.1.1 节描述的无线帧结构，本节将介绍大规模分布式 MIMO 试验系统的无线链路设计。首先介绍信道信息获取技术，包括采样偏差估计与补偿和参考信号设计与信道估计等，然后介绍上下行链路的预编码实现和相应的接收机实现。

9.4.1 信道信息获取实现算法

1. 采样偏差估计与补偿

如前所述，OFDM 的符号同步功能由本试验系统中的基带收发板完成。但需注意，在去除循环前缀时存在一定的采样偏差，从而导致其频域信号存在一定的相位旋转。另一方面，RAU 至各用户的传播距离互不相同，导致不同用户信号之间到达的时间也不同，必须对此进行公共采样偏差补偿。为此，预留了 4 个同步 OFDM 符号进行多用户采样偏差估计。本试验系统采用了多用户时间域正交导频，即某个用户或某个 RAU 发送导频时，其他用户或其他 RAU 均不发送信号。由此，接收机可以通过计算相邻子载波上信道增益的相关并取平均，得到用户与 RAU 之

间的采样偏差。在得到所有用户或 RAU 的采样偏差估计值后，我们选取其最小值对频域信号进行相位旋转补偿。

2. 参考信号与信道估计

信道状态信息导频 (channel state information reference signals，CSI-RS) 被用于估计全向信道的 CSI。本试验系统使用了上行 CSI-RS，并预留了下行的 CSI-RS。当使用上下行互易性时，可以不发送下行 CSI-RS。

CSI-RS 预留了 32 个 OFDM 符号。以上行链路为例，每个用户占用 8 个时频资源单元，并以频域每 4 个子载波、时域每 2 个 OFDM 符号的方式，等间隔放置 CSI-RS。整个系统的正交 CSI-RS 可以支持 16 个用户的信道估计。

解调导频 (demodulation reference signals，DM-RS) 主要用于数据解调，它采用与数据传输相同的预编码矩阵。对于每个数据帧，预留了 16 个 OFDM 符号用于 DM-RS 导频。多个用户的 DM-RS 在时间上保持正交，每个用户的多流 DM-RS 在频域上正交。因此，每个用户在时间域上占用 1 个 OFDM 符号，最多可支持 16 个用户。

系统设计还支持导频复用技术 [19]，以减少 CSI-RS 和 DM-RS 的导频开销。例如，对于 4 个用户的正交导频设计，CSI-RS 可以空出 24 个 OFDM 符号，每个数据帧可以空出 12 个 OFDM 符号，供数据传输。为降低试验系统的实现复杂度，采用频域最小二乘信道估计，并通过采用插值获得频域信道估计。

9.4.2　上下行预编码和接收机

本书的 7.2 节介绍了大规模分布式 MIMO 系统的多用户预编码和联合接收机算法。以下具体介绍试验系统中的预编码和接收机算法实现 [20]。

1. 上行链路预编码和多用户检测

多天线系统的预编码技术是提高传输信噪比的有效途径。本试验系统的上行预编码采用单用户预编码方式，每个用户最大支持 4 个数据流。根据下行链路的信道矩阵 H_k，对 $H_k H_k^H$ 在多个子载波上取平均得到接收端信道相关矩阵。对该矩阵进行特征值分解，并根据信道传输能力，确定 AMC 方式和数据流个数，进而得到上行预编码矩阵。需要注意的是，由于 UE 侧也采用 8 天线，如果 UE 侧采用 TDD 校准，则可以进一步提高 UE 侧预编码的性能。

上行链路的接收机采用 7.2.2 节介绍的干扰抑制算法。BS 首先根据 CSI-RS 得到上行 CSI 矩阵，计算出干扰抑制矩阵。为了降低计算复杂度，对于每 3MHz 带宽的接收信号，分别计算出一个干扰抑制矩阵。考虑到干扰抑制矩阵的计算涉及大维矩阵的求逆运算，在天线规模较大时，很难满足接收机处理的实时性。为此，我们采用单独一个线程计算多个干扰抑制矩阵，并采用两个内存区存放正在计算的干扰抑制矩阵和前一次产生的干扰抑制矩阵，从而避免内存访问冲突。需要注意的是，当天线规模较大时，这种方法仅适用于低速移动场景。

BS 接收机首先进行干扰抑制，分别得到干扰抑制后的各用户信号。然后，根据 DM-RS 估计得到的各用户上行预编码矩阵与信道矩阵形成的复合信道矩阵，计算干扰抑制后的残余干扰加噪声协方差矩阵，以及单用户的线性 MMSE 接收机矩阵。最后，进行线性滤波、软解调和解码。

2. 下行链路预编码及单用户检测

下行链路预编码包括两级预编码，即多用户预编码和单用户预编码 [21]。

根据上行链路 CSI 矩阵以及校准系数得到下行链路 CSI 矩阵。根据下行 CSI 矩阵，采用 7.2.1 节的方法，得到多用户预编码矩阵，用于消除用户之间的干扰。同样，为了降低实现复杂度，对于每 3MHz 带宽的接收信号，分别计算出一个多用户预编码矩阵，并将该矩阵的计算和多用户干扰抑制矩阵的计算放在同一线程中进行处理。

根据下行 CSI 矩阵和多用户预编码矩阵形成的复合矩阵，可以计算出每个用户的预编码矩阵。最后，将多用户预编码矩阵和单用户预编码矩阵的复合矩阵，作为每个用户的预编码，用于 DM-RS 和用户数据处理。

UE 端可以通过下行 DM-RS 估计出自身的下行复合信道矩阵。由于采用宽带预编码，下行多用户之间存在残余干扰。如前所述，系统的下行多用户的 DM-RS 采用正交导频，每个用户可估计出其他用户到该用户的干扰信道，进而可以计算得到干扰加噪声的协方差矩阵。UE 侧可以采用 MMSE 接收机抑制残余干扰。

9.5 试验结果

9.5.1 吞吐量测试

大规模分布式 MIMO 试验环境如图 9.13 所示。系统采用无蜂窝构架，所有的

RAU 和 UE 复用同一载频 100MHz@3.5GHz。16 个 RAU 分布在同一层楼,其中房间 1 和房间 2 以及电梯通道厅各有 4 个 RAU,房间 3 和房间 4 各有 2 个 RAU,共支持图中所示的 16 个 UE 同时接入 RAU。每个 RAU 和 UE 均配置了 8 根收发天线,可支持天线规模为 128×128 的分布式 MIMO 系统实时无线传输测试。该实验系统还配置了 4 台 Huawei CE128 大容量以太交换机,组成如第 1 章中图 1.3 所示的以太环网,并可将系统规模扩展至 1024×1024 分布式 MIMO 系统。

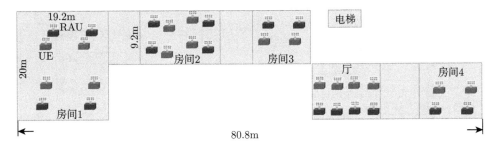

图 9.13 测试场景

图 9.14 为房间 1 的全景图。在实际测试中,每个 RAU/UE 的每个射频通道最大发射功率为 17dBm。上下行链路均进行 TDD 校准。

图 9.14 房间 1 的全景图

图 9.15 给出采用 IXIA Optixia XM2 网络流量仪表的测试原理图。当所有 RAU 和 UE 均处于连接状态时,用 Optixia XM2 对各个房间的数据吞吐率进行实时测量。

根据实测结果,AMC 采用表 9.2 中所列举的 CQI=7 情形,BS 侧多用户预编码和接收机的干扰抑制均采用块对角化 (BD) 方法,LDPC 码译码算法采用 15 次迭代;运用导频复用技术,系统仅需占用 4 个用户的正交导频资源。

房间 1~4 的测试结果如图 9.16 所示。可以看到，当 12 个用户和 12 个 RAU 处于连接状态时，系统总吞吐率即可达到 10.185Gb/s，这时系统总体频谱利用率超过 100bit/(s·Hz)。进一步增加 RAU 和 UE 的布设密度，可使系统总体频谱利用率达到更高。

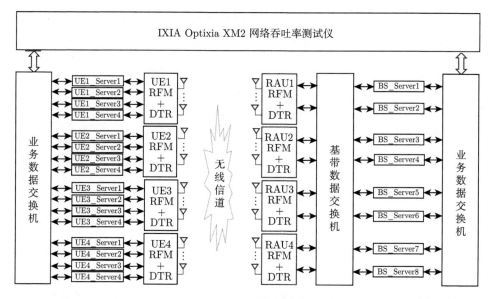

图 9.15　测试原理图

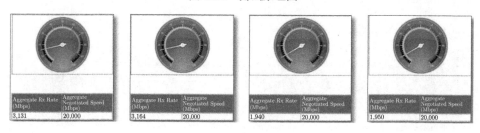

图 9.16　测试结果

9.5.2　关键技术测试

1. 信道特性及干扰抑制/预编码特性

我们对房间 1 的信道进行采集和分析。图 9.17(a) 展示一个子载波的频域信道的增益图。从图中，我们可以明显看到 4 个 RAU 和 4 个用户之间的信道，由于每个 RAU 附近有 1 个用户，信道展示出空域的稀疏性。我们对该信道矩阵进行奇异值分解。图 9.17(b) 展示该信道的奇异值。可以看到,该信道有 4 个较大的奇异值,其余的奇异值相对较小。但是,在实际系统设计时,我们仍然使用了 16 个数据流进行传输,并达到较好的效果。

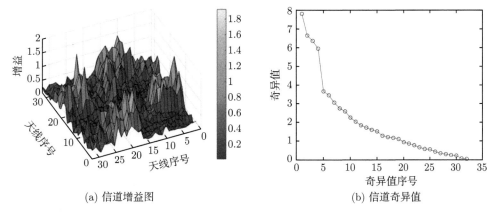

(a) 信道增益图　　　　　　　　　　　(b) 信道奇异值

图 9.17　信道特性图

图 9.18 展示宽带干扰抑制/预编码的效果图。图 9.18 (a) 是信道进行块对角化后的等效信道。由于是本子带信道矩阵,可以达到最好的干扰抑制效果。图 9.18 (b)~(e) 展示在频域相距多个子带后,仍然使用图 9.18 (a) 信道产生的干扰抑制矩阵的性能。可以看到,随着频域间距的增大,干扰抑制的能力在下降,干扰抑制之后的信道矩阵的稀疏性也较差。

2. 预编码和干扰抑制算法性能对比

通过现场测试,对 7.2 节中给出的预编码算法和干扰抑制算法进行性能对比。针对房间 1 的测试环境,给出系统上行平均误块率 (block error rate,BLER) 和下行平均 BLER 进行测试。在实际测试中,对上下行链路均进行校准,使 TDD 系统最大可能程度上满足互易性。如图 9.19 所示,BD 算法的性能显著优于迫零 (ZF) 算法,其 BLER 较 ZF 算法下降约一个量级。另外,由于试验系统采用上行链路多用户联合检测,且 TDD 校准存在一定误差,其下行链路在性能上略差于上行链路。

3. 迭代检测算法性能对比

通过现场测试,还对 7.2.2 节给出的几种典型的上行链路接收机算法进行性能对比。对于多用户联合干扰抑制后的接收信号,分别采用三种不同的单用户接收方法进一步处理，包括线性 MMSE 检测方法、迭代检测方法以及联合迭代检测译码方法。测试环境为房间 1，包含 4 个 RAU 和 4 个用户，并考虑表 9.2 中所列举的 CQI=7。

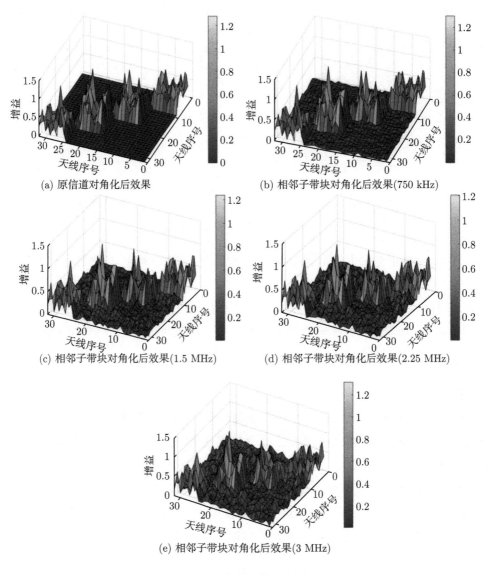

图 9.18　宽带干扰抑制效果

图 9.20 给出不同检测方案所得到的系统 BLER 性能的结果对比。可以看到，若仅采用检测器内部迭代 (ID)，则经过 2 次和 3 次迭代，系统 BLER 性能可分别

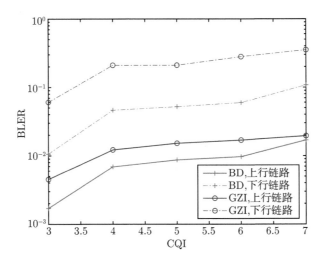

图 9.19　BD 算法与 GZI 算法的 BLER 性能比较

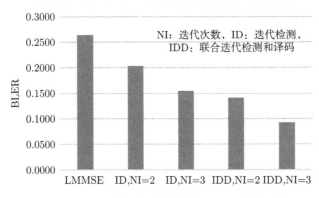

图 9.20　不同检测方案的系统 BLER 性能对比

改善 23% 和 40%。若采用 Dual-Turbo 联合迭代检测与译码 (IDD)[22]，则经过 2 次和 3 次迭代后，系统 BLER 性能可分别改善 45% 和 60%。上述结果表明，采用联合迭代检测和译码可以显著提升系统整体性能。

9.6　本章小结

本章简要介绍基于云构架的大规模分布式 MIMO 与无蜂窝的试验系统构建方法，其目的是使读者对如何用软件无线电技术实现 TDD 大规模分布式 MIMO 系统有整体性的了解和认识。主要涵盖内容：①系统硬件和软件框架；②关键软件技术，包括 DPDK、多线程、MKL、并行 LDPC 编解码以及免线程同步等；③系统同步和互易性校准技术；④关键无线传输技术算法的实时实现，包括参考信号设计、预编码和接收算法等；⑤试验系统的吞吐率测试和不同无线传输算法的性能对比测试等。

参考文献

[1] SRSLTE. Open Source LTE from Software Radio Systems. https://github.com/srsLTE.

[2] Open Air Interface Software Alliance. http://www.openairinterface.org/.

[3] Yang X, Lu W J, Wang N, et al. Design and Implementation of a TDD-Based 128-Antenna Massive MIMO Prototyping System. China Communications, 2017, 14(12): 162-187.

[4] You X H, Wang D M, Sheng B, et al. Cooperative distributed antenna systems for mobile communications. IEEE Wireless Communications, 2010, 17(3): 35-43.

[5] Dai L. A comparative study on uplink sum capacity with co-located and distributed antennas. IEEE Journal on Selected Areas in Communications, 2011, 29(6): 1200-1213.

[6] Zhu H. Performance comparison between distributed antenna and microcellular systems. IEEE Journal on Selected Areas in Communications, 2011, 29(6): 1151-1163.

[7] Interdonato G, Björnson E, Ngo H Q, et al. Ubiquitous cell-free massive MIMO communications. EURASIP Journal on Wireless Communications and Networking, 2019. in arXiv: 1804. 03421 v2, 2018, 1.

[8] Ngo H Q, Ashikhmin A, Yang H, et al. Cell-free massive MIMO versus small cells. IEEE Transactions on Wireless Communications, 2017, 16(3): 1834-1850.

[9] Feng Y, Wang M H, Wang D M, et al. Low complexity iterative detection for a large-scale distributed MIMO prototyping system. IEEE International Conference on Communications (ICC), Shanghai, 2019.

[10] Intel DPDK. https://www.dpdk.org/.

[11] The Vector Optimized Library of Kernels. https://github.com/gnuradio/volk.

[12] Intel MKL. https://software.intel.com/en-us/mkl/documentation/get-started.

[13] Balan H V, Rogalin R, Michaloliakos A, et al. Air Sync: enabling distributed multiuser MIMO with full spatial multiplexing. IEEE/ACM Transactions on Networking, 2013,21(6):1681-1695.

[14] Rahul H S, Kumar S, Katabi D. JMB: scaling wireless capacity with user demands. Proc. 2012 ACM Sigcomm, Helsinki, 2012. 235-246.

[15] Wang D M, Zhang Y, Wei H, et al. An overview of transmission theory and techniques of large-scale antenna systems for 5G wireless communications, Science China Information Sciences, 2016, 59(8): 1-18.

[16] Kaltenberger F, Jiang H, Guillaud M. Relative channel reciprocity calibration in MIMO/TDD systems. Proceedings of IEEE Future Network and Mobile Summit, Florence, 2010, 1-10.

[17] Wei H, Wang D M, Wang J Z, et al. TDD reciprocity calibration for multi-user massive MIMO systems with iterative coordinate descent. Science China Information Sciences, 2016, 59(9): 1-10.

[18] Rogalin R, Bursalioglu O, Papadopoulos H. Scalable synchronization and reciprocity calibration for distributed multiuser MIMO. IEEE Transactions on Wireless Communications, 2014, 13(4): 1815-1831.

[19] You L, Gao X Q, Xia X, et al. Pilot reuse for massive MIMO transmission over spatially correlated Rayleigh fading channels. IEEE Trans. Wireless Commun., 2015, 14(6): 3352-3366.

[20] Wei H, Wang D M, You X H. Downlink and Uplink Transmissions in Distributed Large-Scale MIMO Systems for BD Precoding with Partial Calibration. 2016 IEEE 83rd Vehicular Technology Conference(VTC), Nanjing 2016. 1-5.

[21] Sun C, Gao X Q, Jin S, et al. Beam division multiple access transmission for massive MIMO communications. IEEE Trans. Commun., 2015, 63(6): 2170-2184.

[22] Wang W J, Gao X Q, Wu X F, et al. Dual-turbo receiver architecture for turbo coded MIMO-OFDM systems. Science China Information Sciences, 2012, 55(2): 384-395.

索　引